高等数学

第一册

主编 李 燕 李 佳

苏州大学出版社

图书在版编目(CIP)数据

高等数学.第一册/李燕,李佳主编.—苏州:苏州大学出版社,2023.7
ISBN 978-7-5672-4376-7

Ⅰ.①高… Ⅱ.①李…②李… Ⅲ.①高等数学-高等职业教育-教材 Ⅳ.①O13

中国国家版本馆CIP数据核字(2023)第113175号

高等数学(第一册)
Gaodeng Shuxue(Di-yi Ce)
李 燕 李 佳 主编
责任编辑 李 娟

苏州大学出版社出版发行
(地址:苏州市十梓街1号 邮编:215006)
苏州市深广印刷有限公司
(地址:苏州市高新区浒关工业园青花路6号2号楼 邮编:215151)

开本 787 mm×1 092 mm 1/16 印张 16.25 字数 337千
2023年7月第1版 2023年7月第1次印刷
ISBN 978-7-5672-4376-7 定价:48.00元

若有印装错误,本社负责调换
苏州大学出版社营销部 电话:0512-67481020
苏州大学出版社网址 http://www.sudapress.com
苏州大学出版社邮箱 sdcbs@suda.edu.cn

编写说明

围绕高等职业教育人才培养目标和人才培养模式改革的核心,在高等数学成为高职院校各专业最重要的公共基础课程之一的基础上,我们分析了高职院校相关专业高技能人才培养的普遍要求,编写了这套《高等数学》教材.教材坚持"以应用为目的,以必须、够用、高效为度"的编写原则,厘清概念,加强计算,突出了理论联系实际、注重应用、重视创新的特色.我们力图使学生通过本教材的学习,能在学习基本数学知识的基础上,掌握一定的数学技术,提高用数学知识分析问题、解决问题的能力.

教材分第一册和第二册,本书为第一册,主要内容包括:函数、极限与连续,导数和微分,微分中值定理与导数的应用,不定积分,定积分,定积分的应用,MATLAB使用简介等七个部分.每个部分作为相对独立的一章.节后配有随堂练习与习题,随堂练习用于学生课堂练习,让学生多角度理解概念和前后知识的关联,习题用于学生课外作业.章后的"总结·拓展"是对本章的总结与典型习题的拓展,复习题用于学生对本章所学内容查漏补缺.

由于编者水平有限,不足之处在所难免,敬请读者批评指正.

目 录

第1章　函数、极限与连续 ……………………………………………………（1）
　§1-1　初等函数 ……………………………………………………………（1）
　§1-2　极限 …………………………………………………………………（8）
　§1-3　极限的运算 …………………………………………………………（15）
　§1-4　无穷大和无穷小 ……………………………………………………（18）
　§1-5　两个重要极限 ………………………………………………………（23）
　§1-6　无穷小的比较 ………………………………………………………（27）
　§1-7　函数的连续性 ………………………………………………………（31）
　总结・拓展 ………………………………………………………………（39）
　复习题一 ……………………………………………………………………（45）

第2章　导数和微分 ……………………………………………………………（48）
　§2-1　导数的概念 …………………………………………………………（49）
　§2-2　导数的运算 …………………………………………………………（57）
　§2-3　复合函数的导数 ……………………………………………………（61）
　§2-4　隐函数和参数式函数的导数 ………………………………………（66）
　§2-5　高阶导数 ……………………………………………………………（72）
　§2-6　函数的微分 …………………………………………………………（77）
　总结・拓展 ………………………………………………………………（82）
　复习题二 ……………………………………………………………………（86）

第3章　微分中值定理与导数的应用 …………………………………………（89）
　§3-1　微分中值定理 ………………………………………………………（90）
　§3-2　罗必塔法则 …………………………………………………………（94）
　§3-3　函数的单调性、极值与最值 ………………………………………（100）

§3-4 函数图象的凹凸性与拐点 ………………………………………… (108)
总结·拓展 ……………………………………………………………… (112)
复习题三 ………………………………………………………………… (116)

第4章 不定积分 ………………………………………………………… (118)
§4-1 不定积分的概念与性质 …………………………………………… (119)
§4-2 换元积分法 ………………………………………………………… (126)
§4-3 分部积分法 ………………………………………………………… (135)
§4-4 积分表的使用 ……………………………………………………… (139)
总结·拓展 ……………………………………………………………… (141)
复习题四 ………………………………………………………………… (146)

第5章 定积分 …………………………………………………………… (149)
§5-1 定积分的概念和性质 ……………………………………………… (150)
§5-2 微积分基本公式 …………………………………………………… (159)
§5-3 定积分的换元积分法和分部积分法 ……………………………… (164)
§5-4 广义积分 …………………………………………………………… (171)
总结·拓展 ……………………………………………………………… (177)
复习题五 ………………………………………………………………… (182)

第6章 定积分的应用 …………………………………………………… (184)
§6-1 定积分的微元法 …………………………………………………… (184)
§6-2 定积分在几何中的应用 …………………………………………… (186)
§6-3 定积分在工程中的应用 …………………………………………… (196)
总结·拓展 ……………………………………………………………… (197)
复习题六 ………………………………………………………………… (200)

第7章 MATLAB 使用简介 ……………………………………………… (201)
§7-1 MATLAB 概述 …………………………………………………… (201)
§7-2 MATLAB 数值计算功能 ………………………………………… (202)
§7-3 MATLAB 图形功能 ……………………………………………… (208)
§7-4 MATLAB 程序设计 ……………………………………………… (214)
§7-5 MATLAB 的应用 ………………………………………………… (219)

附录 简易积分表 ………………………………………………………… (237)
习题参考答案 ……………………………………………………………… (245)

第 1 章

函数、极限与连续

高等数学研究的主要内容是函数的微分、积分及其应用,其基础是函数的极限.本章将在复习和加深函数有关知识的基础上,学习极限的定义,讨论极限的有关性质及运算,最后给出连续函数的概念和性质,为以后的学习做好必要的准备.

· 学习目标 ·

1. 掌握基本初等函数的图象和性质.
2. 理解复合函数和初等函数的概念.
3. 掌握复合函数的分解过程和无穷小的性质.
4. 会求函数的极限.
5. 判断函数的连续性、间断点.

· 重点、难点 ·

重点:求函数的定义域、极限.

难点:函数连续的概念.

§1-1 初等函数

一、基本初等函数

我们把幂函数($y=x^a, a \in \mathbf{R}$)、指数函数($y=a^x, a>0$ 且 $a \neq 1$)、对数函数($y=\log_a x, a>0$ 且 $a \neq 1$)、三角函数($y=\sin x, y=\cos x, y=\tan x, y=\cot x, y=\sec x, y=\csc x$)和

反三角函数($y=\arcsin x, y=\arccos x, y=\arctan x, y=\operatorname{arccot} x$)统称为**基本初等函数**. 为了方便,很多时候也把多项式函数 $y=a_n x^n+a_{n-1}x^{n-1}+\cdots+a_1 x+a_0$ 看作基本初等函数. 这些函数是我们今后研究其他各种函数的基础.

现将一些常用的基本初等函数的定义域、值域、图象及特性列表(表 1-1)说明如下:

表 1-1 常用基本初等函数的定义域、值域、图象及特性

函数类型	函数	定义域与值域	图象	特性
幂函数	$y=x$	$x\in(-\infty,+\infty)$ $y\in(-\infty,+\infty)$		奇函数 单调增加
	$y=x^2$	$x\in(-\infty,+\infty)$ $y\in[0,+\infty)$		偶函数 在$(-\infty,0)$内单调减少, 在$(0,+\infty)$内单调增加
	$y=x^3$	$x\in(-\infty,+\infty)$ $y\in(-\infty,+\infty)$		奇函数 单调增加
	$y=x^{-1}$	$x\in(-\infty,0)\cup(0,+\infty)$ $y\in(-\infty,0)\cup(0,+\infty)$		奇函数 在$(-\infty,0)$和$(0,+\infty)$内单调减少
	$y=x^{\frac{1}{2}}$	$x\in[0,+\infty)$ $y\in[0,+\infty)$		单调增加
指数函数	$y=a^x$ $(0<a<1)$	$x\in(-\infty,+\infty)$ $y\in(0,+\infty)$		单调减少
	$y=a^x$ $(a>1)$	$x\in(-\infty,+\infty)$ $y\in(0,+\infty)$		单调增加

续表

函数类型	函 数	定义域与值域	图 象	特 性
对数函数	$y=\log_a x$ $(0<a<1)$	$x\in(0,+\infty)$ $y\in(-\infty,+\infty)$		单调减少
	$y=\log_a x$ $(a>1)$	$x\in(0,+\infty)$ $y\in(-\infty,+\infty)$		单调增加
三角函数	$y=\sin x$	$x\in(-\infty,+\infty)$ $y\in[-1,1]$		奇函数 周期为 2π,有界,在 $\left(2k\pi-\dfrac{\pi}{2},2k\pi+\dfrac{\pi}{2}\right)$ 内单调增加,在 $\left(2k\pi+\dfrac{\pi}{2},2k\pi+\dfrac{3\pi}{2}\right)$ 内单调减少 $(k\in\mathbf{Z})$
	$y=\cos x$	$x\in(-\infty,+\infty)$ $y\in[-1,1]$		偶函数 周期为 2π,有界,在 $(2k\pi,2k\pi+\pi)$ 内单调减少,在 $(2k\pi+\pi,2k\pi+2\pi)$ 内单调增加 $(k\in\mathbf{Z})$
	$y=\tan x$	$x\neq k\pi+\dfrac{\pi}{2}\ (k\in\mathbf{Z})$ $y\in(-\infty,+\infty)$		奇函数 周期为 π 在 $\left(k\pi-\dfrac{\pi}{2},k\pi+\dfrac{\pi}{2}\right)$ 内单调增加 $(k\in\mathbf{Z})$
	$y=\cot x$	$x\neq k\pi\ (k\in\mathbf{Z})$ $y\in(-\infty,+\infty)$		奇函数 周期为 π 在 $(k\pi,k\pi+\pi)$ 内单调减少 $(k\in\mathbf{Z})$

续表

函数类型	函 数	定义域与值域	图 象	特 性
反三角函数	$y=\arcsin x$	$x\in[-1,1]$ $y\in\left[-\dfrac{\pi}{2},\dfrac{\pi}{2}\right]$		奇函数 单调增加 有界
	$y=\arccos x$	$x\in[-1,1]$ $y\in[0,\pi]$		单调减少 有界
反三角函数	$y=\arctan x$	$x\in(-\infty,+\infty)$ $y\in\left(-\dfrac{\pi}{2},\dfrac{\pi}{2}\right)$		奇函数 单调增加 有界
	$y=\text{arccot}\,x$	$x\in(-\infty,+\infty)$ $y\in(0,\pi)$		单调减少 有界

二、复合函数

考察具有同样高度 H 的不同圆柱体的体积 V,显然,高度相同的圆柱体的体积取决于圆柱体的底面积 S 的大小,也就是由公式 $V=SH$(H 为常数)确定. 而底面积 S 由它的半径 r 确定,即 $S=\pi r^2$. V 是 S 的函数,S 是 r 的函数,V 与 r 之间通过 S 建立了函数关系 $V=SH=\pi r^2 H$,它是由函数 $V=SH$ 与 $S=\pi r^2$ 复合而成的,简单地说,V 是 r 的复合函数.

定义 1 如果 y 是 u 的函数 $y=f(u)$,而 u 又是 x 的函数 $u=\varphi(x)$,且 $\varphi(x)$ 的值域与 $y=f(u)$ 的定义域的交非空,那么 y 通过中间变量 u 的联系成为 x 的函数,我们把这个函数称为由函数 $y=f(u)$ 与 $u=\varphi(x)$ 复合而成的复合函数,记作 $y=f[\varphi(x)]$.

必须指出,不是任何两个函数都可以复合成一个复合函数的. 例如,$y=\ln u$,$u=-3-x^2$ 就不能复合成一个复合函数,这是因为 $u=-3-x^2$ 对应于定义域 $(-\infty,$

$+\infty)$的值域为$(-\infty,-3]$,它与$y=\ln u$的定义域$(0,+\infty)$的交集为空集,所以不能复合.

学习复合函数有两方面的要求:一方面,会把几个作为中间变量的函数复合成一个函数,这个复合过程实际上是把中间变量依次代入的过程;另一方面,会把一个复合函数分解为几个较简单的函数,这些较简单的函数往往是基本初等函数或是基本初等函数与常数通过四则运算所得到的函数.

例 1 已知$y=\ln u, u=x^2$,试把y表示为x的函数.

解 因为$y=\ln u$,而$u=x^2$,u是中间变量,所以$y=\ln u=\ln x^2$.

例 2 设$y=u^2, u=\tan v, v=\dfrac{x}{2}$,试把$y$表示为$x$的函数.

解 不难看出,u,v分别是中间变量,故$y=u^2=\tan^2 v=\tan^2\dfrac{x}{2}$.

从例 2 可以看出,复合函数的中间变量可以不限于一个.

例 3 函数$y=e^{\sin x}$是由哪些基本初等函数复合而成的?

解 令$u=\sin x$,则$y=e^u$,故$y=e^{\sin x}$是由$y=e^u, u=\sin x$复合而成的.

例 4 函数$y=\tan^3(2\ln x+1)$是由哪些简单函数复合而成的?

解 $y=\tan^3(2\ln x+1)$是由$y=u^3, u=\tan v, v=2\ln x+1$复合而成的.

三、初等函数

定义 2 由常数和基本初等函数经过有限次四则运算和有限次复合而成的,并且能用一个式子表示的函数,称为初等函数.

例如,$y=\dfrac{\sin x}{x^2+1}$,$y=\log_a(x+\sqrt{1+x^2})$,$y=\dfrac{a^x+a^{-x}}{2}$等都是初等函数.

为了今后能够正确熟练地求函数的导数和积分,我们必须会将一个初等函数拆成若干个基本初等函数的复合和基本初等函数与常数的四则运算.这往往是一个连续"分解"的过程.

例 5 分解$y=e^{\sin(1+3x^2)}$.

解 令$y=e^u, u=\sin v, v=1+3x^2$.

故$y=e^{\sin(1+3x^2)}$是由$y=e^u, u=\sin v, v=1+3x^2$复合而成的.

此外,为了讨论函数在一点附近的某些性态,下面引入点的邻域的概念.

定义 3 设$a,\delta\in\mathbf{R},\delta>0$,称数集$\{x\mid |x-a|<\delta, x\in\mathbf{R}\}$,即实数轴上和点$a$的距离小于$\delta$的点的全体[图 1-1(1)]为点$a$的$\delta$**邻域**,记作$U(a,\delta)$.点$a$与数$\delta$分别称为此邻域的**中心**与**半径**.有时用$U(a)$表示点a的一个泛指的邻域.数集$\{x\mid 0<|x-a|<\delta, x\in\mathbf{R}\}$[图 1-1(2)]称为点$a$的**去心**$\delta$**邻域**,记作$\overset{\circ}{U}(a,\delta)$.

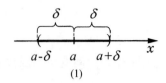
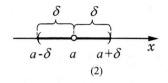

(1)　　　　　　　　　　　(2)

图 1-1

显然，$U(a,\delta)=(a-\delta,a+\delta)$，$\mathring{U}(a,\delta)=(a-\delta,a)\cup(a,a+\delta)$.

随堂练习 1-1

1. 下列说法是否正确？

(1) 复合函数 $y=f[\varphi(x)]$ 的定义域即为 $u=\varphi(x)$ 的定义域；

(2) 若 $y=y(u)$ 为偶函数，$u=u(x)$ 为奇函数，则 $y=y[u(x)]$ 为偶函数；

(3) 设 $f(x)=\begin{cases} x, & x\geqslant 0, \\ x+1, & x<0, \end{cases}$ 由于 $y=x$ 和 $y=x+1$ 都是初等函数，所以 $f(x)$ 是初等函数；

(4) 设 $y=\arcsin u$，$u=x^2+2$，这两个函数可以复合成一个函数 $y=\arcsin(x^2+2)$.

2. 求函数 $y=\dfrac{1}{\sqrt{x^2-x-6}}+\lg(3x-8)$ 的定义域.

3. 设 $f(1-2x)=1-\dfrac{2}{x}$，求 $f(x)$.

4. 判断下列函数的奇偶性：

(1) $f(x)=x^5-\sin x$；

(2) $g(x)=x^3\tan x+[f(x)+f(-x)]$；

(3) $f(x)=\dfrac{x(e^x-1)}{e^x+1}$；

(4) $h(x)=x^4+2^x-3$.

5. 分析下列函数的复合过程：

(1) $y=\lg(\sin x)$；

(2) $y=\arccos\sqrt{x^2-1}$.

6. 将下列函数复合成一个函数：

(1) $y=\sin u$，$u=\sqrt{v}$，$v=2x-1$；

(2) $y=\lg u$，$u=1+v$，$v=\sqrt{w}$，$w=\sin x$.

习题 1-1

1. 求下列函数的定义域：

   (1) $y = \dfrac{x+2}{1+\sqrt{3x-x^2}}$；

   (2) $y = \lg(5-x) + \arcsin\dfrac{x-1}{6}$；

   (3) $y = \ln(\ln x)$；

   (4) $y = \begin{cases} 2x, & -1 \leqslant x < 0, \\ 1+x, & x > 0; \end{cases}$

   (5) $y = f(x-1) + f(x+1)$，$f(u)$ 的定义域为 $(0,3)$.

2. 求下列函数的函数值：

   (1) 设 $f(x) = \arcsin(\lg x)$，求 $f\left(\dfrac{1}{10}\right), f(1), f(10)$；

   (2) 设 $f(x) = \begin{cases} 2x+3, & x \leqslant 0, \\ 2^x, & x > 0, \end{cases}$ 求 $f(-2), f(0), f[f(-1)]$；

   (3) 设 $f(x) = 2x-1$，求 $f(a^2), f[f(a)], [f(a)]^2$.

3. 确定下列函数的奇偶性：

   (1) $f(x) = x^4 - 2x^2 - 3$；

   (2) $f(x) = \dfrac{x^8 \sin x}{1+x^2}$；

   (3) $f(x) = \lg\dfrac{1-x}{1+x}$；

   (4) $f(x) = \log_2(x + \sqrt{x^2+1})$.

4. 把下列各题中的 y 表示为 x 的函数：

   (1) $y = \sqrt{u}, u = x^2 + 1$；

   (2) $y = \ln u, u = 3^v, v = \sin x$.

5. 分解下列各函数：

   (1) $y = \sqrt{3x-1}$；

   (2) $y = (1 + \lg x)^5$；

   (3) $y = \sqrt{\sin\sqrt{x}}$；

   (4) $y = \sin\sqrt{\dfrac{x^2+1}{x^2-1}}$；

   (5) $y = \lg^2(\arccos x)$；

   (6) $y = \arctan(x^2+1)^2$.

§1-2 极限

极限

一、数列极限

先看两个无穷数列：

$$\frac{1}{2},\frac{1}{4},\frac{1}{8},\cdots,\frac{1}{2^n},\cdots;\tag{1}$$

$$\frac{1}{2},\frac{2}{3},\frac{3}{4},\cdots,\frac{n}{n+1},\cdots.\tag{2}$$

我们分别将这两个数列中的前几项在数轴上表示出来(图1-2).

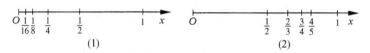

图 1-2

现在我们来考察这两个数列随着项数 n 增大时项的变化趋势. 容易看出, 当 n 无限增大时, 数列(1)中的项无限趋近于 0, 数列(2)中的项无限趋近于 1. 我们用下面数列极限的定义来描述数列的这种变化趋势：

定义 1 当数列 $\{a_n\}$ 的项数 n 无限增大时, 如果 a_n 无限地趋近于一个确定的常数 A, 那么就称这个数列存在**极限** A, 记作

$$\lim_{n\to\infty}a_n=A.$$

$\lim\limits_{n\to\infty}a_n=A$ 有时也记作 $a_n\to A$ 或 $a_n\to A(n\to\infty)$.

若数列 $\{a_n\}$ 存在极限, 也称数列 $\{a_n\}$ **收敛**; 若数列 $\{a_n\}$ 没有极限, 则称数列 $\{a_n\}$ **发散**.

注意 (1) 判断一个数列有无极限, 应该分析随着项数的无限增大, 数列中相应的项是否无限趋近于某个确定的常数. 如果这样的数存在, 那么这个数就是所论数列的极限; 否则, 数列的极限就不存在. 例如, 数列 $1,-\frac{1}{2},\frac{1}{3},-\frac{1}{4},\cdots,(-1)^{n+1}\frac{1}{n},\cdots$, 随着 n 的无限增大, 显然其对应的项无限趋近于 0, 故得 $\lim\limits_{n\to\infty}(-1)^{n+1}\frac{1}{n}=0$.

又如, 数列 $2,-2,2,-2,\cdots,(-1)^{n-1}2,\cdots$, 当项数 n 无限增大时, 数列各项时而为 2, 时而为 -2, 它不可能无限趋近于某个确定的常数, 因此当 $n\to\infty$ 时, 该数列的极限不存在. 再如, 数列 $1,2,3,\cdots,n,\cdots$, 随着项数的无限增大, 其对应的项也无限增大, 不趋

近于某个常数,故此数列的极限也不存在.

(2) 一般地,任何一个常数数列的极限都是这个常数本身.例如,常数数列 5,5, 5,…,它的极限是 5.

二、函数极限

数列的本质是自变量只能取正整数的一种特殊的函数,即 $y=f(n),n\in \mathbf{N}^*$.研究数列极限就是研究当自变量 $n\to\infty$ 时,函数值 $f(n)$ 的变化趋势.对于一般函数 $y=f(x),x\in D(D\subset\mathbf{R},D$ 可以是无界区域,也可以是有界区域)而言,也可以研究在自变量 x 的变化过程中函数值 $f(x)$ 的变化趋势.这里的自变量 x 的变化过程是指以下两种情形:

(1) x 的绝对值 $|x|$ 无限增大(记作 $x\to\infty$);

(2) x 无限接近于某一值 x_0,或者说 x 趋向于 x_0(记作 $x\to x_0$).

下面分别讨论 x 在这两种不同的变化过程中函数 $f(x)$ 的极限问题.

1. 当 $x\to\infty$ 时函数 $f(x)$ 的极限

在数列的极限中,记号 $n\to\infty$ 的意义是指数列的项数按照正整数的顺序无限增大.而函数的自变量 $x\to\infty$ 是指 x 的绝对值无限增大,它包含以下两种情况:

(1) x 取正值,无限增大,记作 $x\to+\infty$;

(2) x 取负值,它的绝对值无限增大(x 无限减小),记作 $x\to-\infty$.

若 x 不指定正负,只是 $|x|$ 无限增大,则写成 $x\to\infty$.

例 1 讨论函数 $y=\dfrac{1}{x}+1$ 当 $x\to+\infty$ 和 $x\to-\infty$ 时的变化趋势.

解 作出函数 $y=\dfrac{1}{x}+1$ 的图象(图 1-3).

由图 1-3 可以看出,当 $x\to+\infty$ 和 $x\to-\infty$ 时,$y=\dfrac{1}{x}+1\to 1$,因此当 $x\to\infty$ 时,$y=\dfrac{1}{x}+1\to 1$.

对于这种变化过程,给出下列定义:

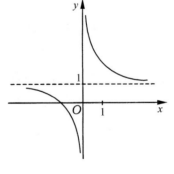

图 1-3

定义 2 如果当 $|x|$ 无限增大($x\to\infty$)时,函数 $f(x)$ 无限地趋近于一个确定的常数 A,那么就称 $f(x)$ 当 $x\to\infty$ 时存在极限 A,称数 A 为当 $x\to\infty$ 时函数 $f(x)$ 的极限,记作

$$\lim_{x\to\infty}f(x)=A.$$

类似地,如果当 $x\to+\infty$(或 $x\to-\infty$)时,函数 $f(x)$ 无限地趋近于一个确定的常数

A,那么就称 $f(x)$ 当 $x \to +\infty$(或 $x \to -\infty$)时存在极限 A,称数 A 为当 $x \to +\infty$(或 $x \to -\infty$)时函数 $f(x)$ 的极限,记作

$$\lim_{x \to +\infty} f(x) = A \text{(或} \lim_{x \to -\infty} f(x) = A\text{)}.$$

例2 作出函数 $y = \left(\dfrac{1}{2}\right)^x$ 和 $y = 2^x$ 的图象,并写出下列极限:

(1) $\lim\limits_{x \to +\infty} \left(\dfrac{1}{2}\right)^x$; (2) $\lim\limits_{x \to -\infty} 2^x$.

解 分别作出函数 $y = \left(\dfrac{1}{2}\right)^x$ 和 $y = 2^x$ 的图象(图 1-4). 由图象可以看出:

(1) $\lim\limits_{x \to +\infty} \left(\dfrac{1}{2}\right)^x = 0$; (2) $\lim\limits_{x \to -\infty} 2^x = 0$.

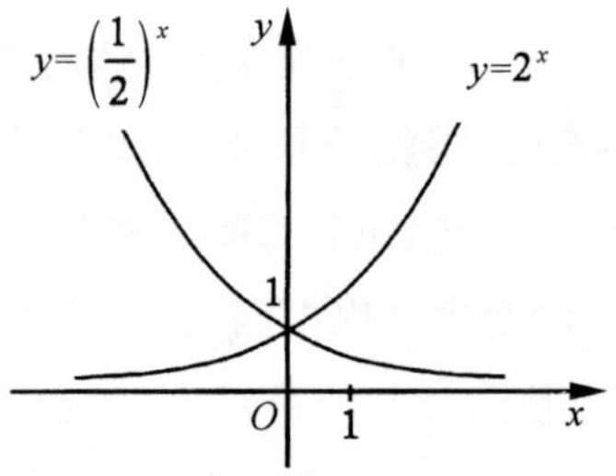

例3 讨论下列函数当 $x \to \infty$ 时的极限:

(1) $y = 1 + \dfrac{1}{x^2}$; (2) $y = 2^x$.

图 1-4

解 (1) 函数的图象如图 1-5 所示.

从图象可见,当 $x \to +\infty$ 时,$y = 1 + \dfrac{1}{x^2} \to 1$;当 $x \to -\infty$ 时,$y = 1 + \dfrac{1}{x^2} \to 1$. 因此,当 $|x|$ 无限增大时,函数 $y = 1 + \dfrac{1}{x^2}$ 无限地接近于常数 1,即

$$\lim_{x \to \infty} \left(1 + \dfrac{1}{x^2}\right) = 1.$$

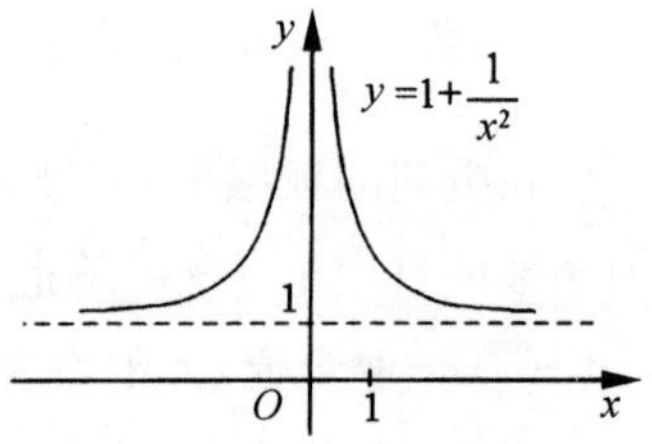

图 1-5

(2) 函数的图象如图 1-4 所示.

从图象可见,当 $x \to +\infty$ 时,$y = 2^x \to +\infty$;当 $x \to -\infty$ 时,$y = 2^x \to 0$. 因此,当 $|x|$ 无限增大时,函数 $y = 2^x$ 不可能无限地趋近某一个常数,即 $\lim\limits_{x \to \infty} 2^x$ 不存在.

从例3可以看出,一般地,下面的结论成立:当且仅当 $\lim\limits_{x \to +\infty} f(x)$ 和 $\lim\limits_{x \to -\infty} f(x)$ 都存在并且相等为 A 时,$\lim\limits_{x \to \infty} f(x)$ 存在且为 A,即

$$\lim_{x \to \infty} f(x) = A \Leftrightarrow \lim_{x \to +\infty} f(x) = \lim_{x \to -\infty} f(x) = A.$$

2. 当 $x \to x_0$ 时函数 $f(x)$ 的极限

与 $x \to \infty$ 的情形类似,$x \to x_0$ 包含 x 从大于 x_0 和 x 从小于 x_0 趋近于 x_0 两种情况:

(1) 用 $x \to x_0^+$ 表示 x 从大于 x_0 的方向趋近于 x_0;

(2) 用 $x \to x_0^-$ 表示 x 从小于 x_0 的方向趋近于 x_0.

记号 $x \to x_0$ 表示 x 无限趋近于 x_0,即表示从两个方向趋近于 x_0.

例 4 讨论当 $x \to 2$ 时,函数 $y=x+1$ 的变化趋势.

解 作出函数 $y=x+1$ 的图象(图 1-6).由图 1-6 可以看出,不论 x 从小于 2 的方向趋近于 2,还是从大于 2 的方向趋近于 2,函数 $y=x+1$ 的值总是随着自变量 x 的变化从两个不同的方向愈来愈接近于 3.所以当 $x \to 2$ 时,$y=x+1 \to 3$.

例 5 讨论当 $x \to 1$ 时,函数 $y=\dfrac{x^2-1}{x-1}$ 的变化趋势.

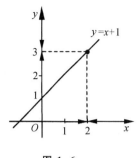

图 1-6

解 作出函数 $y=\dfrac{x^2-1}{x-1}$ 的图象(图 1-7).

函数的定义域为 $(-\infty,1) \cup (1,\infty)$,在 $x=1$ 处函数没有定义,但从图 1-7 可以看出,自变量 x 不论从大于 1 的方向还是从小于 1 的方向趋近于 1 时,函数 $y=\dfrac{x^2-1}{x-1}$ 的值都从两个不同方向愈来愈接近于 2.我们研究当 x 趋近于 1 时函数 $y=\dfrac{x^2-1}{x-1}$ 的变化趋势时,并不计较函数在 $x=1$ 处是否有定义,而仅关心在 $x=1$ 的邻近($x \in \overset{\circ}{U}(1,\delta)$)的函数值的变化趋势.因此,对于这个例子,我们仍说:当 $x \to 1$ 时,$y=\dfrac{x^2-1}{x-1} \to 2$.

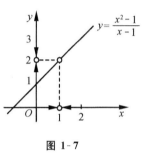

图 1-7

对于上例这种变化趋势,给出如下定义:

定义 3 如果当 $x \neq x_0$,$x \to x_0$ 时,函数 $f(x)$ 无限地趋近于一个确定的常数 A,那么就称当 $x \to x_0$ 时 $f(x)$ 存在极限 A,称数 A 为**当 $x \to x_0$ 时函数 $f(x)$ 的极限**,记作 $\lim\limits_{x \to x_0} f(x) = A$.

例 6 求下列极限:

(1) $f(x)=x$,$\lim\limits_{x \to x_0} f(x)$; (2) $f(x)=C$(C 为常数),$\lim\limits_{x \to x_0} f(x)$.

解 (1) 因为当 $x \to x_0$ 时,$f(x)=x$ 的值无限趋近于 x_0,所以有
$$\lim_{x \to x_0} f(x) = \lim_{x \to x_0} x = x_0.$$

(2) 因为当 $x \to x_0$ 时,$f(x)$ 的值恒等于 C,所以有
$$\lim_{x \to x_0} f(x) = \lim_{x \to x_0} C = C.$$

由此可见,常数的极限是其本身.

前面讨论了当 $x \to x_0$ 时 $f(x)$ 的极限,在那里 x 是以任意方式(大于 x_0 或小于 x_0)趋近于 x_0 的.但是,有时我们还需要知道,x 仅从大于 x_0 的方向趋近于 x_0 或仅从小于 x_0 的方向趋近于 x_0 时,$f(x)$ 的变化趋势.我们规定:

(1) 如果 x 从大于 x_0 的方向趋近于 x_0($x \to x_0^+$)时,函数 $f(x)$ 无限地趋近于一个

确定的常数 A，那么就称 $f(x)$ 在 x_0 处存在**右极限**，称数 A 为当 $x \to x_0$ 时函数 $f(x)$ 的右极限[图 1-8(1)]，记作

$$\lim_{x \to x_0^+} f(x) = A;$$

(2) 如果 x 从小于 x_0 的方向趋近于 x_0 ($x \to x_0^-$) 时，函数 $f(x)$ 无限地趋近于一个确定的常数 A，那么就称 $f(x)$ 在 x_0 处存在**左极限**，称数 A 为当 $x \to x_0$ 时函数 $f(x)$ 的左极限[图 1-8(2)]，记作

$$\lim_{x \to x_0^-} f(x) = A.$$

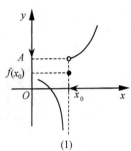
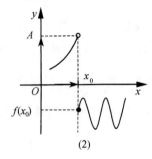

图 1-8

例 7 已知函数 $f(x) = \begin{cases} x-1, & x<0, \\ x^3, & x \geq 0, \end{cases}$ 讨论当 $x \to 0$ 时，$f(x)$ 的极限.

解 这是一个求分段函数在分段点处的极限问题. 作出它的图象，如图 1-9 所示，由图象可见

$$\lim_{x \to 0^-} f(x) = \lim_{x \to 0^-} (x-1) = -1,$$

$$\lim_{x \to 0^+} f(x) = \lim_{x \to 0^+} x^3 = 0.$$

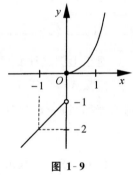

图 1-9

虽然当 $x \to 0$ 时的左、右极限都存在，但当 $x \to 0$ 时，函数 $f(x)$ 并不趋近于某一个确定的常数，因而当 $x \to 0$ 时，$f(x)$ 的极限不存在.

一般地，当且仅当 $\lim\limits_{x \to x_0^-} f(x)$ 和 $\lim\limits_{x \to x_0^+} f(x)$ 都存在并且相等为 A 时，$\lim\limits_{x \to x_0} f(x)$ 存在且为 A，即

$$\lim_{x \to x_0} f(x) = A \Leftrightarrow \lim_{x \to x_0^-} f(x) = \lim_{x \to x_0^+} f(x) = A.$$

例 8 已知 $f(x) = \begin{cases} x, & x \geq 2, \\ 2, & x < 2, \end{cases}$ 求 $\lim\limits_{x \to 2} f(x)$.

解 因为 $\lim\limits_{x \to 2^+} f(x) = \lim\limits_{x \to 2^+} x = 2$，$\lim\limits_{x \to 2^-} f(x) = \lim\limits_{x \to 2^-} 2 = 2$，即

$$\lim_{x \to 2^+} f(x) = \lim_{x \to 2^-} f(x) = 2,$$

所以

$$\lim_{x \to 2} f(x) = 2.$$

例9 已知 $f(x)=\dfrac{|x|}{x}$,$\lim\limits_{x\to 0}f(x)$ 是否存在?

解 当 $x>0$ 时,$f(x)=\dfrac{|x|}{x}=\dfrac{x}{x}=1$;

当 $x<0$ 时,$f(x)=\dfrac{|x|}{x}=\dfrac{-x}{x}=-1$.

所以函数可以分段表示为

$$f(x)=\begin{cases}1, & x>0,\\ -1, & x<0.\end{cases}$$

于是 $\lim\limits_{x\to 0^+}f(x)=1$,$\lim\limits_{x\to 0^-}f(x)=-1$,

即 $\lim\limits_{x\to 0^+}f(x)\neq\lim\limits_{x\to 0^-}f(x)$,所以 $\lim\limits_{x\to 0}f(x)$ 不存在.

极限是高等数学中的一个基本概念,是学习后继内容的基础.尽管在下面几节中多数练习的是求极限问题,但学习极限绝不仅仅是为了求极限,而是要理解极限的思想、方法和应用.

随堂练习 1-2

1. 下列说法是否正确?

(1) 若函数 $f(x)$ 在点 x_0 处无定义,则 $f(x)$ 在 x_0 处极限不存在;

(2) 有界数列必收敛;

(3) 在自变量 x 的某变化过程中,函数 $f(x)$ 无限趋近于 A,就是 $f(x)$ 越来越接近于 A;

(4) 若 $\lim\limits_{x\to x_0^+}f(x)$ 与 $\lim\limits_{x\to x_0^-}f(x)$ 均存在,则极限 $\lim\limits_{x\to x_0}f(x)$ 必存在.

2. 作出图象来判断下列函数的极限:

(1) $\lim\limits_{x\to -\infty}e^x$;   (2) $\lim\limits_{x\to +\infty}\arctan x$;   (3) $\lim\limits_{x\to -2}\dfrac{x^2-4}{x+2}$.

3. 设 $f(x)=\begin{cases}2x, & x<0,\\ x+1, & x\geq 0,\end{cases}$ 判断当 $x\to 0$ 时,$f(x)$ 的极限是否存在.

习 题 1-2

1. 观察下列数列当 $n\to\infty$ 时的变化趋势,写出它们的极限:

(1) $x_n = (-1)^n \dfrac{1}{n}$;

(2) $y_n = (-1)^n n$;

(3) $x_n = 1 - \dfrac{1}{10^n}$;

(4) $y_n = \sin\dfrac{n\pi}{2}$.

2. 作出图象来判断下列函数的极限:

(1) $\lim\limits_{x\to +\infty}\left(\dfrac{1}{3}\right)^x$;

(2) $\lim\limits_{x\to 1}\ln x$;

(3) $\lim\limits_{x\to \pi}\cos x$;

(4) $\lim\limits_{x\to -1}\dfrac{x^2-1}{x+1}$.

3. 设函数 $f(x) = \dfrac{|x|}{x}$,画出它的图象,求当 $x\to 0$ 时函数的左、右极限,从而说明在 $x\to 0$ 时函数的极限是否存在.

4. 设 $f(x) = \begin{cases} x-1, & x \leqslant 0, \\ x+1, & x > 0, \end{cases}$ 画出它的图象,并求当 $x\to 0$ 时 $f(x)$ 的左、右极限,从而说明 $f(x)$ 的极限是否存在.

5. 证明函数 $f(x) = \begin{cases} x^2+1, & x<1, \\ 1, & x=1, \\ -1, & x>1 \end{cases}$ 当 $x\to 1$ 时的极限不存在.

§1-3 极限的运算

极限的运算

前面我们根据自变量的变化趋势,观察和分析了函数的变化趋势,求出了一些简单的函数的极限. 如果要求一些结构较为复杂的函数的极限,就要使用下面的和、差、积、商的极限运算法则.

如果 $\lim\limits_{x\to x_0}f(x)=A, \lim\limits_{x\to x_0}g(x)=B$,那么

法则 1 $\lim\limits_{x\to x_0}[f(x)\pm g(x)]=\lim\limits_{x\to x_0}f(x)\pm\lim\limits_{x\to x_0}g(x)=A\pm B.$

法则 2 $\lim\limits_{x\to x_0}[f(x)\cdot g(x)]=\lim\limits_{x\to x_0}f(x)\cdot\lim\limits_{x\to x_0}g(x)=A\cdot B.$

特别地,$\lim\limits_{x\to x_0}[C\cdot f(x)]=C\cdot\lim\limits_{x\to x_0}f(x)=C\cdot A$($C$ 为常数).

法则 3 $\lim\limits_{x\to x_0}\dfrac{f(x)}{g(x)}=\dfrac{\lim\limits_{x\to x_0}f(x)}{\lim\limits_{x\to x_0}g(x)}=\dfrac{A}{B}$ ($B\neq 0$).

说明 (1) 上述运算法则对于 $x\to\infty$ 等其他变化过程同样成立;

(2) 法则1、法则2可推广到有限个函数的情况,因此只要 x 使函数有意义,下面的等式也成立:

$$\lim_{x\to x_0}[f(x)]^n=\left[\lim_{x\to x_0}f(x)\right]^n, \lim_{x\to x_0}[f(x)]^a=\left[\lim_{x\to x_0}f(x)\right]^a, a\in\mathbf{Q}.$$

上述极限的四则运算法则表明:如果在自变量的某一变化过程中,函数 $f(x)$ 的极限是 A,$g(x)$ 的极限是 B,那么 $f(x)$ 与 $g(x)$ 的和、差、积、商的极限分别等于它们极限的和、差、积、商(在商的情况下分母的极限不为零).

以上法则中,等式左端是先作函数的四则运算后再作极限运算,而等式右端是先作极限运算后再作四则运算. 于是极限运算"$\lim\limits_{x\to x_0}$"与四则运算(加、减、乘、除)可以交换次序(其中除法运算时分母的极限必须不等于零).

例 1 求 $\lim\limits_{x\to 2}(x^2+2x-3)$.

解 $\lim\limits_{x\to 2}(x^2+2x-3)=\lim\limits_{x\to 2}x^2+\lim\limits_{x\to 2}(2x)-\lim\limits_{x\to 2}3$
$=(\lim\limits_{x\to 2}x)^2+2\cdot\lim\limits_{x\to 2}x-3=2^2+2\times 2-3=5.$

例 2 求 $\lim\limits_{x\to 1}\dfrac{x^2-2x+5}{x^2+6}$.

解 由于当 $x\to 1$ 时,$(x^2+6)\to 7$,分母的极限不为 0,由商的极限运算法则,得

$$\lim_{x\to 1}\dfrac{x^2-2x+5}{x^2+6}=\dfrac{\lim\limits_{x\to 1}(x^2-2x+5)}{\lim\limits_{x\to 1}(x^2+6)}=\dfrac{4}{7}.$$

例 3 求 $\lim\limits_{x\to 1}\dfrac{x^2-1}{x-1}$.

解 当 $x\to 1$ 时,$x-1\to 0$,分母的极限是 0,不能直接应用商的极限运算法则. 前面说过,$x\to 1$ 是指 $x\neq 1$ 而 x 趋近于 1,所以 $x-1\neq 0$,故可先约去分子、分母的公因子 $x-1$,即

$$\lim_{x\to 1}\dfrac{x^2-1}{x-1}=\lim_{x\to 1}\dfrac{(x-1)(x+1)}{x-1}=\lim_{x\to 1}(x+1)=2.$$

例 4 求 $\lim\limits_{x\to 4}\dfrac{x-4}{\sqrt{x+5}-3}$.

解 当 $x\to 4$ 时,$\sqrt{x+5}-3\to 0$,不能直接使用商的极限运算法则,但可采用分母有理化消去分母中趋向于零的因子.

$$\lim_{x\to 4}\dfrac{x-4}{\sqrt{x+5}-3}=\lim_{x\to 4}\dfrac{(x-4)(\sqrt{x+5}+3)}{(\sqrt{x+5}-3)(\sqrt{x+5}+3)}$$

$$=\lim_{x\to 4}\dfrac{(x-4)(\sqrt{x+5}+3)}{x-4}=\lim_{x\to 4}(\sqrt{x+5}+3)=\lim_{x\to 4}\sqrt{x+5}+3=6.$$

例 5 求 $\lim\limits_{n\to\infty}\dfrac{n^2+2n+1}{2n^2+3n+4}$.

解 当 $n\to\infty$ 时,分式的分子、分母都趋向于无穷大,不能直接使用商的极限运算法则来计算极限. 但是,当 $n\to\infty$ 时,

$$\dfrac{n^2+2n+1}{n^2}=1+\dfrac{2}{n}+\dfrac{1}{n^2}\to 1,\ \dfrac{2n^2+3n+4}{n^2}=2+\dfrac{3}{n}+\dfrac{4}{n^2}\to 2.$$

因此,求 $\lim\limits_{n\to\infty}\dfrac{n^2+2n+1}{2n^2+3n+4}$ 时,可以首先将分式的分子与分母同除以分母中自变量的最高次幂,然后再用极限运算法则,即

$$\lim_{n\to\infty}\dfrac{n^2+2n+1}{2n^2+3n+4}=\lim_{n\to\infty}\dfrac{1+\dfrac{2}{n}+\dfrac{1}{n^2}}{2+\dfrac{3}{n}+\dfrac{4}{n^2}}=\dfrac{\lim\limits_{n\to\infty}\left(1+\dfrac{2}{n}+\dfrac{1}{n^2}\right)}{\lim\limits_{n\to\infty}\left(2+\dfrac{3}{n}+\dfrac{4}{n^2}\right)}=\dfrac{1}{2}.$$

例 6 求 $\lim\limits_{x\to\infty}\dfrac{2x^2-x+5}{3x^3-2x-1}$.

解 仿照例 5,分子、分母同除以分母中自变量的最高次幂,得

$$\lim_{x\to\infty}\dfrac{2x^2-x+5}{3x^3-2x-1}=\lim_{x\to\infty}\dfrac{\dfrac{2}{x}-\dfrac{1}{x^2}+\dfrac{5}{x^3}}{3-\dfrac{2}{x^2}-\dfrac{1}{x^3}}=\dfrac{0}{3}=0.$$

例 3—例 6 的解法启示我们:在应用极限的四则运算法则求极限时,首先要判断是否满足法则中的条件. 如果不满足,那么还要根据具体情况作适当的恒等变换,使之符合条件,然后再使用极限的运算法则求出结果.

随堂练习 1-3

1. 下列说法是否正确？

(1) 设 $\lim\limits_{x\to x_0}[f(x)+g(x)]$，$\lim\limits_{x\to x_0}f(x)$ 都存在，则极限 $\lim\limits_{x\to x_0}g(x)$ 一定存在；

(2) 设 $\lim\limits_{x\to x_0}[f(x)+g(x)]$ 存在，则 $\lim\limits_{x\to x_0}f(x)$，$\lim\limits_{x\to x_0}g(x)$ 一定都存在；

(3) 设 $\lim\limits_{x\to x_0}[f(x)\cdot g(x)]$，$\lim\limits_{x\to x_0}f(x)$ 都存在，则 $\lim\limits_{x\to x_0}g(x)$ 一定存在；

(4) 设 $\lim\limits_{x\to x_0}[f(x)\cdot g(x)]$，$\lim\limits_{x\to x_0}f(x)$ 都存在，且 $\lim\limits_{x\to x_0}f(x)\neq 0$，则 $\lim\limits_{x\to x_0}g(x)$ 一定存在.

2. 求下列各极限：

(1) $\lim\limits_{x\to 2}(x^2+3x-4)$；

(2) $\lim\limits_{x\to 1}\dfrac{x^2-1}{x+3}$；

(3) $\lim\limits_{x\to 1}\dfrac{x^2-1}{x^2-3x+2}$；

(4) $\lim\limits_{x\to 0}\dfrac{1-\sqrt{x+1}}{2x}$；

(5) $\lim\limits_{n\to\infty}\dfrac{n^2-5n+4}{2n^2+n+1}$；

(6) $\lim\limits_{x\to\infty}\dfrac{2x^3-x^2+9}{3x^3+1}$.

习 题 1-3

计算下列极限：

(1) $\lim\limits_{x\to 0}\dfrac{x+5}{x^2-3}$；

(2) $\lim\limits_{x\to 1}\dfrac{x^2-1}{x^2+1}$；

(3) $\lim\limits_{x\to 1}\dfrac{x-1}{x^2-1}$；

(4) $\lim\limits_{x\to 1}\dfrac{x^2+2x-3}{x^2-1}$；

(5) $\lim\limits_{x\to 0}\dfrac{\sqrt{1+x^2}-1}{x}$；

(6) $\lim\limits_{h\to 0}\dfrac{(x+h)^2-x^2}{h}$；

(7) $\lim\limits_{x\to\infty}\dfrac{1-x^2}{2x^2-1}$；

(8) $\lim\limits_{x\to\infty}\dfrac{x^2+1}{x^4+1}$；

(9) $\lim\limits_{x\to\frac{1}{2}}\dfrac{8x^3-1}{6x^2-5x+1}$；

(10) $\lim\limits_{x\to 1}\left(\dfrac{1}{1-x}+\dfrac{1-3x}{1-x^2}\right)$；

(11) $\lim\limits_{n\to\infty}\left(1+\dfrac{1}{2}+\dfrac{1}{2^2}+\cdots+\dfrac{1}{2^n}\right)$；

(12) $\lim\limits_{n\to\infty}\left(\dfrac{2}{n^2}+\dfrac{4}{n^2}+\cdots+\dfrac{2n}{n^2}\right)$.

§1-4 无穷大和无穷小

无穷大和无穷小

在函数极限中,有两种特殊情况在今后经常遇到:一种是函数极限为零的情况;另一种是在自变量的某个变化过程中,函数的绝对值无限增大的情况.本节专门讨论这两种极限.

一、无穷大

考察函数 $f(x)=\dfrac{1}{x-1}$. 由图 1-10 可知,当 x 从左、右两个方向趋近于 1 时,$|f(x)|$ 都无限地增大. 对于这种变化趋势,给出下列定义:

定义 1 如果当 $x \to x_0$ 时,函数 $f(x)$ 的绝对值无限增大,那么称函数 $f(x)$ 为当 $x \to x_0$ 时的**无穷大**.

如果函数 $f(x)$ 为当 $x \to x_0$ 时的无穷大,那么它的极限是不存在的. 但为了便于描述函数的这种变化趋势,我们也说"函数的极限是无穷大",并记作

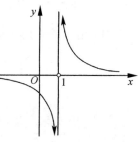

图 1-10

$$\lim_{x \to x_0} f(x) = \infty.$$

注意 式中"∞"是一个记号而不是确定的数,上式仅表示"当 $x \to x_0$ 时,$f(x)$ 的绝对值无限增大".

如果在无穷大的定义中,对于 x_0 左、右邻域的 x,对应的函数值都是正的或都是负的,也即当 $x \to x_0$ 时,$f(x)$ 无限增大或减小,就分别记作

$$\lim_{x \to x_0} f(x) = +\infty \text{ 或 } \lim_{x \to x_0} f(x) = -\infty.$$

例如,当 $x \to 1$ 时,$\left|\dfrac{1}{x-1}\right|$ 无限增大,所以 $\dfrac{1}{x-1}$ 是当 $x \to 1$ 时的无穷大,记作

$$\lim_{x \to 1} \dfrac{1}{x-1} = \infty.$$

上述 $x \to x_0$ 时的无穷大的定义,很容易推广到 $x \to x_0^+$,$x \to x_0^-$,$x \to \infty$,$x \to +\infty$,$x \to -\infty$ 时的情形.

例如,当 $x \to \infty$ 时,$|x|$ 无限增大,所以 x 是当 $x \to \infty$ 时的无穷大,记作 $\lim\limits_{x \to \infty} x = \infty$.

由图 1-4 可知,当 $x \to +\infty$ 时,2^x 总取正值而无限增大,所以 2^x 是当 $x \to +\infty$ 时的无穷大,记作 $\lim\limits_{x \to +\infty} 2^x = +\infty$.

由图 1-11 可知,当 $x \to 0^+$ 时,$\ln x$ 总取负值而无限减小,所以 $\ln x$ 是 $x \to 0^+$ 时的无穷大,记作 $\lim\limits_{x \to 0^+} \ln x = -\infty$.

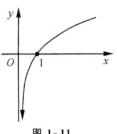

图 1-11

注意 （1）一个函数 $f(x)$ 是无穷大,是与自变量 x 的变化过程紧密相连的,因此必须指明自变量 x 的变化过程.例如,函数 $\dfrac{1}{x}$ 是当 $x \to 0$ 时的无穷大,而当 x 趋向于其他数值时它就不是无穷大.

（2）不要把绝对值很大的数（如 1 000 000 000 或 $-$1 000 000 000）说成是无穷大.无穷大表示的是一个函数,这个函数的绝对值在自变量某个变化过程中的变化趋势是无限增大.而这些绝对值很大的数无论自变量如何变化,其极限都为常数本身,并不会无限增大或减小.

二、无穷小

1. 无穷小的定义

考察函数 $f(x) = x - 1$,由图 1-12 可知,当 x 从左、右两个方向无限趋近于 1 时,$f(x)$ 都无限地趋向于 0.对于这种变化趋势,给出以下定义:

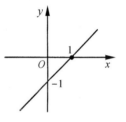

图 1-12

定义 2 如果当 $x \to x_0$ 时,函数 $f(x)$ 的极限为 0,那么就称函数 $f(x)$ 为 $x \to x_0$ **时的无穷小**,记作 $\lim\limits_{x \to x_0} f(x) = 0$.

例如,因为 $\lim\limits_{x \to 1}(x-1) = 0$,所以函数 $x-1$ 是当 $x \to 1$ 时的无穷小.

上述 $x \to x_0$ 时的无穷小,很容易推广到 $x \to x_0^+$,$x \to x_0^-$,$x \to \infty$,$x \to +\infty$,$x \to -\infty$ 时的情形.

又如,因为 $\lim\limits_{x \to \infty} \dfrac{1}{x} = 0$,所以函数 $\dfrac{1}{x}$ 是当 $x \to \infty$ 时的无穷小.

注意 （1）一个函数 $f(x)$ 是无穷小,是与自变量 x 的变化过程紧密相连的,因此必须指明自变量 x 的变化过程.例如,函数 $x-1$ 是当 $x \to 1$ 时的无穷小,而当 x 趋向于其他数值时,它就不是无穷小.

（2）不要把绝对值很小的常数（如 0.000 000 000 1 或 $-$0.000 000 000 1）说成是无穷小.无穷小表示的是一个函数,这个函数在自变量某个变化过程中的极限为 0.而这些绝对值很小的数无论自变量如何变化,其极限都不是 0.只有常数 0 可以看成是无穷小,因为常数函数 0 在自变量的任何变化过程的极限总是 0.

2. 无穷小的性质

设 $f_1(x), f_2(x), \cdots, f_n(x)$ 是 $x \to x_0$(或 $x \to \infty$ 等)时的无穷小.

性质 1 $f(x) = \sum_{i=1}^{n} a_i f_i(x)(a_i \in \mathbf{R})$ 是 $x \to x_0$(或 $x \to \infty$ 等)时的无穷小,即有限个无穷小的代数和仍然是无穷小.

性质 2 $f(x) = f_1(x) \cdot f_2(x) \cdot \cdots \cdot f_n(x)$ 是 $x \to x_0$(或 $x \to \infty$ 等)时的无穷小,即无穷小的积仍然是无穷小.

性质 3 设 $g(x)$ 当 $x \to x_0$(或 $x \to \infty$ 等)时是有界的,则 $g(x) \cdot f_i(x)(i = 1, 2, \cdots, n)$ 是 $x \to x_0$(或 $x \to \infty$ 等)时的无穷小,即有界函数与无穷小的积是无穷小.

以上各性质的证明只是极限性质的简单应用,读者可以自行完成.

例 1 求 $\lim\limits_{x \to 0} x \sin \dfrac{1}{x}$.

解 因为 $\lim\limits_{x \to 0} x = 0$,所以 x 是 $x \to 0$ 时的无穷小.而 $\left| \sin \dfrac{1}{x} \right| \leqslant 1$,所以 $\sin \dfrac{1}{x}$ 是有界函数.根据无穷小的性质 3,可知

$$\lim_{x \to 0} x \sin \dfrac{1}{x} = 0.$$

例 2 求 $\lim\limits_{x \to \infty} \dfrac{\sin x}{x}$.

解 因为 $\dfrac{\sin x}{x} = \dfrac{1}{x} \cdot \sin x$,而 $\dfrac{1}{x}$ 是当 $x \to \infty$ 时的无穷小,$\sin x$ 是有界函数.根据无穷小的性质 3,可知

$$\lim_{x \to \infty} \dfrac{\sin x}{x} = 0.$$

3. 函数极限与无穷小的关系

下面的定理将说明函数的极限与无穷小之间的重要关系.

定理 1 $\lim\limits_{x \to x_0} f(x) = A \Leftrightarrow f(x) = A + \alpha$,其中 $\lim\limits_{x \to x_0} \alpha = 0$. 即当 $x \to x_0$ 时,$f(x)$ 以 A 为极限的充分必要条件是 $f(x)$ 能表示为 A 与一个 $x \to x_0$ 时的无穷小之和.

三、无穷大与无穷小的关系

无穷大与无穷小之间有着密切关系,这种关系可以从下面的讨论中得到启示:

函数 $f(x) = \dfrac{1}{x-1}$ 是当 $x \to 1$ 时的无穷大,它的倒数 $x - 1$ 则成为 $x \to 1$ 时的无穷小.函数 $f(x) = \dfrac{1}{x^2}$ 是当 $x \to \infty$ 时的无穷小,它的倒数 x^2 则成为 $x \to \infty$ 时的无穷大.总结

这种规律,可得下述定理(定理中的无穷大、无穷小都是相对于自变量是同一个变化过程而言的).

定理 2 无穷大的倒数是无穷小;反之,在变化过程中不为零的无穷小的倒数为无穷大.

下面我们利用无穷大与无穷小的关系来求一些函数的极限.

例 3 求 $\lim\limits_{x\to 1}\dfrac{x+4}{x-1}$.

解 因为 $\lim\limits_{x\to 1}\dfrac{x-1}{x+4}=0$,即 $\dfrac{x-1}{x+4}$ 是当 $x\to 1$ 时的无穷小.根据无穷大与无穷小的关系可知,它的倒数 $\dfrac{x+4}{x-1}$ 是当 $x\to 1$ 时的无穷大,即

$$\lim\limits_{x\to 1}\dfrac{x+4}{x-1}=\infty.$$

例 4 求 $\lim\limits_{x\to\infty}(x^2-3x+2)$.

解 因为 $\lim\limits_{x\to\infty}\dfrac{1}{x^2-3x+2}=\lim\limits_{x\to\infty}\dfrac{\dfrac{1}{x^2}}{1-\dfrac{3}{x}+\dfrac{2}{x^2}}=0$,即 $\dfrac{1}{x^2-3x+2}$ 是当 $x\to\infty$ 时的无穷小,所以它的倒数 x^2-3x+2 是当 $x\to\infty$ 时的无穷大,即

$$\lim\limits_{x\to\infty}(x^2-3x+2)=\infty.$$

例 5 求 $\lim\limits_{x\to\infty}\dfrac{2x^3-x^2+5}{x^2+7}$.

解 因为 $\lim\limits_{x\to\infty}\dfrac{x^2+7}{2x^3-x^2+5}=\lim\limits_{x\to\infty}\dfrac{\dfrac{1}{x}+\dfrac{7}{x^3}}{2-\dfrac{1}{x}+\dfrac{5}{x^3}}=0$,所以

$$\lim\limits_{x\to\infty}\dfrac{2x^3-x^2+5}{x^2+7}=\infty.$$

分析本节例 4、例 5 和上节例 5、例 6 的特点和结果,可得自变量趋向于无穷大时有理分式函数求极限的法则:

(1) 若分式中分子和分母是同次的,则其极限等于分子和分母的最高次项的系数之比;

(2) 若分式中分子的次数高于分母的次数,则该分式的极限为无穷大;

(3) 若分式中分子的次数低于分母的次数,则该分式的极限为零.

即

$$\lim\limits_{x\to\infty}\dfrac{a_0x^m+a_1x^{m-1}+\cdots+a_m}{b_0x^n+b_1x^{n-1}+\cdots+b_n}=\begin{cases}\dfrac{a_0}{b_0}, & m=n,\\ \infty, & m>n,\\ 0, & m<n.\end{cases}$$

随堂练习 1-4

1. 判断下列说法是否正确:

(1) 无穷小的倒数是无穷大;

(2) 任意多个无穷小的和仍是无穷小;

(3) 无穷小是零;

(4) 有限个无穷大之和仍是无穷大;

(5) 无穷大就是极限不存在;

(6) $\dfrac{1}{x^2}$ 是无穷小.

2. 求下列各极限:

(1) $\lim\limits_{x \to 2} \dfrac{x-1}{x-2}$;

(2) $\lim\limits_{x \to 0}(2x+x^2)\cos\dfrac{1}{x}$;

(3) $\lim\limits_{x \to \infty} \dfrac{(3x-1)^{20}}{(2x+1)^{12}(5x-3)^8}$.

习 题 1-4

1. 判断下列变量在相应的变化过程中是无穷大,还是无穷小:

(1) $\dfrac{1+2x}{x}$ $(x \to 0)$;

(2) x^2+10x $(x \to 0)$;

(3) e^x $(x \to +\infty)$;

(4) $\ln x$ $(x \to 1)$;

(5) $\left(\dfrac{1}{e}\right)^x$ $(x \to -\infty)$;

(6) $\dfrac{x^2-4}{x+1}$ $(x \to 2)$.

2. 利用无穷小的性质求下列极限:

(1) $\lim\limits_{x \to \infty} \dfrac{\cos 2x}{x^2}$;

(2) $\lim\limits_{x \to \infty} \dfrac{\arctan x}{x}$.

3. 求下列极限:

(1) $\lim\limits_{x \to 1} \dfrac{1}{x-1}$;

(2) $\lim\limits_{x \to \infty} \dfrac{4x^3-2x+8}{3x^2+1}$;

(3) $\lim\limits_{x \to \infty} \dfrac{x^2-3}{x^4+x^2+1}$;

(4) $\lim\limits_{x \to \infty} \dfrac{(2x-3)^{20}(3x+2)^{30}}{(5x+1)^{50}}$.

§1-5 两个重要极限

两个重要极限

本节将学习两个重要极限,这两个极限对今后的极限计算及理论推导十分有用.

一、$\lim\limits_{x \to 0} \dfrac{\sin x}{x} = 1$

当 $x \to 0$ 时,分式的分子、分母的极限都为 0,不能用商的极限运算法则来计算. 我们先来观察一下它的变化趋势(表 1-2):

表 1-2 当 $x \to 0$ 时,$\dfrac{\sin x}{x}$ 的变化趋势

x/rad	0.50	0.10	0.05	0.04	0.03	0.02	$\cdots$
$\dfrac{\sin x}{x}$	0.958 5	0.998 3	0.999 6	0.999 7	0.999 8	0.999 9	$\cdots$

从上表可以看出,当 x 取正值趋近于 0 时,$\dfrac{\sin x}{x} \to 1$,即

$$\lim_{x \to 0^+} \dfrac{\sin x}{x} = 1.$$

当 x 取负值趋近于 0 时,$-x \to 0, -x > 0, \sin(-x) > 0$,于是

$$\lim_{x \to 0^-} \dfrac{\sin x}{x} = \lim_{-x \to 0^+} \dfrac{\sin(-x)}{(-x)} = 1.$$

综合以上两种情况,我们得到第一个重要极限:$\lim\limits_{x \to 0} \dfrac{\sin x}{x} = 1.$

这个极限在形式上具有以下特点:

(1) 它的极限呈现 $\dfrac{0}{0}$ 型,不能应用求极限商的运算法则;

(2) 在分式中同时出现三角函数和 x 的幂.

若 $\lim\limits_{x \to a} \varphi(x) = 0$($a$ 可以是有限数 x_0,$\pm\infty$ 或 ∞),则得到推广的结果:

$$\lim_{x \to a} \dfrac{\sin[\varphi(x)]}{\varphi(x)} = \lim_{\varphi(x) \to 0} \dfrac{\sin[\varphi(x)]}{\varphi(x)} = 1.$$

极限本身及上述推广的结果在极限计算及理论推导中有着广泛的应用.

例 1 求 $\lim\limits_{x \to 0} \dfrac{\tan x}{x}$.

解 $\lim\limits_{x \to 0} \dfrac{\tan x}{x} = \lim\limits_{x \to 0} \dfrac{\frac{\sin x}{\cos x}}{x} = \lim\limits_{x \to 0} \dfrac{\sin x}{x} \cdot \dfrac{1}{\cos x} = \lim\limits_{x \to 0} \dfrac{\sin x}{x} \cdot \lim\limits_{x \to 0} \dfrac{1}{\cos x} = 1 \times 1 = 1.$

例 2 求 $\lim\limits_{x\to 0}\dfrac{\sin 3x}{x}$.

解 $\lim\limits_{x\to 0}\dfrac{\sin 3x}{x}=\lim\limits_{x\to 0}\dfrac{3\sin 3x}{3x}\xlongequal{\text{令 }3x=t}3\lim\limits_{t\to 0}\dfrac{\sin t}{t}=3$（$3x$ 相当于推广中的 $\varphi(x)$）.

例 3 求 $\lim\limits_{x\to 0}\dfrac{1-\cos x}{x^2}$.

解 $\lim\limits_{x\to 0}\dfrac{1-\cos x}{x^2}=\lim\limits_{x\to 0}\dfrac{2\sin^2\dfrac{x}{2}}{x^2}=\lim\limits_{x\to 0}\dfrac{\sin^2\dfrac{x}{2}}{2\left(\dfrac{x}{2}\right)^2}=\lim\limits_{x\to 0}\dfrac{1}{2}\cdot\dfrac{\sin\dfrac{x}{2}}{\dfrac{x}{2}}\cdot\dfrac{\sin\dfrac{x}{2}}{\dfrac{x}{2}}=\dfrac{1}{2}$.

例 4 求 $\lim\limits_{x\to 0}\dfrac{\arcsin x}{x}$.

解 令 $\arcsin x=t$，则 $x=\sin t$ 且 $x\to 0$ 时 $t\to 0$，所以

$$\lim\limits_{x\to 0}\dfrac{\arcsin x}{x}=\lim\limits_{t\to 0}\dfrac{t}{\sin t}=1.$$

例 5 求 $\lim\limits_{x\to 0}\dfrac{\tan x-\sin x}{x^3}$.

解 $\lim\limits_{x\to 0}\dfrac{\tan x-\sin x}{x^3}=\lim\limits_{x\to 0}\dfrac{\dfrac{\sin x}{\cos x}-\sin x}{x^3}=\lim\limits_{x\to 0}\dfrac{\sin x\cdot\dfrac{1-\cos x}{\cos x}}{x^3}$

$=\lim\limits_{x\to 0}\dfrac{\sin x}{x}\cdot\lim\limits_{x\to 0}\dfrac{1}{\cos x}\cdot\lim\limits_{x\to 0}\dfrac{1-\cos x}{x^2}=\dfrac{1}{2}.$

二、$\lim\limits_{x\to\infty}\left(1+\dfrac{1}{x}\right)^x=\mathrm{e}$

这个极限是一种新的类型，极限的四则运算法则对它似乎也无效. 仿照第一个重要极限的做法，列出下表以探求当 $x\to+\infty$ 时，函数 $\left(1+\dfrac{1}{x}\right)^x$ 的变化趋势（表 1-3 中的函数值除 $x=1$ 和 $x=2$ 时外，都是近似值）：

表 1-3 当 $x\to+\infty$ 时，$\left(1+\dfrac{1}{x}\right)^x$ 的变化趋势

x	1	2	10	1 000	10 000	100 000	1 000 000	…
$\left(1+\dfrac{1}{x}\right)^x$	2	2.25	2.594	2.717	2.718 1	2.718 2	2.718 28	…

从上表可以看出，当 x 取正值并无限增大时，$\left(1+\dfrac{1}{x}\right)^x$ 是逐渐增大的，但是不论 x 如何增大，$\left(1+\dfrac{1}{x}\right)^x$ 的值总不会超过 3. 例如，当 $x>1\,000$ 时，$\left(1+\dfrac{1}{x}\right)^x$ 的值的前三位就不变了，$x>10\,000$ 时，$\left(1+\dfrac{1}{x}\right)^x$ 的值的前四位就不变了. 实际上如果继续增大 x，即

当 $x\to +\infty$ 时,可以证明 $\left(1+\dfrac{1}{x}\right)^x$ 趋近于一个确定的数 2.718 281 828…,这个数是一个无理数,即自然对数的底 e.

同样,当 $x\to -\infty$ 时,函数 $\left(1+\dfrac{1}{x}\right)^x$ 有类似的变化趋势,只是它是逐渐减小而趋向于 e.

综上,得到第二个重要极限:$\lim\limits_{x\to\infty}\left(1+\dfrac{1}{x}\right)^x=\mathrm{e}$.

第二个重要极限在形式上具有特点:如果在形式上分别对底和幂求极限,呈现的是 1^∞ 形式.

这个重要极限也可以推广和变形:

(1) 令 $\dfrac{1}{x}=t$,则 $x\to\infty$ 时 $t\to 0$,代入后得到
$$\lim_{t\to 0}(1+t)^{\frac{1}{t}}=\mathrm{e}.$$
这是重要极限的变形形式.

(2) 若 $\lim\limits_{x\to a}\varphi(x)=\infty$($a$ 可以是有限数 x_0,$\pm\infty$ 或 ∞),则
$$\lim_{x\to a}\left[1+\dfrac{1}{\varphi(x)}\right]^{\varphi(x)}=\lim_{\varphi(x)\to\infty}\left[1+\dfrac{1}{\varphi(x)}\right]^{\varphi(x)}=\mathrm{e};$$
或若 $\lim\limits_{x\to a}\varphi(x)=0$($a$ 可以是有限数 x_0,$\pm\infty$ 或 ∞),则
$$\lim_{x\to a}[1+\varphi(x)]^{\frac{1}{\varphi(x)}}=\lim_{\varphi(x)\to 0}[1+\varphi(x)]^{\frac{1}{\varphi(x)}}=\mathrm{e}.$$
这是两个重要的推广形式.

例 6 求 $\lim\limits_{x\to\infty}\left(1-\dfrac{2}{x}\right)^x$.

解 令 $-\dfrac{2}{x}=t$,则 $x=-\dfrac{2}{t}$,且当 $x\to\infty$ 时 $t\to 0$,于是
$$\lim_{x\to\infty}\left(1-\dfrac{2}{x}\right)^x=\lim_{t\to 0}(1+t)^{-\frac{2}{t}}=[\lim_{t\to 0}(1+t)^{\frac{1}{t}}]^{-2}=\mathrm{e}^{-2}.$$

例 7 求 $\lim\limits_{x\to\infty}\left(\dfrac{3-x}{2-x}\right)^x$.

解 方法 1 令 $\dfrac{3-x}{2-x}=1+u$,则 $x=2-\dfrac{1}{u}$,且当 $x\to\infty$ 时 $u\to 0$,于是
$$\lim_{x\to\infty}\left(\dfrac{3-x}{2-x}\right)^x=\lim_{u\to 0}(1+u)^{2-\frac{1}{u}}=\lim_{u\to 0}[(1+u)^{-\frac{1}{u}}\cdot(1+u)^2]$$
$$=[\lim_{u\to 0}(1+u)^{\frac{1}{u}}]^{-1}\cdot[\lim_{u\to 0}(1+u)^2]=\mathrm{e}^{-1}.$$

方法 2 $\lim\limits_{x\to\infty}\left(\dfrac{\dfrac{3}{x}-1}{\dfrac{2}{x}-1}\right)^x=\lim\limits_{x\to\infty}\dfrac{\left(1-\dfrac{3}{x}\right)^x}{\left(1-\dfrac{2}{x}\right)^x}=\dfrac{\mathrm{e}^{-3}}{\mathrm{e}^{-2}}=\mathrm{e}^{-1}.$

例 8 求 $\lim\limits_{x\to 0}(1+\tan x)^{\cot x}$.

解 设 $t=\tan x$,则当 $x\to 0$ 时 $t\to 0$,于是

$$\lim_{x\to 0}(1+\tan x)^{\cot x}=\lim_{t\to 0}(1+t)^{\frac{1}{t}}=\mathrm{e}.$$

随堂练习 1-5

1. 判断下列各式是否正确：

(1) 两个重要极限是指 $\lim\limits_{x\to\infty}\dfrac{\sin x}{x}=1$, $\lim\limits_{x\to 0}\left(1+\dfrac{1}{x}\right)^x=\mathrm{e}$;

(2) $\lim\limits_{x\to 1}\dfrac{\sin(x-1)}{x^2-1}=1$;

(3) $\lim\limits_{x\to\infty}\left(1-\dfrac{1}{x}\right)^x=\mathrm{e}$.

2. 求下列各极限：

(1) $\lim\limits_{x\to 0}\dfrac{\sin 2x}{x}$; (2) $\lim\limits_{x\to 1}\dfrac{\sin(x^2-1)}{x-1}$;

(3) $\lim\limits_{x\to\infty}\left(1-\dfrac{k}{x}\right)^x$ (k 为常数); (4) $\lim\limits_{x\to 0}(1+3x)^{\frac{2}{x}}$.

习 题 1-5

求下列各极限：

(1) $\lim\limits_{x\to 0}\dfrac{\sin 6x}{\sin 4x}$;

(2) $\lim\limits_{x\to 0^-}\dfrac{x}{\sqrt{1-\cos x}}$;

(3) $\lim\limits_{x\to\infty}\left(x\cdot\sin\dfrac{2}{x}\right)$;

(4) $\lim\limits_{x\to 0}\dfrac{\arcsin 2x}{x}$;

(5) $\lim\limits_{x\to 0}\dfrac{\sqrt{2}-\sqrt{1+\cos x}}{\sin^2 x}$;

(6) $\lim\limits_{x\to 1}\dfrac{\sin(x^3-1)}{x^2-1}$;

(7) $\lim\limits_{x\to 0^+}(1-x)^{\frac{1}{x}}$;

(8) $\lim\limits_{x\to\infty}\left(1+\dfrac{5}{x}\right)^{-x}$;

(9) $\lim\limits_{x\to 0}(1+\sin x)^{\csc 2x}$;

(10) $\lim\limits_{x\to\frac{\pi}{2}}(\sin x)^{\frac{1}{\cos^2 x}}$;

(11) $\lim\limits_{x\to\infty}\left(\dfrac{2-2x}{3-2x}\right)^x$;

(12) $\lim\limits_{m\to\infty}\left(1-\dfrac{1}{m^2}\right)^m$.

§1-6 无穷小的比较

函数的连续性1　函数的连续性2

我们已经知道,自变量同一变化过程的两个无穷小的代数和及乘积仍然是自变量这个变化过程的无穷小,但是两个无穷小的商却会出现不同的结果.例如,$x,3x,x^2$都是当 $x\to 0$ 时的无穷小,而 $\lim\limits_{x\to 0}\dfrac{x^2}{3x}=0,\lim\limits_{x\to 0}\dfrac{3x}{x^2}=\infty,\lim\limits_{x\to 0}\dfrac{3x}{x}=3$.

产生这种不同结果的原因是当 $x\to 0$ 时三个无穷小趋于 0 的速度是有差别的.具体计算它们的值如下表(表 1-4)所示:

表 1-4　当 $x\to 0$ 时,$x,3x,x^2$ 的变化趋势

x	1	0.5	0.1	0.01	0.001	→0
$3x$	3	1.5	0.3	0.03	0.003	→0
x^2	1	0.25	0.01	0.000 1	0.000 001	→0

从表中可以看出,当 $x\to 0$ 时,x^2 比 $3x$ 更快地趋于 0,反过来 $3x$ 比 x^2 较慢地趋于 0,这种快慢存在档次上的差别;而 $3x$ 与 x 趋于 0 的快慢虽有差别,但是是相仿的,不存在档次上的差别.所谓档次,反映在极限上,当 $x\to 0$ 时,趋于 0 较快的无穷小(x^2)与趋于 0 较慢的无穷小($3x$)之商的极限为 0,趋于 0 较慢的无穷小($3x$)与趋于 0 较快的无穷小(x^2)之商的极限为 ∞,趋于 0 快慢相仿的无穷小($3x$ 与 x)之商的极限为常数(不为 0).

下面就以两个无穷小之商的极限所出现的各种情况,来说明两个无穷小趋于 0 的快慢在档次上的差别.

定义　设 α,β 是当自变量 $x\to a$ (a 可以是有限数 x_0,可以是 $\pm\infty$ 或 ∞)时的两个无穷小,且 $\beta\neq 0$.

(1) 若 $\lim\limits_{x\to a}\dfrac{\alpha}{\beta}=0$,则称当 $x\to a$ 时,α 是 β 的**高阶无穷小**,或称 β 是 α 的**低阶无穷小**,记作 $\alpha=o(\beta)(x\to a)$.

(2) 若 $\lim\limits_{x\to a}\dfrac{\alpha}{\beta}=A(A\neq 0)$,则称当 $x\to a$ 时,α 与 β 是**同阶无穷小**.特别地,当 $A=1$ 时,称当 $x\to a$ 时,α 与 β 是**等价无穷小**,记作 $\alpha\sim\beta(x\to a)$.

注意　记号"$\alpha=o(\beta)(x\to a)$"并不意味着 α,β 的数量之间有什么相等关系,它仅表示 α,β 是 $x\to a$ 时的无穷小,且 α 是 β 的高阶无穷小.

例如,当 $x\to 0$ 时,x^2 是比 x 高阶的无穷小,所以

$$x^2 = o(x)(x \to 0);$$

因为 $\lim\limits_{x \to 0} \dfrac{\sin x}{x} = 1$，$\sin x$ 与 x 是 $x \to 0$ 时的等价无穷小，所以

$$\sin x \sim x(x \to 0);$$

因为 $\lim\limits_{x \to 0} \dfrac{1-\cos x}{x} = 0, \lim\limits_{x \to 0} \dfrac{\tan x}{x} = 1, \lim\limits_{x \to 0} \dfrac{1-\cos x}{x^2} = \dfrac{1}{2}, \lim\limits_{x \to 0} \dfrac{\sqrt{1+x}-1}{\frac{1}{2}x} = 1$，所以当 $x \to 0$ 时，

$$1 - \cos x = o(x), \tan x \sim x, \sqrt{1+x} - 1 \sim \dfrac{1}{2}x,$$

而 $1 - \cos x$ 与 x^2 是 $x \to 0$ 时的同阶无穷小.

关于等价无穷小，有下面的定理.

定理 设 $\alpha, \beta, \alpha', \beta'$ 是 $x \to a$ 时的无穷小，且 $\alpha \sim \alpha', \beta \sim \beta'$，则当极限 $\lim\limits_{x \to a} \dfrac{\alpha'}{\beta'}$ 存在时，极限 $\lim\limits_{x \to a} \dfrac{\alpha}{\beta}$ 也存在，且 $\lim\limits_{x \to a} \dfrac{\alpha}{\beta} = \lim\limits_{x \to a} \dfrac{\alpha'}{\beta'}$.

这个定理表明，在计算极限时，可将分子或分母中的因子换成其等价无穷小. 由本节及前几节的讨论，可以得到下列等价无穷小（当 $x \to 0$ 时）：

$$\sin x \sim x, \tan x \sim x, \arcsin x \sim x, \arctan x \sim x, 1 - \cos x \sim \dfrac{1}{2}x^2, \ln(1+x) \sim x, e^x - 1 \sim x, \sqrt[n]{1+x} - 1 \sim \dfrac{1}{n}x.$$

灵活地应用这些无穷小的等价性，可以为求极限提供极大的方便.

例 1 求 $\lim\limits_{x \to 0} \dfrac{\sin 2x}{\tan 5x}$.

解 因为当 $x \to 0$ 时，$\sin 2x \sim 2x, \tan 5x \sim 5x$，所以

$$\lim_{x \to 0} \dfrac{\sin 2x}{\tan 5x} = \lim_{x \to 0} \dfrac{2x}{5x} = \dfrac{2}{5}.$$

例 2 求 $\lim\limits_{x \to 0} \dfrac{\ln(1+x^2)(e^x-1)}{(1-\cos x)\sin 2x}$.

解 因为 $x \to 0$ 时，$e^x - 1 \sim x, \ln(1+x^2) \sim x^2, \sin 2x \sim 2x, 1 - \cos x \sim \dfrac{1}{2}x^2$，所以

$$\lim_{x \to 0} \dfrac{\ln(1+x^2)(e^x-1)}{(1-\cos x)\sin 2x} = \lim_{x \to 0} \dfrac{x^2 \cdot x}{\frac{1}{2}x^2 \cdot 2x} = 1.$$

例 3 求下列极限：

(1) $\lim\limits_{\Delta x \to 0} \dfrac{\sin(x+\Delta x) - \sin x}{\Delta x}, x \in (-\infty, +\infty)$；

(2) $\lim\limits_{\Delta x \to 0} \dfrac{\ln(x+\Delta x) - \ln x}{\Delta x}, x > 0$.

解 (1) $\sin(x+\Delta x)-\sin x=(\sin x\cdot\cos\Delta x+\sin\Delta x\cdot\cos x)-\sin x$
$$=\sin\Delta x\cdot\cos x-\sin x(1-\cos\Delta x).$$

因为 $\Delta x\to 0$ 时,$\sin\Delta x\sim\Delta x$,$1-\cos\Delta x\sim\dfrac{1}{2}(\Delta x)^2$,而 $|\sin x|\leqslant 1$,$x\in(-\infty,+\infty)$,所以

$$\lim_{\Delta x\to 0}\frac{\sin(x+\Delta x)-\sin x}{\Delta x}=\lim_{\Delta x\to 0}\left(\cos x\,\frac{\sin\Delta x}{\Delta x}-\sin x\,\frac{1-\cos\Delta x}{\Delta x}\right)$$

$$=\cos x\lim_{\Delta x\to 0}\frac{\Delta x}{\Delta x}-\sin x\lim_{\Delta x\to 0}\frac{\frac{1}{2}(\Delta x)^2}{\Delta x}$$

$$=\cos x,x\in(-\infty,+\infty).$$

(2) 因为 $\ln(x+\Delta x)-\ln x=\ln\left(1+\dfrac{\Delta x}{x}\right)\sim\dfrac{\Delta x}{x}$ ($\Delta x\to 0$,$x>0$),所以

$$\lim_{\Delta x\to 0}\frac{\ln(x+\Delta x)-\ln x}{\Delta x}=\lim_{\Delta x\to 0}\frac{\frac{\Delta x}{x}}{\Delta x}=\frac{1}{x},x>0.$$

例 4 用等价无穷小的代换,求 $\lim\limits_{x\to 0}\dfrac{\tan x-\sin x}{x^3}$.

解 因为 $\tan x-\sin x=\tan x(1-\cos x)$,而 $x\to 0$ 时,$\tan x\sim x$,$1-\cos x\sim\dfrac{1}{2}x^2$,所以

$$\lim_{x\to 0}\frac{\tan x-\sin x}{x^3}=\lim_{x\to 0}\frac{x\cdot\frac{1}{2}x^2}{x^3}=\frac{1}{2}.$$

必须强调指出,在极限运算中,恰当地使用等价无穷小的代换能起到简化运算的作用,但在除法中使用时应特别注意,只能对分子或分母的因子进行整体代换,不能对非因子的项代换. 例如,在例 4 中,若以 $\tan x\sim x$,$\sin x\sim x$ 代入分子,将得到 $\lim\limits_{x\to 0}\dfrac{\tan x-\sin x}{x^3}=\lim\limits_{x\to 0}\dfrac{x-x}{x^3}$ 的错误结果(这样的代换,分子 $\tan x-\sin x$ 与 $x-x$ 不是等价无穷小).

随堂练习 1-6

1. 判断下列说法及运算是否正确:

(1) 两个无穷小总可以比较其阶的高低;

(2) $\lim\limits_{x\to 0}\dfrac{\tan x-\sin x}{x^2\sin x}=\lim\limits_{x\to 0}\dfrac{x-x}{x^3}=0$;

(3) $\lim\limits_{x\to 0}\dfrac{1-\cos x}{\tan x}=\lim\limits_{x\to 0}\dfrac{\frac{x}{\sqrt{2}}}{x}=\dfrac{1}{\sqrt{2}}$.

2. 求下列极限：

(1) $\lim\limits_{x\to 0}\dfrac{e^x-1}{\sin 2x}$；

(2) $\lim\limits_{x\to 0}\dfrac{\ln(1+2x)}{\arctan 2x}$；

(3) $\lim\limits_{x\to 0}\dfrac{\sqrt{1-3x}-1}{\arcsin x}$；

(4) $\lim\limits_{x\to 0}\dfrac{(e^{2x}-1)\ln(1+3x^2)}{(1-\cos 2x)\tan 2x}$.

习题 1-6

1. 当 $x\to 0$ 时，$2x-x^2$ 与 x^2-x^3 相比，哪一个是较高阶的无穷小？

2. 证明：当 $x\to -3$ 时，x^2+6x+9 是比 $x+3$ 更高阶的无穷小.

3. 当 $x\to 1$ 时，无穷小 $1-x$ 和 $\dfrac{1}{2}(1-x^2)$ 是否同阶？是否等价？

4. 当 $x\to 1$ 时，无穷小 $1-x$ 与无穷小 $1-\sqrt[3]{x}$ 是否同阶？是否等价？

5. 求下列极限：

(1) $\lim\limits_{x\to 0}\dfrac{\tan nx}{\sin mx}$ （m,n 为常数，且 $m\neq 0$）；

(2) $\lim\limits_{x\to 0}\dfrac{1-\cos ax}{\sin^2 x}$ （a 为常数）；

(3) $\lim\limits_{x\to 0}\dfrac{\ln(1-x)}{e^{3x}-1}$；

(4) $\lim\limits_{x\to 0}\dfrac{\cos 2x-\cos 3x}{\sqrt{1+x^2}-1}$；

(5) $\lim\limits_{\Delta x\to 0}\dfrac{e^{x+\Delta x}-e^x}{\Delta x}$, $x\in(-\infty,+\infty)$；

(6) $\lim\limits_{\Delta x\to 0}\dfrac{\sqrt{x+\Delta x}-\sqrt{x}}{\Delta x}$, $x>0$.

§1-7 函数的连续性

无穷小的比较

连续性是函数的重要性质之一,它反映了许多自然现象和生产过程中变量变化的共同特性.

一、函数在一点处连续

所谓"函数连续变化",从直观上来看,它的图象是连续不断的,或者说"可以笔尖不离纸面地一笔画成";从数量上分析,当自变量的变化微小时,函数值的变化也是很微小的. 函数 $g(x)=x+1$ 在 $x=1$ 处有定义,作出它的图象(图 1-6),从直观上不难看出,图象在对应于自变量 $x=1$ 的点处是不间断的或者说是连续的;表现在数量上,$g(x)$ 在 $x=1$ 处的极限与函数值相等,即 $\lim\limits_{x\to 1}g(x)=$

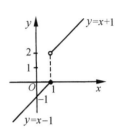

图 1-13

$g(1)$ 成立. 对于函数 $f_1(x)=\begin{cases} x+1, & x>1, \\ x-1, & x\leqslant 1 \end{cases}$ 和 $f_2(x)=\dfrac{x^2-1}{x-1}$,前者在 $x=1$ 处有定义,后者在 $x=1$ 处无定义. 同样作出它们的图象(图 1-13、图 1-7),从直观上可以看出,图象在对应于自变量 $x=1$ 的点处都发生了间断,表现在数量上即 $f_1(x),f_2(x)$ 在 $x=1$ 处的极限与函数值不等. 进一步还可以看出情况有所不同:$\lim\limits_{x\to 1^+}f_1(x)$,$\lim\limits_{x\to 1^-}f_1(x)$ 存在却不等,因此 $\lim\limits_{x\to 1}f_1(x)$ 不存在;$\lim\limits_{x\to 1}f_2(x)=2$ 虽然存在,但 $f_2(1)$ 却无意义,所以两者都没有极限与函数值之间的相等关系. 把 $g(x)$ 与 $f_1(x),f_2(x)$ 之间这种本质上的区别一般化,可以得到如下定义:

定义 1 若函数 $f(x)$ 在 x_0 的某一邻域内有定义,且 $\lim\limits_{x\to x_0}f(x)=f(x_0)$,则称函数 $f(x)$ 在 x_0 处**连续**,称 x_0 为函数 $f(x)$ 的**连续点**.

例 1 研究函数 $f(x)=x^2+1$ 在 $x=2$ 处的连续性.

解 函数 $f(x)=x^2+1$ 在 $x=2$ 的某一邻域内有定义,且 $\lim\limits_{x\to 2}f(x)=\lim\limits_{x\to 2}(x^2+1)=5$,而 $f(2)=5$,所以 $\lim\limits_{x\to 2}f(x)=f(2)$. 因此,函数 $f(x)=x^2+1$ 在 $x=2$ 处连续.

注意 从定义 1 可以看出,函数 $f(x)$ 在 x_0 处连续必须同时满足以下三个条件:

(1) 函数 $f(x)$ 在 x_0 的某一邻域内有定义;

(2) 极限 $\lim\limits_{x\to x_0}f(x)$ 存在;

(3) 极限值等于函数值,即 $\lim\limits_{x\to x_0}f(x)=f(x_0)$.

相应于函数 $f(x)$ 在 x_0 处的左、右极限的概念,有:

定义 2 若函数 $y=f(x)$ 在 x_0 处及其左半邻域内有定义,且 $\lim\limits_{x\to x_0^-}f(x)=f(x_0)$,则称函数 $y=f(x)$ 在 x_0 处**左连续**. 若函数 $y=f(x)$ 在 x_0 处及其右半邻域内有定义,且 $\lim\limits_{x\to x_0^+}f(x)=f(x_0)$,则称函数 $y=f(x)$ 在 x_0 处**右连续**.

根据这个定义,前面提到的 $f_1(x)$ 在 $x_0=1$ 处左连续,但右间断.

由定义 1 和定义 2 可得:$y=f(x)$ 在 x_0 处连续 $\Leftrightarrow y=f(x)$ 在 x_0 处既左连续又右连续.

例 2 讨论函数 $f(x)=\begin{cases}1+\cos x, & x<\dfrac{\pi}{2},\\ \sin x, & x\geqslant\dfrac{\pi}{2}\end{cases}$ 在 $x=\dfrac{\pi}{2}$ 处的连续性.

解 由于 $f(x)$ 在 $x=\dfrac{\pi}{2}$ 处左、右表达式不同,所以先讨论函数 $f(x)$ 在 $x=\dfrac{\pi}{2}$ 处的左、右连续性.

由于
$$\lim_{x\to\frac{\pi}{2}^-}f(x)=\lim_{x\to\frac{\pi}{2}^-}(1+\cos x)=1+\cos\frac{\pi}{2}=1=f\left(\frac{\pi}{2}\right),$$

$$\lim_{x\to\frac{\pi}{2}^+}f(x)=\lim_{x\to\frac{\pi}{2}^+}\sin x=\sin\frac{\pi}{2}=1=f\left(\frac{\pi}{2}\right),$$

所以 $f(x)$ 在 $x=\dfrac{\pi}{2}$ 处左、右连续,因此 $f(x)$ 在 $x=\dfrac{\pi}{2}$ 处连续.

二、连续函数及其运算

1. 连续函数

定义 3 若函数 $y=f(x)$ 在开区间 (a,b) 内每一点都是连续的,则称函数 $y=f(x)$ 在开区间 (a,b) 内连续,或者说 $y=f(x)$ 是 (a,b) 内的连续函数;若函数 $y=f(x)$ 在闭区间 $[a,b]$ 上有定义,在开区间 (a,b) 内连续,且在区间的两个端点 $x=a$ 与 $x=b$ 处分别右连续和左连续,即 $\lim\limits_{x\to a^+}f(x)=f(a)$,$\lim\limits_{x\to b^-}f(x)=f(b)$,则称函数 $y=f(x)$ 在闭区间 $[a,b]$ 上连续,或者说 $f(x)$ 是**闭区间 $[a,b]$ 上的连续函数**.

若函数 $f(x)$ 在它定义域内的每一点都连续,则称 $f(x)$ 为**连续函数**.

2. 连续函数的运算

根据函数在一点连续的定义及函数极限的运算法则,可以证明连续函数的和、差、积、商仍然是连续函数.

定理 1 若函数 $f(x),g(x)$ 在某一点 $x=x_0$ 处连续,则 $f(x)\pm g(x)$, $f(x) \cdot g(x)$, $\dfrac{f(x)}{g(x)}(g(x_0)\neq 0)$ 在点 $x=x_0$ 处也连续.

注意 和、差、积的情况可以推广到有限个函数的情形.

定理 2(复合函数的连续性) 设函数 $u=\varphi(x)$ 在点 x_0 处连续, $y=f(u)$ 在 u_0 处连续且 $u_0=\varphi(x_0)$,则复合函数 $y=f[\varphi(x)]$ 在点 x_0 处连续,即

$$\lim_{x\to x_0}f[\varphi(x)]=f[\lim_{x\to x_0}\varphi(x)]=f[\varphi(x_0)].$$

复合函数的连续性在极限计算中有着重要的用途,在计算 $\lim\limits_{x\to x_0}f[\varphi(x)]$ 时,只要满足定理 2 的条件,就可通过变换 $u=\varphi(x)$ 转化为求 $\lim\limits_{u\to u_0}f(u)$,从而简化计算.

定理 2 中条件"函数 $u=\varphi(x)$ 在点 x_0 处连续"可以放宽,这就是下面的推论:

推论 设 $\lim\limits_{x\to a}\varphi(x)$ 存在且为 u_0,而函数 $y=f(u)$ 在 u_0 处连续,则

$$\lim_{x\to a}f[\varphi(x)]=f[\lim_{x\to a}\varphi(x)].$$

推论表示极限符号"$\lim\limits_{x\to a}$"与连续的函数符号"f"可交换次序,即可以在函数内求极限. 这里的"a"可以是有限数 x_0,也可以是 $\pm\infty$ 或 ∞.

3. 初等函数的连续性

可以证明,五种基本初等函数以及常数函数在其定义域内是连续的.

因为连续函数的和、差、积、商(在商的情形要除去分母为零的点)及复合仍为连续函数,所以可以得到这样一个重要结论:**初等函数在其定义区间内是连续的**. 所谓定义区间,是指包含在定义域内的区间.

这个结论不仅给我们提供了判断一个函数是不是连续函数的根据,而且为我们提供了计算初等函数极限问题的一种方法. 这种方法是:如果函数 $f(x)$ 是初等函数,而且点 x_0 是函数定义区间内的一点,那么求 $x\to x_0$ 时函数 $f(x)$ 的极限,只要求出 $f(x)$ 在点 x_0 处的函数值 $f(x_0)$ 就可以了.

例 3 求 $\lim\limits_{x\to 1}\sin\left(\pi x-\dfrac{\pi}{2}\right)$.

解 因为 $x=1$ 是初等函数 $y=\sin\left(\pi x-\dfrac{\pi}{2}\right)$ 定义域内的点,所以

$$\lim_{x\to 1}\sin\left(\pi x-\dfrac{\pi}{2}\right)=\sin\left(\pi\cdot 1-\dfrac{\pi}{2}\right)=\sin\dfrac{\pi}{2}=1.$$

例 4 求 $\lim\limits_{x\to a}\sqrt{1+\arctan^2\dfrac{x}{a}}$.

解 因为 $x=a$ 是初等函数 $y=\sqrt{1+\arctan^2\dfrac{x}{a}}$ 定义域内的点,所以

$$\lim_{x \to a} \sqrt{1+\arctan^2 \frac{x}{a}} = \sqrt{1+\arctan^2 \frac{a}{a}} = \sqrt{1+\left(\frac{\pi}{4}\right)^2} = \frac{1}{4}\sqrt{16+\pi^2}.$$

即使 x_0 不是初等函数 $f(x)$ 的定义域内的点，结合定理 2 的推论有时也能求出极限.

例 5 证明 $\lim\limits_{x \to 0} \dfrac{\ln(1+x)}{x} = 1$.

证明 由对数函数 $\ln u$ 的连续性及定理 2 的推论，知

$$\lim_{x \to 0} \frac{\ln(1+x)}{x} = \lim_{x \to 0} \ln(1+x)^{\frac{1}{x}} = \ln\left[\lim_{x \to 0}(1+x)^{\frac{1}{x}}\right] = 1.$$

例 6 证明 $\lim\limits_{x \to 0} \dfrac{e^x - 1}{x} = 1$.

证明 令 $e^x - 1 = t$，则 $x = \ln(1+t)$，且 $x \to 0$ 时 $t \to 0$，于是由例 5 即可得

$$\lim_{x \to 0} \frac{e^x - 1}{x} = \lim_{t \to 0} \frac{t}{\ln(1+t)} = \frac{1}{\lim\limits_{t \to 0} \frac{1}{t}\ln(1+t)} = 1.$$

三、函数的间断点

1. 间断点的概念

若函数 $y = f(x)$ 在点 x_0 处不连续，则称 $f(x)$ 在 x_0 处**间断**，并称 x_0 为 $f(x)$ 的**间断点**.

由 $f(x)$ 在 x_0 处连续的定义可知，$f(x)$ 在 x_0 处连续必须同时满足三个条件：

(1) 函数 $f(x)$ 在 x_0 处有定义；

(2) 极限 $\lim\limits_{x \to x_0} f(x)$ 存在；

(3) $\lim\limits_{x \to x_0} f(x) = f(x_0)$.

如果这三个条件中有一个不满足，那么 $f(x)$ 在 x_0 处就不连续. 因此，$f(x)$ 在 x_0 处间断有以下三种可能：

(1) 函数 $f(x)$ 在 x_0 处没有定义；

(2) $f(x)$ 在 x_0 处有定义，但极限 $\lim\limits_{x \to x_0} f(x)$ 不存在；

(3) $f(x)$ 在 x_0 处有定义，极限 $\lim\limits_{x \to x_0} f(x)$ 存在，但 $\lim\limits_{x \to x_0} f(x) \neq f(x_0)$.

例如，函数 $f(x) = \dfrac{1}{x}$ 在 $x = 0$ 处无定义，所以 $x = 0$ 是其间断点；

函数 $f(x) = \begin{cases} x^2, & x \geq 0, \\ x+1, & x < 0 \end{cases}$ 在 $x = 0$ 处有定义 $f(0) = 0$，但 $\lim\limits_{x \to 0^+} f(x) = 0$，$\lim\limits_{x \to 0^-} f(x) = 1$，

故 $\lim\limits_{x \to 0} f(x)$ 不存在，所以 $x = 0$ 是 $f(x)$ 的间断点；

函数 $f(x)=\begin{cases}\dfrac{x^2-1}{x-1}, & x\neq 1,\\ 1, & x=1\end{cases}$ 在 $x=1$ 处有定义 $f(1)=1$，$\lim\limits_{x\to 1}f(x)=2$，极限存在但不等于 $f(1)$，所以 $x=1$ 是 $f(x)$ 的间断点．

2. 间断点的分类

根据函数在间断点附近的变化特性，将间断点分为以下两种类型：

设 x_0 是 $f(x)$ 的间断点，若 $f(x)$ 在 x_0 点的左、右极限都存在，则称 x_0 为 $f(x)$ 的**第一类间断点**；凡不是第一类的间断点都称为**第二类间断点**．

在第一类间断点中，如果左、右极限存在但不相等，这种间断点又称为**跳跃间断点**；如果左、右极限存在且相等（极限存在），但函数在该点没有定义，或者虽然函数在该点有定义，但函数值不等于极限值，这种间断点又称为**可去间断点**．

函数 $y=\dfrac{1}{x}$ 在 $x=0$ 处间断．因为 $\lim\limits_{x\to 0^+}\dfrac{1}{x}=+\infty$，$\lim\limits_{x\to 0^-}\dfrac{1}{x}=-\infty$，所以 $x=0$ 是 $y=\dfrac{1}{x}$ 的第二类间断点．

例 7 讨论函数 $f(x)=\begin{cases}x-4, & -2\leqslant x<0,\\ -x+1, & 0\leqslant x\leqslant 2\end{cases}$ 在 $x=1$ 与 $x=0$ 处的连续性．

解 讨论函数在指定点的连续性，是要说明该点是连续点还是间断点．如有必要，可进一步指出间断点的类型．

因为 $\lim\limits_{x\to 1}f(x)=\lim\limits_{x\to 1}(-x+1)=0$，而 $f(1)=0$，故 $\lim\limits_{x\to 1}f(x)=f(1)$，因此 $x=1$ 是 $f(x)$ 的连续点．

在 $x=0$ 处，由于在 $x=0$ 的左、右两边 $f(x)$ 是用不同的式子来表示的，所以要讨论 $\lim\limits_{x\to 0}f(x)$，就要讨论 $f(x)$ 在 $x=0$ 处的左、右极限．而
$$\lim_{x\to 0^+}f(x)=\lim_{x\to 0^+}(-x+1)=1,$$
$$\lim_{x\to 0^-}f(x)=\lim_{x\to 0^-}(x-4)=-4,$$
因为左、右极限不相等，所以 $\lim\limits_{x\to 0}f(x)$ 不存在．因此 $x=0$ 是 $f(x)$ 的间断点，且是第一类的跳跃间断点．

例 8 讨论函数 $f(x)=\dfrac{x^2-1}{x(x-1)}$ 的连续性，若有间断点，指出其类型．

解 $f(x)$ 是初等函数，在其定义区间内连续，因此我们只要找出 $f(x)$ 没有定义的那些点．显然，$f(x)$ 在 $x=0$，$x=1$ 处没有定义，故 $f(x)$ 在区间 $(-\infty,0)\cup(0,1)\cup(1,+\infty)$ 内连续，在 $x=0$，$x=1$ 处间断．

在 $x=0$ 处，因为 $\lim\limits_{x\to 0}f(x)=\lim\limits_{x\to 0}\dfrac{x^2-1}{x(x-1)}=\infty$，所以 $x=0$ 是 $f(x)$ 的第二类间断点；

在 $x=1$ 处，因为 $\lim\limits_{x\to 1}f(x)=\lim\limits_{x\to 1}\dfrac{x^2-1}{x(x-1)}=\lim\limits_{x\to 1}\dfrac{x+1}{x}=2$，所以 $x=1$ 是 $f(x)$ 的第一类(可去)间断点.

由以上讨论可知，研究函数 $f(x)$ 的连续性时，若 $f(x)$ 是初等函数，则由"初等函数在其定义区间内连续"的基本结论，只要找出 $f(x)$ 没有定义的点，这些点就是 $f(x)$ 的间断点. 若 $f(x)$ 是分段表示的非初等函数，则在分段点处往往要从左、右极限入手讨论极限、函数值等，根据连续的定义去判断；在非分段点处，一般仍根据该点所在区间上函数的表达式，像初等函数那样进行讨论.

四、闭区间上连续函数的性质

闭区间上的连续函数有一些重要性质，这些性质在直观上比较明显，因此下面我们将不加证明地直接给出下面的结论.

定理 3（最大值最小值定理） 闭区间上的连续函数必能取到最大值和最小值.

从几何直观上看，因为闭区间上的连续函数的图象是包括两端点的一条不间断的曲线(图 1-14)，所以它必定有最高点 P 和最低点 Q. 点 P,Q 的纵坐标分别是函数的最大值和最小值.

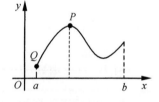

图 1-14

注意 如果函数仅在开区间 (a,b) 或半闭半开的区间 $[a,b),(a,b]$ 内连续，或函数在闭区间上有间断点，那么函数在该区间上就不一定有最大值或最小值.

例如，函数 $y=x$ 在开区间 (a,b) 内是连续的，但它在开区间 (a,b) 内既无最大值，又无最小值(图 1-15).

又如，函数 $f(x)=\begin{cases}-x+1,&0\leqslant x<1,\\1,&x=1,\\-x+3,&1<x\leqslant 2\end{cases}$

在闭区间 $[0,2]$ 上有间断点 $x=1$，它在闭区间 $[0,2]$ 上也是既无最大值，又无最小值(图 1-16).

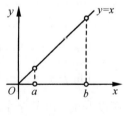

图 1-15

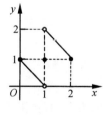

图 1-16

定理 4（介值定理） 若 $f(x)$ 在闭区间 $[a,b]$ 上连续，m 与 M 分别是 $f(x)$ 在闭区间 $[a,b]$ 上的最小值和最大值，u 是介于 m 与 M 之间的任一实数：$m\leqslant u\leqslant M$，则在 $[a,b]$ 上至少存在一点 ξ，使得 $f(\xi)=u$.

在几何上，定理 4 表示：介于两条水平直线 $y=m$ 与 $y=M$ 之间的任一条直线 $y=u$，与 $y=f(x)$ 的图象至少有一个交点(图 1-17).

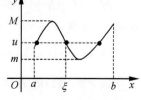

图 1-17

推论(方程实根的存在定理) 若 $f(x)$ 在闭区间 $[a,b]$ 上连续,且 $f(a)$ 与 $f(b)$ 异号,则 $f(x)$ 在 (a,b) 内至少有一个根,即至少存在一点 ξ,使 $f(\xi)=0$.

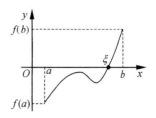

图 1-18

这个推论的几何意义是:一条连续曲线,其上的点的纵坐标由负值变到正值或由正值变到负值时,曲线至少要穿过 x 轴一次(图 1-18).

使 $f(x)=0$ 的点称为函数 $y=f(x)$ 的**零点**. 如果 $x=\xi$ 是函数 $f(x)$ 的零点,即 $f(\xi)=0$,那么 $x=\xi$ 就是方程 $f(x)=0$ 的一个实根;反之,方程 $f(x)=0$ 的一个实根 $x=\xi$ 就是函数 $f(x)$ 的一个零点. 因此,求方程 $f(x)=0$ 的实根与求函数 $f(x)$ 的零点是一回事. 正因为如此,定理 4 的推论通常称为方程根的存在定理.

例 9 证明方程 $x=\cos x$ 在 $\left(0,\dfrac{\pi}{2}\right)$ 内至少有一个实根.

证明 方程 $x=\cos x$ 等价于 $x-\cos x=0$. 如上所说,要证明 $x-\cos x=0$ 有实根,就是要证明函数 $f(x)=x-\cos x$ 有零点.

令 $f(x)=x-\cos x, 0\leqslant x\leqslant \dfrac{\pi}{2}$,则 $f(x)$ 在 $\left[0,\dfrac{\pi}{2}\right]$ 上连续,且 $f(0)=-1, f\left(\dfrac{\pi}{2}\right)=\dfrac{\pi}{2}>0$. 由根的存在定理,在 $\left(0,\dfrac{\pi}{2}\right)$ 内至少一点 ξ,使 $f(\xi)=\xi-\cos\xi=0$,即方程 $x=\cos x$ 在 $\left(0,\dfrac{\pi}{2}\right)$ 内至少有一个实根.

随堂练习 1-7

1. 判断下列说法是否正确:

(1) 若 $f(x)$ 在 x_0 处连续,则 $\lim\limits_{x\to x_0}f(x)$ 存在;

(2) 若 $\lim\limits_{x\to x_0}f(x)=A$,则 $f(x)$ 在 x_0 处连续;

(3) 初等函数在其定义域内连续;

(4) 设 $y=f(x)$ 在 $[a,b]$ 上连续,则 $y=f(x)$ 在 $[a,b]$ 上可取到最大值和最小值.

2. 求函数 $f(x)=\dfrac{x^3+3x^2-x-3}{x^2+x-6}$ 的连续区间,并求极限 $\lim\limits_{x\to 0}f(x),\lim\limits_{x\to -3}f(x),\lim\limits_{x\to 2}f(x)$.

3. 求下列极限:

(1) $\lim\limits_{x\to \frac{\pi}{6}}\ln(2\cos 2x)$;

(2) $\lim\limits_{x\to \infty}e^{\frac{1}{x}}$;

(3) $\lim\limits_{x \to 0} \ln \dfrac{\sin x}{x}$;

(4) $\lim\limits_{x \to 4} \dfrac{2-\sqrt{x}}{3-\sqrt{2x+1}}$.

习 题 1-7

1. 求下列极限：

(1) $\lim\limits_{x \to 0} \sqrt{x^2 - 2x + 3}$;

(2) $\lim\limits_{x \to \frac{\pi}{4}} (\cos 2x)^3$;

(3) $\lim\limits_{x \to \frac{\pi}{2}} \dfrac{\sin x}{x}$;

(4) $\lim\limits_{t \to -1} \dfrac{e^{-2t} - 1}{t}$;

(5) $\lim\limits_{x \to 0} \dfrac{\sqrt{x+1} - 1}{x}$;

(6) $\lim\limits_{x \to +\infty} (\sqrt{x^2 + 2x} - x)$;

(7) $\lim\limits_{x \to 1} \dfrac{\sqrt{5x - 4} - \sqrt{x}}{x}$;

(8) $\lim\limits_{x \to \infty} \cos \left[\ln\left(1 + \dfrac{2x-1}{x^2}\right) \right]$.

2. 求下列函数的连续区间和间断点，并指出间断点的类型：

(1) $f(x) = \begin{cases} x^2, & 0 \leqslant x \leqslant 1, \\ 2-x, & 1 < x \leqslant 2; \end{cases}$

(2) $f(x) = \begin{cases} x, & |x| \leqslant 1, \\ 1, & |x| > 1; \end{cases}$

(3) $f(x) = \dfrac{1 - 2x^{-\frac{1}{2}}}{1 + 2x^{-\frac{1}{2}}}$;

(4) $f(x) = \dfrac{1 - \cos x}{\sin x}$.

3. 证明方程 $x^4 - 4x + 2 = 0$ 在区间 $(1, 2)$ 内至少有一个根.

4. 证明方程 $x = 2\sin x + 1$ 至少有一个正根小于 3.

5. 设函数 $f(x) = \begin{cases} e^x, & x < 0, \\ x + a, & x \geqslant 0, \end{cases}$ 常数 a 为何值时，函数 $f(x)$ 在 $(-\infty, \infty)$ 内连续？

总结·拓展

一、知识小结

本章是为学习后几章做准备的.以后几章遇到的函数主要是初等函数,我们应在掌握基本初等函数的图象和性质的基础上,理解复合函数和初等函数的概念,会分解一个初等函数.

极限是描述数列和函数的变化趋势的重要概念,是从近似认识精确、从有限认识无限、从量变认识质变的一种数学方法,它是学习后面几章的基本思想和方法.

连续是函数的一种特性.函数在点 x_0 处存在极限与 $f(x)$ 在点 x_0 处连续是有区别的.前者描述的是函数在点 x_0 邻近的变化趋势,不必考虑函数在点 x_0 处有无定义或取值;而后者则不仅要求函数在 x_0 点有极限,而且要求函数在该点的极限存在且极限值等于函数值.一切初等函数在其定义区间内都是连续的.

1. 几个重要概念

(1) $\lim\limits_{x \to \infty} f(x) = A \Leftrightarrow \lim\limits_{x \to -\infty} f(x) = \lim\limits_{x \to +\infty} f(x) = A.$

(2) $\lim\limits_{x \to x_0} f(x) = A \Leftrightarrow \lim\limits_{x \to x_0^-} f(x) = \lim\limits_{x \to x_0^+} f(x) = A.$

这两个充要条件不仅给出了判断极限是否存在的准则,而且指明了 $x \to \infty$ 的含义为 $x \to \begin{cases} -\infty, \\ +\infty, \end{cases}$ $x \to x_0$ 的含义为 $x \to \begin{cases} x_0^-, \\ x_0^+. \end{cases}$

(3) 无穷大和无穷小.

无穷大和无穷小(除常数 0 外)都不是一个数,而是两类具有特定变化趋势的函数,因此不指出自变量的变化过程,笼统地说某个函数是无穷大或无穷小是没有意义的.以下是几个十分重要的结论:

① $\lim\limits_{x \to a} f(x) = A$ (a 可以是有限数 x_0 或 $\pm\infty, \infty$) $\Leftrightarrow f(x) = A + \alpha, \alpha \to 0$(当 $x \to a$ 时);

② 若 $f(x)$ 是当 $x \to a$ (a 可以是有限数 x_0 或 $\pm\infty, \infty$)时的无穷大(非零无穷小),则 $\dfrac{1}{f(x)}$ 是当 $x \to a$ 时的无穷小(无穷大);

③ 无穷小与有界函数之积仍为无穷小.

(4) 极限与连续的关系：

① $f(x)$ 在 x_0 处连续 $\Leftrightarrow \lim\limits_{x \to x_0^-} f(x) = \lim\limits_{x \to x_0^+} f(x) = f(x_0)$；

② $f(x)$ 在 x_0 处连续 $\underset{\Leftarrow}{\Rightarrow}$ $\lim\limits_{x \to x_0} f(x)$ 存在.

(5) 无穷小的比较.

设 α, β 是 $x \to a$ (a 可以是有限数 x_0 或 $\pm\infty, \infty$) 时的无穷小，则

$$\lim_{x \to a} \frac{\alpha}{\beta} = \begin{cases} 0, & \alpha \text{ 是 } \beta \text{ 的高阶无穷小,} \\ \infty, & \alpha \text{ 是 } \beta \text{ 的低阶无穷小,} \\ A(A \neq 0), & \alpha \text{ 与 } \beta \text{ 是同阶无穷小(若 } A=1 \text{, 则 } \alpha \text{ 与 } \beta \text{ 是等价无穷小).} \end{cases}$$

2. 计算极限的方法

(1) 极限的四则运算法则与两个重要极限.

利用极限的四则运算法则求极限时，注意需要满足的条件.

两个重要极限给出了两个特殊的未定型极限 ($\frac{0}{0}$, 1^∞ 型)：

$\lim\limits_{x \to 0} \frac{\sin x}{x} = 1$，可推广为 $\lim\limits_{\varphi(x) \to 0} \frac{\sin \varphi(x)}{\varphi(x)} = 1$；

$\lim\limits_{x \to \infty} \left(1 + \frac{1}{x}\right)^x = \mathrm{e}$，可推广为 $\lim\limits_{f(x) \to \infty} \left[1 + \frac{1}{f(x)}\right]^{f(x)} = \mathrm{e}$ 及 $\lim\limits_{\varphi(x) \to 0} [1 + \varphi(x)]^{\frac{1}{\varphi(x)}} = \mathrm{e}$.

(2) 极限的两大类型.

极限分为两大类：确定型和未定型.

确定型极限指可直接利用极限的运算法则或函数的连续性得到的极限；

未定型包括 "$\frac{0}{0}$" "$\frac{\infty}{\infty}$" "1^∞" "$\infty - \infty$" "$0 \cdot \infty$" "∞^0" "0^0" 等几种.

3. 函数的连续性

连续函数是高等数学的主要研究对象. 要在弄清函数在一点处连续与函数在该点存在极限区别的基础上，了解初等函数在其定义区间内连续的基本结论，掌握讨论初等函数与简单非初等函数连续性与间断点的方法，并会用根的存在定理讨论某些方程根的存在问题.

二、要点回顾

1. 求极限的方法

求极限是本章的重点之一，也是微积分中三大基本运算之一. 在求极限过程中，应

当注意这些方法的使用条件,以防出错.本章介绍的求极限方法主要有如下几种:

(1) 利用初等函数的连续性求极限.

若 $f(x)$ 在 x_0 处连续,则 $\lim\limits_{x\to x_0} f(x) = f(x_0)$;

若 $f(u)$ 在 $u=u_0$ 处连续,且 $\lim\limits_{x\to x_0} u(x) = u_0$,则

$$\lim_{x\to x_0} f[u(x)] = f[\lim_{x\to x_0} u(x)] = f(u_0).$$

(2) 利用极限的四则运算法则求极限.

(3) 若分母极限为 0,分子极限不为 0,则分式的极限是 ∞.

(4) 若分子、分母的极限都为 0,首先考虑是否可作恒等变化,消去分子、分母中公共的零因子,化为(2)或(3).

(5) 对有理函数有如下结论:

$$\lim_{x\to\infty} \frac{a_0 x^n + a_1 x^{n-1} + \cdots + a_n}{b_0 x^m + b_1 x^{m-1} + \cdots + b_m} = \begin{cases} 0, & m>n, \\ \dfrac{a_0}{b_0}, & m=n, \\ \infty, & m<n. \end{cases}$$

(6) 若分式中含有三角函数与自变量幂的乘积,或者是 1^∞ 型未定式,考虑用两个重要极限.

(7) 利用"无穷小与有界函数的乘积仍为无穷小""无穷大的倒数为无穷小"等性质,以及等价无穷小替换.注意只能对分子或分母的因式整体作等价无穷小替换,对分子或分母的某些项未必能作等价无穷小替换.

例 1 求下列极限:

(1) $\lim\limits_{x\to 1} \dfrac{x^2 + \ln(2-x)}{4\arctan x}$;

(2) $\lim\limits_{x\to 4} \dfrac{\sqrt{2x+1} - 3}{\sqrt{x-2} - \sqrt{2}}$;

(3) $\lim\limits_{x\to\infty} \dfrac{3x^2 - x\sin x}{x^2 + \cos x + 1}$;

(4) $\lim\limits_{x\to\infty} (\sqrt{4x^2 + 3x + 1} - \sqrt{4x^2 - 3x - 2})$;

(5) $\lim\limits_{x\to 0} \dfrac{\tan x - \sin x}{x^2 \ln(1-x)}$;

(6) $\lim\limits_{x\to 0} \left(\dfrac{1}{x\sin x} - \dfrac{1}{x\tan x} \right)$;

(7) $\lim\limits_{x\to\infty} \left(\dfrac{x+3}{x-2} \right)^x$;

(8) $\lim\limits_{x\to\infty} \left[(x-1)\sin \dfrac{1}{x-1} \right]$.

分析 求极限时首先要判定是确定型还是未定型,是确定型的可以直接求,是未定型的则要用两个重要极限、等价无穷小替换或其他恒等变化来求.

(1) 是确定型,利用初等函数的连续性求;

(2) 是 "$\dfrac{0}{0}$" 型未定型,首先考虑分子、分母有理化,简化分式后,可以变为确定型极限;

(3) 是 "$\dfrac{\infty}{\infty}$" 型未定型,利用分子、分母同除以分母的最高次幂,再用无穷小的性质;

(4) 是"$\infty-\infty$"型未定型,利用根式有理化后,再用分子、分母同除以分母的最高次幂计算;

(5) 是"$\dfrac{0}{0}$"型未定型,分子可以提取因子 $\tan x$,应用等价无穷小替换;

(6) 是"$\infty-\infty$"型未定型,通分后可变成"$\dfrac{0}{0}$"型,然后用(5)类似的方法;

(7) 可以用第二个重要极限求得结果;

(8) 是"$0 \cdot \infty$"型未定型,先将其化为"$\dfrac{0}{0}$"型,然后用第一个重要极限.

解 (1) $\lim\limits_{x \to 1} \dfrac{x^2+\ln(2-x)}{4\arctan x} = \dfrac{1+\ln 1}{4\arctan 1} = \dfrac{1}{\pi}$;

(2) $\lim\limits_{x \to 4} \dfrac{\sqrt{2x+1}-3}{\sqrt{x-2}-\sqrt{2}} = \lim\limits_{x \to 4} \dfrac{(2x-8)(\sqrt{x-2}+\sqrt{2})}{(x-4)(\sqrt{2x+1}+3)} = \dfrac{2\sqrt{2}}{3}$;

(3) $\lim\limits_{x \to \infty} \dfrac{3x^2-x\sin x}{x^2+\cos x+1} = \lim\limits_{x \to \infty} \dfrac{3-\dfrac{1}{x} \cdot \sin x}{1+\dfrac{1}{x^2} \cdot \cos x+\dfrac{1}{x^2}} = 3$;

(4) $\lim\limits_{x \to \infty}(\sqrt{4x^2+3x+1}-\sqrt{4x^2-3x-2}) = \lim\limits_{x \to \infty} \dfrac{6x+3}{\sqrt{4x^2+3x+1}+\sqrt{4x^2-3x-2}}$

$= \lim\limits_{x \to \infty} \dfrac{6+\dfrac{3}{x}}{\sqrt{4+\dfrac{3}{x}+\dfrac{1}{x^2}}+\sqrt{4-\dfrac{3}{x}-\dfrac{2}{x^2}}} = \dfrac{3}{2}$;

(5) $\lim\limits_{x \to 0} \dfrac{\tan x-\sin x}{x^2 \ln(1-x)} = \lim\limits_{x \to 0} \dfrac{\tan x(1-\cos x)}{x^2 \ln(1-x)} = \lim\limits_{x \to 0} \dfrac{x \cdot \dfrac{1}{2}x^2}{x^2 \cdot (-x)} = -\dfrac{1}{2}$;

(6) $\lim\limits_{x \to 0}\left(\dfrac{1}{x\sin x}-\dfrac{1}{x\tan x}\right) = \lim\limits_{x \to 0} \dfrac{1-\cos x}{x\sin x} = \lim\limits_{x \to 0} \dfrac{\dfrac{1}{2}x^2}{x \cdot x} = \dfrac{1}{2}$;

(7) $\lim\limits_{x \to \infty}\left(\dfrac{x+3}{x-2}\right)^x = \lim\limits_{x \to \infty} \dfrac{\left(1+\dfrac{3}{x}\right)^x}{\left(1-\dfrac{2}{x}\right)^x} = \dfrac{\lim\limits_{x \to \infty}\left(1+\dfrac{3}{x}\right)^{\frac{x}{3} \cdot 3}}{\lim\limits_{x \to \infty}\left(1-\dfrac{2}{x}\right)^{-\frac{x}{2} \cdot (-2)}} = \dfrac{e^3}{e^{-2}} = e^5$;

(8) $\lim\limits_{x \to \infty}\left[(x-1)\sin \dfrac{1}{x-1}\right] = \lim\limits_{x \to \infty} \dfrac{\sin \dfrac{1}{x-1}}{\dfrac{1}{x-1}} = 1$.

2. 分段函数的极限与连续性

求分段函数在分段点处的极限,要对分段点两侧的函数式分别求左、右极限,然后依据左、右极限相等与否来判定极限的存在性,并求出极限值,最后与分段点处的函数值比较得出连续与否的结论.

例2 已知函数 $f(x)=\begin{cases} x^2-2, & x<0, \\ \dfrac{\ln(1+bx)}{x}, & x>0, \\ a-1, & x=0. \end{cases}$

(1) 当 a,b 为何值时,$f(x)$ 在 $x=0$ 处存在极限?

(2) 当 a,b 为何值时,$f(x)$ 在 $x=0$ 处连续?

解 (1) $\lim\limits_{x\to 0^-}f(x)=\lim\limits_{x\to 0^-}(x^2-2)=-2;$

$$\lim_{x\to 0^+}f(x)=\lim_{x\to 0^+}\frac{\ln(1+bx)}{x}=\lim_{x\to 0^+}\frac{bx}{x}=b.$$

$f(x)$ 在 $x=0$ 处存在极限 $\Leftrightarrow \lim\limits_{x\to 0^-}f(x)=\lim\limits_{x\to 0^+}f(x)$,即 $b=-2$(a 为任意实数).

所以当 $b=-2$(a 为任意实数)时,存在 $\lim\limits_{x\to 0}f(x)=-2$.

(2) $f(x)$ 在 $x=0$ 处连续 $\Leftrightarrow \lim\limits_{x\to 0}f(x)=f(0)$,即 $-2=a-1$,得 $a=-1$.

所以当 $a=-1,b=-2$ 时,$f(x)$ 在 $x=0$ 处连续.

3. 函数连续性讨论及求间断点

例3 讨论函数 $f(x)=\begin{cases} \dfrac{\sin x}{x}, & x<0, \\ 1, & x=0, \\ \dfrac{2(\sqrt{x+1}-1)}{x}, & x>0 \end{cases}$ 的连续性.

分析 当 $x\in(-\infty,0)\cup(0,+\infty)$ 时,$f(x)$ 是初等函数,所以连续. 只需讨论 $f(x)$ 在点 $x=0$ 处的连续性,这就必须讨论 $f(x)$ 在 $x=0$ 处的左、右极限.

解 当 $x\in(-\infty,0)\cup(0,+\infty)$ 时,$f(x)$ 是初等函数,所以连续. 现讨论 $f(x)$ 在 $x=0$ 处的连续性.

$$\lim_{x\to 0^-}f(x)=\lim_{x\to 0^-}\frac{\sin x}{x}=1,$$

$$\lim_{x\to 0^+}f(x)=\lim_{x\to 0^+}\frac{2(\sqrt{x+1}-1)}{x}=\lim_{x\to 0^+}\frac{2x}{x(\sqrt{x+1}+1)}=1,$$

$$\lim_{x\to 0^-}f(x)=\lim_{x\to 0^+}f(x)=f(0)=1,$$

所以 $f(x)$ 在 $x=0$ 处连续.

综上所述,$f(x)$ 在 $(-\infty,+\infty)$ 内连续.

例 4 求函数 $f(x)=\dfrac{x}{|\sin x|}$ 的间断点,并确定间断点的类型.

分析 当 $x\in(k\pi,(k+1)\pi)(k\in\mathbf{Z})$ 时,$f(x)$ 是初等函数 $\pm\dfrac{x}{\sin x}$,因此是连续的,所以仅需讨论在 $x=k\pi$ 处的连续性.

解 当 $x=k\pi(k\in\mathbf{Z})$ 时,$\sin x=0$,所以 $x=k\pi(k\in\mathbf{Z})$ 是 $f(x)$ 的间断点.

当 $x\in(k\pi,(k+1)\pi)$ $(k\in\mathbf{Z})$ 时,$f(x)=\dfrac{x}{\sin x}$(k 为偶数)或 $f(x)=-\dfrac{x}{\sin x}$(k 为奇数),据初等函数在定义区间内连续的结论,$f(x)$ 在所述的范围内连续.

当 $x=k\pi(k\neq 0,k\in\mathbf{Z})$ 时,$\lim\limits_{x\to k\pi}f(x)=\lim\limits_{x\to k\pi}\dfrac{x}{|\sin x|}=\infty$,所以 $x=k\pi(k\neq 0,k\in\mathbf{Z})$ 为 $f(x)$ 的第二类(无穷)间断点.

当 $x=0$ 时,
$$\lim_{x\to 0^-}f(x)=\lim_{x\to 0^-}\dfrac{x}{|\sin x|}=\lim_{x\to 0^-}\dfrac{x}{-\sin x}=-1,$$
$$\lim_{x\to 0^+}f(x)=\lim_{x\to 0^+}\dfrac{x}{|\sin x|}=\lim_{x\to 0^+}\dfrac{x}{\sin x}=1,$$
因为 $\lim\limits_{x\to 0^-}f(x)\neq\lim\limits_{x\to 0^+}f(x)$,所以 $x=0$ 是 $f(x)$ 的间断点,且为第一类(跳跃)间断点.

例 5 求下列函数的连续区间:

(1) $f(x)=\ln(2-x)$;

(2) $g(x)=\begin{cases}\dfrac{\cos x}{x+2}, & x\geq 0,\\ \dfrac{\sqrt{2}-\sqrt{2-x}}{x}, & x<0.\end{cases}$

分析 (1) $f(x)$ 是初等函数,连续区间就是它的定义区间;

(2) $g(x)$ 在 $x>0$ 和 $x<0$ 时,分别是初等函数,因此连续,对于分段点则要讨论其左、右极限,根据函数在一点处连续的定义解决.

解 (1) $f(x)=\ln(2-x)$ 的定义域为 $(-\infty,2)$,在定义域内 $f(x)$ 是初等函数,因此是连续的,所以 $f(x)$ 的连续区间为 $(-\infty,2)$.

(2) 当 $x>0$ 时,$g(x)=\dfrac{\cos x}{x+2}$ 为初等函数,且分母 $x+2>0$,所以 $g(x)$ 在 $(0,+\infty)$ 内连续;

当 $x<0$ 时,$g(x)=\dfrac{\sqrt{2}-\sqrt{2-x}}{x}$ 为初等函数,且分母 $x<0$,所以 $g(x)$ 在 $(-\infty,0)$ 内连续.

又 $g(0)=\dfrac{1}{2}$,$\lim\limits_{x\to 0^-}g(x)=\lim\limits_{x\to 0^-}\dfrac{\sqrt{2}-\sqrt{2-x}}{x}=\lim\limits_{x\to 0^-}\dfrac{x}{x(\sqrt{2}+\sqrt{2-x})}=\dfrac{1}{2\sqrt{2}}=\dfrac{\sqrt{2}}{4}\neq g(0)$,

所以 $x=0$ 为 $g(x)$ 的间断点.

综上,知 $g(x)$ 的连续区间为 $(-\infty,0)\cup(0,+\infty)$.

4. 利用根存在定理讨论方程根的存在性

利用根的存在定理检验 $f(x)=0$ 的根的存在性,关键是要有一个闭区间,使 $f(x)$ 在该闭区间上连续,在区间端点处异号.

例 6 设 $f(x)\in[0,1],x\in[0,1]$,且 $f(x)$ 在 $[0,1]$ 上连续. 证明存在 $\xi\in[0,1]$,使 $f(\xi)=\xi$.

分析 只要证明方程 $f(x)-x=0$ 在 $[0,1]$ 上存在根 ξ.

证明 设 $F(x)=f(x)-x$,则因 $f(x)$ 在 $[0,1]$ 上连续,故 $F(x)$ 也在 $[0,1]$ 上连续. 因为 $0\leqslant f(x)\leqslant 1$,所以 $F(0)=f(0)-0\geqslant 0,F(1)=f(1)-1\leqslant 0$.

(1) 若两个不等式中有一个取到等号,则 $\xi\in[0,1]$ 的存在性已经得证;

(2) 若两个不等式中无一个取到等号,则 $F(0)>0,F(1)<0$,据根的存在定理,必定存在 $\xi\in(0,1)$,使 $F(\xi)=f(\xi)-\xi=0$.

综合 (1)(2),结论得证.

复 习 题 一

1. 填空题:

(1) $\lim\limits_{x\to 0}(\mathrm{e}^{2x}+x^2-1)=$ _____ ;

(2) $\lim\limits_{x\to\infty}\dfrac{(2x-3)^{30}}{(3x+5)^{20}(2x-1)^{10}}=$ _____ ;

(3) $\lim\limits_{x\to\infty}\left(1-\dfrac{4}{x}\right)^x=$ _____ ;

(4) $\lim\limits_{x\to 1}\dfrac{x}{1-x}=$ _____ ;

(5) 函数 $y=\ln\sin^2 x$ 的复合过程为 _____ ;

(6) 设 $f(x)=\begin{cases}x^2+2x-3, & x\leqslant 1,\\ x, & 1<x<2,\\ 2x-2, & x\geqslant 2,\end{cases}$ 则:

$\lim\limits_{x\to 0}f(x)=$ _____ ,$\lim\limits_{x\to 1}f(x)=$ _____ ,$\lim\limits_{x\to 2}f(x)=$ _____ ,$\lim\limits_{x\to 4}f(x)=$ _____ ;

(7) 设 $f(x)=x\sin\dfrac{1}{x},g(x)=\dfrac{\sin x}{x}$,则:

$\lim\limits_{x\to 0}f(x)=$ _____ ,$\lim\limits_{x\to\infty}f(x)=$ _____ ,$\lim\limits_{x\to 0}g(x)=$ _____ ,$\lim\limits_{x\to\infty}g(x)=$ _____ ;

(8) 函数 $f(x)=\dfrac{\sqrt{x+2}}{(x+1)(x-4)}$ 的连续区间为 _____ .

2. 选择题:

(1) 函数 $f(x)$ 在 x_0 处连续是 $\lim\limits_{x\to x_0}f(x)$ 存在的 ( )

A. 必要非充分条件 B. 充分非必要条件

C. 充要条件　　　　　　　　　　　　D. 既非充分也非必要条件

(2) 若 $\lim\limits_{x\to x_0^-}f(x)=\lim\limits_{x\to x_0^+}f(x)=A$，则下列说法正确的是　　　　　　　　　(　　)

A. $f(x_0)=A$　　　　　　　　　　　B. $\lim\limits_{x\to x_0}f(x)=A$

C. $f(x)$ 在 x_0 处有定义　　　　　　　D. $f(x)$ 在 x_0 处连续

(3) 设 $f(x)=\dfrac{|x-1|}{x-1}$，则 $\lim\limits_{x\to 1}f(x)$ 的值为　　　　　　　　　　　　(　　)

A. 1　　　　　　B. -1　　　　　　C. 不存在　　　　　　D. 0

(4) 下列函数在给定的变化过程中是无穷小的是　　　　　　　　　　　　(　　)

A. $\dfrac{\sin x}{x}, x\to 0$　　　　　　　　B. $\dfrac{\cos x}{x}, x\to\infty$

C. $\dfrac{x}{\sin x}, x\to 0$　　　　　　　　D. $\dfrac{x}{\cos x}, x\to\infty$

(5) 函数 $f(x)=\dfrac{x-2}{x^3-x^2-2x}$ 的间断点是　　　　　　　　　　　　(　　)

A. $x=0, x=-1$　　　　　　　　　B. $x=0, x=2$

C. $x=0, x=-1, x=2$　　　　　　D. $x=-1, x=2$

(6) 函数 $y=\dfrac{1}{\sqrt{x^2-x-6}}+\ln(3x-8)$ 的定义域为　　　　　　　　　(　　)

A. $(-\infty,-2)\cup\left(\dfrac{8}{3},+\infty\right)$　　　　　B. $\left(\dfrac{8}{3},+\infty\right)$

C. $(3,+\infty)$　　　　　　　　　　D. $(-\infty,-2)$

(7) $\lim\limits_{x\to 0}\dfrac{e^{-x^2}-1}{\sin^2 x}$ 等于　　　　　　　　　　　　　　　　(　　)

A. 0　　　　　　B. 1　　　　　　C. ∞　　　　　　D. -1

(8) $\lim\limits_{x\to -1}(x+2)^{\frac{1}{x+1}}$ 等于　　　　　　　　　　　　　　　(　　)

A. 1　　　　　　B. e　　　　　　C. $\dfrac{1}{e}$　　　　　　D. ∞

3. 求下列极限：

(1) $\lim\limits_{x\to 2}\dfrac{x^3-8}{x^2-4}$;　　　　　　　　(2) $\lim\limits_{x\to 0}\dfrac{\sqrt[3]{1+x}-1}{x}$;

(3) $\lim\limits_{x\to\infty}\dfrac{x^k+1}{x^2+x+1}$（$k$ 为常数）;　　(4) $\lim\limits_{x\to 1}\left(\dfrac{3}{1-x^3}-\dfrac{1}{1-x}\right)$;

(5) $\lim\limits_{x\to 0}x\left(\sin\dfrac{1}{x^2}-\dfrac{1}{\sin 2x}\right)$;　　(6) $\lim\limits_{x\to\infty}\left(\dfrac{3x-1}{3x+1}\right)^{2x}$;

(7) $\lim\limits_{x\to 0^+}\dfrac{e^{-2x}-1}{\ln(1+\tan 2x)}$;　　　　(8) $\lim\limits_{x\to 0}\left(\dfrac{1}{\sin x}-\dfrac{1}{\tan x}\right)$.

4. 设函数 $f(x)=\begin{cases} x+4, & x\leqslant 0, \\ e^x+x+3, & 0<x\leqslant 2, \\ (1+x)^2, & x>2, \end{cases}$ 求 $\lim\limits_{x\to 1}f(x),\lim\limits_{x\to 2}f(x)$.

5. 讨论函数 $f(x)=\begin{cases} 2+x, & 0<x<2, \\ 4, & 其他 \end{cases}$ 的连续性.

6. 设函数 $f(x)=\begin{cases} 3x+2, & x\leqslant -1, \\ \dfrac{\ln(x+2)}{x+1}+a, & -1<x<0, \\ -2+x+b, & x\geqslant 0 \end{cases}$ 在 $(-\infty,+\infty)$ 内连续,求 a,b 的值.

7. 证明方程 $x^3+3x-1=0$ 至少有一个小于 1 的正根.

第 2 章 导数和微分

导数和微分是微分学中两个重要的概念.导数反映函数相对于自变量的变化率,微分反映自变量有微小变化时函数本身相应变化的主要部分.

本章将从讨论一些非均匀变化现象的变化率和分析函数增量近似表达式的数学模型入手,抽象概括出导数和微分的概念.进而研究基本初等函数的导数和微分公式,以及常用的求导数和微分的法则与方法.最后在明确导数和微分的有关实际意义的基础上,讨论它们的简单应用.

· 学习目标 ·

1. 理解导数的有关概念.
2. 理解函数可导和连续的关系.
3. 掌握函数求导的法则,特别是复合函数的求导法则.
4. 掌握求导的基本公式.
5. 理解微分的有关概念及微分和导数的关系.
6. 掌握微分的基本公式和运算法则.

· 重点、难点 ·

重点:求初等函数的导数、微分.
难点:导数、微分的概念.

§2-1 导数的概念

导数的概念

一、两个实例

当我们观察某一变量的变化状况时,首先总是注意这个变化是急剧的还是缓慢的,这就提出了怎样衡量变量变化的快慢问题,即如何把变化快慢问题数量化.

有这样一类变化,当我们在不同时刻观察时,它的快慢程度总是一致的,就是说变化是均匀的.例如,质点的匀速直线运动,它的位移 $s(t)-s(0)$ 与所经过的时间 t 的比,就是质点的运动速度,所以 $v=\dfrac{s(t)-s(0)}{t}=$ 常数.但是,实际问题中变量变化的快慢并不总是均匀的.试看下面的实例.

实例 1 瞬时速度

现在考察质点的自由落体运动.真空中,质点在时刻 0 到时刻 t 这一时间段内下落的路程 s 由公式 $s=\dfrac{1}{2}gt^2$ 来确定.因为质点在相同的时间段内下落的距离不等,所以运动不是匀速的,速度时刻在变化.现在来求 $t=1$ s 这一时刻质点的速度.

当 Δt 很小时,从 1 s 到 1 s$+\Delta t$ 这段时间内,质点运动的速度变化不大,以这段时间内的平均速度作为质点在 $t=1$ s 时速度的近似.一般来讲,当 Δt 越小时,这种近似就越精确.现在我们来计算一下 t 从 1 s 分别到 1.1 s、1.01 s、1.001 s、1.000 1 s、1.000 01 s,各段时间内的平均速度,取 $g=9.8$ m/s²,所得数据如下(表 2-1)所示:

表 2-1 质点在不同时间段的平均程度

Δt/s	Δs/m	$\dfrac{\Delta s}{\Delta t}$/(m/s)
0.1	1.029	10.29
0.01	0.098 49	9.849
0.001	0.009 804 9	9.804 9
0.000 1	0.000 980 049	9.800 49
0.000 01	0.000 098 000 49	9.800 049

从表中可以看出,平均速度 $\dfrac{\Delta s}{\Delta t}$ 随着 Δt 的变化而变化,Δt 越小,$\dfrac{\Delta s}{\Delta t}$ 越接近于一个定值——9.8(m/s).考察下列各式:

$$\Delta s = \frac{1}{2}g \cdot (1+\Delta t)^2 - \frac{1}{2}g \cdot 1^2 = \frac{1}{2}g \cdot [2 \cdot \Delta t + (\Delta t)^2],$$

$$\frac{\Delta s}{\Delta t} = \frac{1}{2}g \cdot \frac{2\Delta t + (\Delta t)^2}{\Delta t} = \frac{1}{2}g \cdot (2+\Delta t).$$

当 Δt 越来越接近于 0 时,$\frac{\Delta s}{\Delta t}$ 越来越接近于质点在 1 s 时的"速度". 现在取 $\Delta t \to 0$ 的极限,得

$$\lim_{\Delta t \to 0} \frac{\Delta s}{\Delta t} = \lim_{\Delta t \to 0} \frac{1}{2}g(2+\Delta t) = g = 9.8 (\text{m/s}).$$

我们有理由认为这正是质点在 $t=1$ s 时的速度,称为质点在 $t=1$ s 时的**瞬时速度**.

一般地,设质点的位移规律是 $s=f(t)$,在时刻 t,时间有改变量 Δt,s 相应的改变量为 $\Delta s = f(t+\Delta t) - f(t)$,在时间段 t 到 $t+\Delta t$ 内的平均速度为

$$\bar{v} = \frac{\Delta s}{\Delta t} = \frac{f(t+\Delta t) - f(t)}{\Delta t}.$$

对平均速度取 $\Delta t \to 0$ 的极限,得

$$v(t) = \lim_{\Delta t \to 0} \frac{\Delta s}{\Delta t} = \lim_{\Delta t \to 0} \frac{f(t+\Delta t) - f(t)}{\Delta t},$$

称 $v(t)$ 为时刻 t 的**瞬时速度**.

从变化率的观点来看,平均速度 $\bar{v}$ 表示 s 关于 t 在时间段 t 到 $t+\Delta t$ 内的**平均变化率**,而瞬时速度 $v(t)$ 则表示 s 关于 t 在时刻 t 的**变化率**.

实例 2 曲线的切线

关于曲线在某一点的切线,我们在初中平面几何中学过:和圆周交于一点的直线称为圆的切线. 这一说法对圆来说是对的,但对其他曲线来说就未必成立.

现在研究一般曲线在某一点处的切线. 设曲线 L 的方程为 $y=f(x)$(图 2-1),其上一点 A 的坐标为 $(x_0, f(x_0))$. 在曲线上点 A 附近另取一点 B,它的坐标是 $(x_0+\Delta x, f(x_0+\Delta x))$. 直线 AB 是曲线的割线,它的倾斜角记作 β. 由图 2-1 中的 Rt$\triangle ACB$,可知割线 AB 的斜率

$$\tan \beta = \frac{CB}{AC} = \frac{\Delta y}{\Delta x} = \frac{f(x_0+\Delta x) - f(x_0)}{\Delta x}.$$

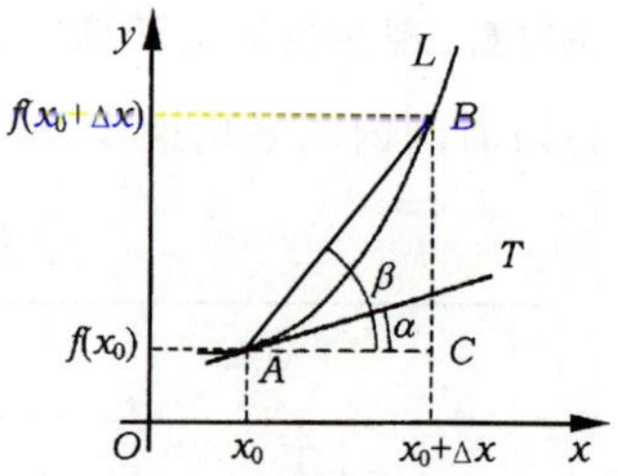

图 2-1

在数量上,它表示当自变量从 x 变到 $x+\Delta x$ 时,函数 $f(x)$ 关于变量 x 的平均变化率(增长率或减小率).

现在让点 B 沿着曲线 L 趋向于点 A,此时 $\Delta x \to 0$,过点 A 的割线 AB 如果也能趋向于一个极限位置——直线 AT,我们就称 L 在点 A 处存在**切线** AT. 记 AT 的倾斜角为 α,当 $\Delta x \to 0$ 时,$\beta \to \alpha$. 若 $\alpha \neq 90°$,据正切函数的连续性,可得切线 AT 的斜率为

$$\tan\alpha = \lim_{\Delta x \to 0}\tan\beta = \lim_{\Delta x \to 0}\frac{\Delta y}{\Delta x} = \lim_{\Delta x \to 0}\frac{f(x_0+\Delta x)-f(x_0)}{\Delta x}.$$

在数量上,它表示函数 $f(x)$ 在 x 处的变化率.

在实践中经常会遇到类似上述两个实例的问题,虽然表达问题的函数形式 $y=f(x)$ 和自变量 x 的具体内容不同,但本质都是要求函数 y 关于自变量 x 在某一点 x 处的变化率. 所有这类问题的基本分析方法都与上述两个实例相同,即

(1) 自变量 x 作微小变化 Δx,求出函数在自变量这一变化过程内的平均变化率 $\overline{y} = \frac{\Delta y}{\Delta x}$,作为函数在点 x 处变化率的近似;

(2) 对 $\overline{y}$ 求 $\Delta x \to 0$ 的极限 $\lim\limits_{\Delta x \to 0}\frac{\Delta y}{\Delta x}$,若它存在,这个极限即为函数在点 x 处变化率的精确值.

二、导数的定义

1. 函数在一点处可导的概念

现在我们把这种分析方法应用到一般的函数,得到函数导数的概念.

定义 1 设函数 $y=f(x)$ 在 x_0 的某个邻域内有定义. 对应于自变量 x 在 x_0 处有改变量 Δx,函数 $y=f(x)$ 相应的改变量为 $\Delta y = f(x_0+\Delta x)-f(x_0)$. 若这两个改变量的比

$$\frac{\Delta y}{\Delta x} = \frac{f(x_0+\Delta x)-f(x_0)}{\Delta x}$$

当 $\Delta x \to 0$ 时存在极限,我们就称函数 $y=f(x)$ 在点 x_0 处**可导**,并把这一极限称为函数 $y=f(x)$ 在点 x_0 处的**导数**(或**变化率**),记作 $y'|_{x=x_0}$ 或 $f'(x_0)$ 或 $\left.\frac{\mathrm{d}y}{\mathrm{d}x}\right|_{x=x_0}$ 或 $\left.\frac{\mathrm{d}[f(x)]}{\mathrm{d}x}\right|_{x=x_0}$,即

$$y'|_{x=x_0} = f'(x_0) = \lim_{\Delta x \to 0}\frac{\Delta y}{\Delta x} = \lim_{\Delta x \to 0}\frac{f(x_0+\Delta x)-f(x_0)}{\Delta x}. \tag{1}$$

比值 $\frac{\Delta y}{\Delta x}$ 表示函数 $y=f(x)$ 从 x_0 到 $x_0+\Delta x$ 的平均变化率,导数 $y'|_{x=x_0}$ 则表示了函数在点 x_0 处的变化率,它反映了函数 $y=f(x)$ 在点 x_0 处的变化的快慢.

如果当 $\Delta x \to 0$ 时 $\frac{\Delta y}{\Delta x}$ 的极限不存在,我们就称函数 $y=f(x)$ 在点 x_0 处**不可导**或**导数不存在**.

在定义中,若设 $x=x_0+\Delta x$,则(1)式可写成

$$f'(x_0) = \lim_{x \to x_0} \frac{f(x) - f(x_0)}{x - x_0}.$$

根据导数的定义,求函数 $y = f(x)$ 在点 x_0 处的导数的步骤如下:

第一步 求函数的改变量 $\Delta y = f(x_0 + \Delta x) - f(x_0)$;

第二步 求比值 $\dfrac{\Delta y}{\Delta x} = \dfrac{f(x_0 + \Delta x) - f(x_0)}{\Delta x}$;

第三步 求极限 $f'(x_0) = \lim\limits_{\Delta x \to 0} \dfrac{\Delta y}{\Delta x}$.

例 1 求 $y = f(x) = x^2$ 在点 $x = 2$ 处的导数.

解 $\Delta y = f(2 + \Delta x) - f(2) = (2 + \Delta x)^2 - 2^2 = 4\Delta x + (\Delta x)^2$,

$$\frac{\Delta y}{\Delta x} = \frac{4\Delta x + (\Delta x)^2}{\Delta x} = 4 + \Delta x,$$

$$\lim_{\Delta x \to 0} \frac{\Delta y}{\Delta x} = \lim_{\Delta x \to 0} (4 + \Delta x) = 4.$$

所以 $y'|_{x=2} = 4$.

第一章我们已学过左、右极限的概念,因此可以用左、右极限相应地定义左、右导数,即当左极限 $\lim\limits_{\Delta x \to 0^-} \dfrac{f(x_0 + \Delta x) - f(x_0)}{\Delta x}$ 存在时,称其极限值为函数 $y = f(x)$ 在点 x_0 处的**左导数**,记作 $f'_-(x_0)$. 同理,当右极限 $\lim\limits_{\Delta x \to 0^+} \dfrac{f(x_0 + \Delta x) - f(x_0)}{\Delta x}$ 存在时,称其极限值为函数 $y = f(x)$ 在点 x_0 处的**右导数**,记作 $f'_+(x_0)$.

据极限与左、右极限之间的关系,立即可得如下结论:

$f'(x_0)$ 存在 $\Leftrightarrow f'_-(x_0), f'_+(x_0)$ 存在,且 $f'_-(x_0) = f'_+(x_0) = f'(x_0)$.

2. 导函数的概念

定义 2 如果函数 $y = f(x)$ 在开区间 (a, b) 内每一点处都可导,就称函数 $y = f(x)$ 在开区间 (a, b) 内可导. 这时,对开区间 (a, b) 内每一个确定的值 x_0 都对应着一个确定的导数 $f'(x_0)$,这样就在开区间 (a, b) 内构成一个新的函数,我们把这一新的函数称为 $f(x)$ 的**导函数**,记作 $f'(x)$ 或 y' 等.

根据导数的定义,就可得出导函数

$$f'(x) = y' = \lim_{\Delta x \to 0} \frac{\Delta y}{\Delta x} = \lim_{\Delta x \to 0} \frac{f(x + \Delta x) - f(x)}{\Delta x}.$$

导函数也简称为导数,今后,如不特别指明求某一点处的导数,就是指求导函数. 但要注意:函数 $y = f(x)$ 的导函数 $f'(x)$ 与函数 $y = f(x)$ 在点 x_0 处的导数 $f'(x_0)$ 是有区别的,$f'(x)$ 是 x 的函数,而 $f'(x_0)$ 是一个数值. 它们又是有联系的,$f(x)$ 在点 x_0 处的导数 $f'(x_0)$ 就是导函数 $f'(x)$ 在点 x_0 处的函数值. 这样,如果知道了导函数 $f'(x)$,要

求 $f(x)$ 在点 x_0 处的导数,只要把 $x=x_0$ 代入 $f'(x)$ 中去求函数值就可以了.

下面我们根据导数的定义来求常数和几个基本初等函数的导数公式.

例 2 求 $y=C$ (C 为常数)的导数.

解 因为 $\Delta y=C-C=0$, $\dfrac{\Delta y}{\Delta x}=\dfrac{0}{\Delta x}=0$,所以

$$y'=\lim_{\Delta x\to 0}\frac{\Delta y}{\Delta x}=0,$$

即 $(C)'=0$(常数的导数恒等于零).

例 3 求 $y=x^n$ ($n\in \mathbf{N},x\in \mathbf{R}$) 的导数.

解 因为 $\Delta y=(x+\Delta x)^n-x^n=nx^{n-1}\Delta x+C_n^2 x^{n-2}(\Delta x)^2+\cdots+(\Delta x)^n$,

$$\frac{\Delta y}{\Delta x}=nx^{n-1}+C_n^2 x^{n-2}\Delta x+\cdots+(\Delta x)^{n-1},$$

从而有

$$y'=\lim_{\Delta x\to 0}\frac{\Delta y}{\Delta x}=\lim_{\Delta x\to 0}[nx^{n-1}+C_n^2 x^{n-2}\cdot \Delta x+\cdots+(\Delta x)^{n-1}]=nx^{n-1},$$

即 $(x^n)'=nx^{n-1}$ ($n\in \mathbf{N},x\in \mathbf{R}$).

可以证明,一般的幂函数 $y=x^\alpha$ ($\alpha\in \mathbf{R},x>0$) 的导数为

$$(x^\alpha)'=\alpha x^{\alpha-1} \quad (\alpha\in \mathbf{R},x>0).$$

例如, $(\sqrt{x})'=(x^{\frac{1}{2}})'=\dfrac{1}{2}x^{-\frac{1}{2}}=\dfrac{1}{2\sqrt{x}}$, $\left(\dfrac{1}{x}\right)'=(x^{-1})'=-x^{-2}=-\dfrac{1}{x^2}$.

例 4 求 $y=\sin x$ ($x\in \mathbf{R}$) 的导数.

解 $\dfrac{\Delta y}{\Delta x}=\dfrac{\sin(x+\Delta x)-\sin x}{\Delta x}$,在 §1-6 中已经求得

$$\lim_{\Delta x\to 0}\frac{\Delta y}{\Delta x}=\cos x.$$

即 $(\sin x)'=\cos x$.

用类似的方法可以求得 $y=\cos x$ ($x\in \mathbf{R}$) 的导数为

$$(\cos x)'=-\sin x.$$

例 5 求 $y=\log_a x$ 的导数 ($a>0, a\neq 1, x>0$).

解 对 $a=\mathrm{e}, y=\ln x$ 的情况,在 §1-6 中已经求得

$$(\ln x)'=\frac{1}{x}.$$

对一般的 a,只要先用换底公式得 $y=\log_a x=\dfrac{\ln x}{\ln a}$,以下推导与 §1-6 完全相同,可得

$$(\log_a x)'=\frac{1}{x\ln a}.$$

三、导数的几何意义

实例2中的结论:方程为 $y=f(x)$ 的曲线 L 在点 $A(x_0,f(x_0))$ 处存在非垂直切线,与函数存在极限 $\lim\limits_{\Delta x\to 0}\dfrac{f(x_0+\Delta x)-f(x_0)}{\Delta x}$ 是等价的,且极限值就是曲线 L 在点 A 处切线的斜率.据导数的定义,这正好表示函数 $y=f(x)$ 在 x_0 处可导,且极限值就是导数值 $f'(x_0)$. 由此可得下面的结论:

方程为 $y=f(x)$ 的曲线在点 $A(x_0,f(x_0))$ 处存在非垂直切线 AT(图 2-1)的充分必要条件是 $f(x)$ 在 x_0 处存在导数 $f'(x_0)$,且切线 AT 的斜率 $k=f'(x_0)$.

这个结论一方面给出了导数的几何意义——函数 $y=f(x)$ 在 x_0 处的导数 $f'(x_0)$ 是函数图象在点 $(x_0,f(x_0))$ 处切线的斜率;另一方面也可立即得到切线的方程为

$$y-f(x_0)=f'(x_0)(x-x_0). \tag{2}$$

过切点 $A(x_0,f(x_0))$ 且垂直于切线的直线,称为曲线 $y=f(x)$ 在点 $A(x_0,f(x_0))$ 处的**法线**.当切线非水平($f'(x_0)\neq 0$)时的法线方程为

$$y-f(x_0)=-\dfrac{1}{f'(x_0)}(x-x_0). \tag{3}$$

例6 求曲线 $y=\sin x$ 在点 $\left(\dfrac{\pi}{6},\dfrac{1}{2}\right)$ 处的切线方程和法线方程.

解 $(\sin x)'|_{x=\frac{\pi}{6}}=\cos x|_{x=\frac{\pi}{6}}=\dfrac{\sqrt{3}}{2}$. 据(2)式、(3)式即得所求的切线方程和法线方程分别为

$$y-\dfrac{1}{2}=\dfrac{\sqrt{3}}{2}\left(x-\dfrac{\pi}{6}\right),$$

$$y-\dfrac{1}{2}=-\dfrac{2\sqrt{3}}{3}\left(x-\dfrac{\pi}{6}\right).$$

例7 求曲线 $y=\ln x$ 上平行于直线 $y=2x$ 的切线方程.

解 设切点为 $A(x_0,y_0)$,则曲线在点 A 处的切线的斜率为

$$(\ln x)'|_{x=x_0}=\dfrac{1}{x_0}.$$

因为切线平行于直线 $y=2x$,所以 $\dfrac{1}{x_0}=2$,即 $x_0=\dfrac{1}{2}$. 又切点位于曲线上,因而

$$y_0=\ln\dfrac{1}{2}=-\ln 2.$$

故所求的切线方程为

$$y+\ln 2=2\left(x-\dfrac{1}{2}\right),\text{即 } y=2x-1-\ln 2.$$

四、可导和连续的关系

若函数 $y=f(x)$ 在点 x_0 处可导,则存在极限 $\lim\limits_{\Delta x\to 0}\dfrac{\Delta y}{\Delta x}=f'(x_0)$,即

$$\dfrac{\Delta y}{\Delta x}=f'(x_0)+\alpha\ (\lim\limits_{\Delta x\to 0}\alpha=0)\text{ 或 }\Delta y=f'(x_0)\Delta x+\alpha\Delta x\ (\lim\limits_{\Delta x\to 0}\alpha=0),$$

所以 $\lim\limits_{\Delta x\to 0}\Delta y=\lim\limits_{\Delta x\to 0}[f'(x_0)\Delta x+\alpha\Delta x]=0$. 这表明函数 $y=f(x)$ 在点 x_0 处连续.

但由 $y=f(x)$ 在点 x_0 处连续,不一定得到 $y=f(x)$ 在 x_0 处是可导的. 例如,$y=|x|$(图 2-2)和 $y=\sqrt[3]{x}$(图 2-3)都在 $x=0$ 处连续,但都不可导(特别注意 $y=\sqrt[3]{x}$ 在点 $(0,0)$ 处存在切线,只是切线是竖直的).

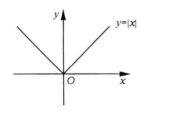

图 2-2

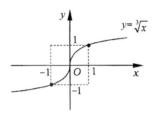

图 2-3

通过以上讨论,我们得到如下结论:

定理 若函数 $f(x)$ 在点 x_0 处可导,则函数 $f(x)$ 在 x_0 处连续.

例 8 设函数 $f(x)=\begin{cases}x^2, & x\geqslant 0,\\ x+1, & x<0,\end{cases}$ 讨论函数 $f(x)$ 在 $x=0$ 处的连续性和可导性.

解 因为 $\lim\limits_{x\to 0^-}f(x)=\lim\limits_{x\to 0^-}(x+1)=1\neq f(0)$,所以 $f(x)$ 在 $x=0$ 处不连续.

由定理可知,$f(x)$ 在 $x=0$ 处不可导.

随堂练习 2-1

1. (1) $f'(x_0)=[f(x_0)]'$ 是否成立?

(2) 若函数 $y=f(x)$ 在点 x_0 处的导数不存在,则曲线 $y=f(x)$ 在点 $(x_0,f(x_0))$ 处的切线是否存在?

(3) 函数 $y=f(x)$ 在点 x_0 处可导与连续的关系是什么?

2. 物体做直线运动的方程为 $s=3t^2-5t$,求:

(1) 物体在 t_0 到 $t_0+\Delta t$ 时间段的平均速度;

(2) 物体在 t_0 时的瞬时速度.

3. 根据导数的定义,求下列函数在指定点处的导数：

(1) $y=2x^2-3x+1, x=-1$;

(2) $y=\sqrt{x}-1, x=4$.

4. 设函数 $f(x)=\begin{cases} x+2, & 0\leqslant x<1, \\ 3x-1, & x\geqslant 1, \end{cases}$ $f(x)$ 在 $x=1$ 处是否可导？为什么？

习 题 2-1

1. 根据导数的定义,求下列函数的导数：

(1) $y=x^3$;   (2) $y=\dfrac{2}{x}$.

2. 已知一抛物线 $y=x^2$,求：

(1) 该抛物线在 $x=1$ 和 $x=3$ 处的切线的斜率；

(2) 该抛物线上何点处的切线与 Ox 轴的正向成 $45°$ 角.

3. 曲线 $y=x^3$ 和曲线 $y=x^2$ 的横坐标在何点处的切线斜率相同？

4. 设 $f(x)=(x-a)\varphi(x)$,其中 $\varphi(x)$ 在 $x=a$ 处连续,求 $f'(a)$.

5. 求曲线 $y=\log_3 x$ 在 $x=3$ 处的切线方程和法线方程.

§2-2 导数的运算

导数的运算

上一节以实际问题为背景给出了函数的导数概念,并用导数的定义求得了常数函数、正弦函数、余弦函数、对数函数及幂函数的导数.对一般的函数,用导数的定义求导数是极为复杂、困难的.因此,希望找到一些基本公式与运算法则以简化求导数的计算.本节和后几节将建立一系列的求导法则和方法,以已经得到的五个函数的导数为基础,导出所有基本初等函数的导数.所有基本初等函数的导数称为导数的基本公式.有了导数的基本公式,再利用求导法则和方法,原则上就可以求出全部初等函数的导数.因此,求初等函数的导数,必须做到:第一,熟记导数基本公式;第二,熟练掌握求导法则和方法.

为了让读者尽快熟悉导数,先列出导数的基本公式,以后再逐步利用求导法则予以验证.

一、导数的基本公式

(1) $(C)'=0$（C 为常数）; (2) $(x^\alpha)'=\alpha x^{\alpha-1}$;

(3) $(a^x)'=a^x \ln a$; (4) $(e^x)'=e^x$;

(5) $(\log_a x)'=\dfrac{1}{x\ln a}$; (6) $(\ln x)'=\dfrac{1}{x}$;

(7) $(\sin x)'=\cos x$; (8) $(\cos x)'=-\sin x$;

(9) $(\tan x)'=\sec^2 x$; (10) $(\cot x)'=-\csc^2 x$;

(11) $(\sec x)'=\sec x \tan x$; (12) $(\csc x)'=-\csc x \cot x$;

(13) $(\arcsin x)'=\dfrac{1}{\sqrt{1-x^2}}$; (14) $(\arccos x)'=-\dfrac{1}{\sqrt{1-x^2}}$;

(15) $(\arctan x)'=\dfrac{1}{1+x^2}$; (16) $(\operatorname{arccot} x)'=-\dfrac{1}{1+x^2}$.

二、导数的四则运算法则

设 u,v 都是 x 的可导函数,则有:

(1) 和差法则:$(u\pm v)'=u'\pm v'$.

(2) 乘法法则:$(u\cdot v)'=u'\cdot v+u\cdot v'$.

特别地,$(C\cdot u)'=C\cdot u'$（C 是常数）.

(3) 除法法则：$\left(\dfrac{u}{v}\right)' = \dfrac{u' \cdot v - u \cdot v'}{v^2}$ $(v \neq 0)$.

注意 法则1和法则2都可以推广到有限个函数的情形，即若 $u_1, u_2, \cdots, u_n$ 均为可导函数，则

$$(u_1 \pm u_2 \pm \cdots \pm u_n)' = u_1' \pm u_2' \pm \cdots \pm u_n';$$

$$(u_1 \cdot u_2 \cdot \cdots \cdot u_n)' = u_1' \cdot u_2 \cdot \cdots \cdot u_n + u_1 \cdot u_2' \cdot \cdots \cdot u_n + \cdots + u_1 \cdot u_2 \cdot \cdots \cdot u_n'.$$

以上三个法则都可以用导数的定义和极限的运算法则来验证.

例1 设 $f(x) = 2x^2 - 3x + \sin\dfrac{\pi}{7} + \ln 2$，求 $f'(x), f'(1)$.

解 注意到 $\sin\dfrac{\pi}{7}, \ln 2$ 都是常数，有

$$\begin{aligned}
f'(x) &= \left(2x^2 - 3x + \sin\dfrac{\pi}{7} + \ln 2\right)' \\
&= (2x^2)' - (3x)' + \left(\sin\dfrac{\pi}{7}\right)' + (\ln 2)' \\
&= 2(x^2)' - 3(x)' + 0 + 0 \\
&= 4x - 3,
\end{aligned}$$

$f'(1) = 4 \times 1 - 3 = 1$.

例2 设 $y = \tan x$，求 y'.

解 $\begin{aligned}[t] y' &= (\tan x)' = \left(\dfrac{\sin x}{\cos x}\right)' \\
&= \dfrac{(\sin x)' \cos x - \sin x (\cos x)'}{\cos x^2} \\
&= \dfrac{\cos^2 x + \sin^2 x}{\cos^2 x} = \dfrac{1}{\cos^2 x},
\end{aligned}$

所以 $(\tan x)' = \sec^2 x$，即导数的基本公式(9).

同理可验证导数的基本公式(10)：$(\cot x)' = -\csc^2 x$.

例3 设 $y = \sec x$，求 y'.

解 $y' = (\sec x)' = \left(\dfrac{1}{\cos x}\right)' = \dfrac{0 - 1 \cdot (\cos x)'}{\cos^2 x} = \dfrac{\sin x}{\cos^2 x}$,

所以 $(\sec x)' = \tan x \sec x$，即导数的基本公式(11).

同理可验证导数的基本公式(12)：$(\csc x)' = -\cot x \csc x$.

例4 设 $f(x) = x + x^2 + x^3 \sec x$，求 $f'(x)$.

解 $\begin{aligned}[t] f'(x) &= 1 + 2x + (x^3)' \sec x + x^3 (\sec x)' \\
&= 1 + 2x + 3x^2 \sec x + x^3 \tan x \sec x.
\end{aligned}$

例 5 设 $y = \dfrac{1+\tan x}{\tan x} - 2\log_2 x + x\sqrt{x}$,求 y'.

解 改写 $y = 1 + \cot x - 2\log_2 x + x^{\frac{3}{2}}$,由此求得
$$y' = -\csc^2 x - \dfrac{2}{x\ln 2} + \dfrac{3}{2}\sqrt{x}.$$

例 6 设 $g(x) = \dfrac{(x^2-1)^2}{x^2}$,求 $g'(x)$.

解 改写 $g(x) = x^2 - 2 + x^{-2}$,由此求得
$$g'(x) = 2x - 2x^{-3} = \dfrac{2}{x^3}(x^4 - 1).$$

例 7 设 $f(x) = \dfrac{\arctan x}{1+\sin x}$,求 $f'(x)$.

解
$$\begin{aligned}
f'(x) &= \dfrac{(\arctan x)'(1+\sin x) - \arctan x(1+\sin x)'}{(1+\sin x)^2} \\
&= \dfrac{\dfrac{1}{1+x^2}(1+\sin x) - \arctan x \cos x}{(1+\sin x)^2} \\
&= \dfrac{(1+\sin x) - (1+x^2)\arctan x \cos x}{(1+x^2)(1+\sin x)^2}.
\end{aligned}$$

例 8 求曲线 $y = x^3 - 2x$ 上的垂直于直线 $x+y=0$ 的切线方程.

解 设所求切线切曲线于点 (x_0, y_0),由于 $y' = 3x^2 - 2$,直线 $x+y=0$ 的斜率为 -1,所以所求切线的斜率为 $3x_0^2 - 2$,且 $3x_0^2 - 2 = 1$. 由此得两解:$x_0=1, y_0=-1$;$x_0=-1, y_0=1$.

所以所求的切线有两条:$y+1 = x-1$,$y-1 = x+1$,即 $y = x \pm 2$.

随堂练习 2-2

1. 判断下列结论是否成立:

(1) $(u \cdot v)' = u' \cdot v'$;

(2) $\left(\dfrac{u}{v}\right)' = \dfrac{u'}{v'}$;

(3) 若 $f(x)$ 在 x_0 处可导,$g(x)$ 在 x_0 处不可导,则 $f(x)+g(x)$ 在 x_0 处必不可导;

(4) 若 $f(x)$ 和 $g(x)$ 在 x_0 处都不可导,则 $f(x)+g(x)$ 在 x_0 处也不可导.

2. 求下列函数的导数:

(1) $y = \ln x + 3\cos x - 5x$;　　　(2) $y = x^2(1 + \sqrt[3]{x})$;

(3) $y = \dfrac{\sin x}{x}$.

3. 求 $y=\sin x\cos x$ 在 $x=\dfrac{\pi}{6}$ 和 $x=\dfrac{\pi}{4}$ 处的导数.

习题 2-2

1. 求下列函数的导数：

(1) $y=\log_3 x - 5\arccos x + 2\sqrt[3]{x^2}$；

(2) $y=\dfrac{x^2-3x+3}{\sqrt{x}}$；

(3) $y=\sqrt{x\sqrt{x\sqrt{x}}}$；

(4) $y=\sqrt{x}\arcsin x$；

(5) $\rho=\dfrac{\varphi}{1-\cos\varphi}$；

(6) $u=\dfrac{\arcsin v}{\arccos v}$；

(7) $y=\dfrac{1}{1+\sqrt{x}}-\dfrac{1}{1-\sqrt{x}}$；

(8) $y=x\cos x\ln x$；

(9) $s=t\csc t-3\sec t$；

(10) $s=\dfrac{1-\ln t}{1+\ln t}$.

2. 求下列函数在指定点处的导数值：

(1) $y=x^5+3\sin x$, $x=0$, $x=\dfrac{\pi}{2}$；

(2) $f(x)=2x^2+3\operatorname{arccot} x$, $x=0$, $x=1$.

3. 曲线 $y=x^{\frac{3}{2}}$ 上哪一点处的切线与直线 $y=3x-1$ 平行？

§2-3 复合函数的导数

复合函数的导数

已知函数 $y=\sin 2x$,求 y'. 可能有人这样解题：
$$y'=(\sin 2x)'=\cos 2x.$$
这个结果对吗？让我们换一种方法求导：
$$y'=(\sin 2x)'=(2\sin x\cos x)'=2(\cos^2 x-\sin^2 x)=2\cos 2x.$$
到底哪个结果正确？后者有把握是对的,前者肯定错了,那么错在哪儿了？$y=\sin 2x$ 是由 $y=\sin u$,$u=2x$ 复合而成的复合函数,前者实际上是求对中间变量的导数,但题目要求的是对自变量的导数,因此出了错. 这个例子启发我们,在讨论复合函数的导数时,由于出现了中间变量,求导时一定要弄清楚函数是对中间变量求导,还是对自变量求导.

复合函数的求导法则

设函数 $u=\varphi(x)$ 在 x 处有导数 $u'_x=\varphi'(x)$,函数 $y=f(u)$ 在点 x 的对应点 u 处也有导数 $y'_u=f'(u)$,则复合函数 $y=f[\varphi(x)]$ 在点 x 处有导数,且
$$y'_x=y'_u\cdot u'_x \text{ 或 } \frac{dy}{dx}=\frac{dy}{du}\cdot\frac{du}{dx}.$$

这个法则可以推广到两个以上的中间变量的情形. 若
$$y=y(u),u=u(v),v=v(x),$$
且在各对应点处的导数存在,则
$$y'_x=y'_u\cdot u'_v\cdot v'_x \text{ 或 } \frac{dy}{dx}=\frac{dy}{du}\cdot\frac{du}{dv}\cdot\frac{dv}{dx}. \tag{1}$$

称公式(1)为复合函数求导的**链式法则**.

在对复合函数求导时,关键在于选取适当的中间变量,通常是把要计算的函数与基本初等函数相比较,从而分解成基本初等函数的复合或基本初等函数与常数的和、差、积、商,化繁为简,逐层求导.

例 1 求 $y=\sin 2x$ 的导数.

解 令 $y=\sin u$,$u=2x$,则
$$y'_x=y'_u\cdot u'_x=\cos u\cdot 2=2\cos 2x.$$

例 2 求 $y=(3x+5)^2$ 的导数.

解 令 $y=u^2$,$u=3x+5$,则
$$y'_x=y'_u\cdot u'_x=2u\cdot 3=6(3x+5).$$

例3 求 $y=\ln(\sin x)^2$ 的导数.

解 令 $y=\ln u, u=v^2, v=\sin x$，则

$$y'_x = y'_u \cdot u'_v \cdot v'_x = \frac{1}{u} \cdot 2v \cdot \cos x = \frac{1}{\sin^2 x} \cdot 2\sin x \cdot \cos x = 2\cot x.$$

上述几例在求导过程中详细地写出了中间变量及复合关系，熟练之后就不必写出中间变量，只要分析清楚函数的复合关系，心里记着而不写出分解过程，中间变量代表什么就直接写什么，逐步、反复地利用链式法则. 以例 2 来说，只是默想着用 u 去代替 $3x+5$ 而不必把它写出来，运用复合函数的求导法则，得

$$y'=2(3x+5) \cdot (3x+5)'=6(3x+5).$$

这里，y_x' 可简单地写成 y'，右下角的 x 不必再写出，因为 y 本来就是 x 的函数，又没有明确写出中间变量，所以不写 x 不会引起误解.

例4 求 $y=\sqrt{a^2-x^2}$ 的导数.

解 把 (a^2-x^2) 看作中间变量，得

$$y' = [(a^2-x^2)^{\frac{1}{2}}]' = \frac{1}{2}(a^2-x^2)^{\frac{1}{2}-1} \cdot (a^2-x^2)'$$

$$= \frac{1}{2\sqrt{a^2-x^2}} \cdot (-2x) = -\frac{x}{\sqrt{a^2-x^2}}.$$

例5 求 $y=\ln(1+x^2)$ 的导数.

解 $y' = [\ln(1+x^2)]' = \dfrac{1}{1+x^2} \cdot (1+x^2)' = \dfrac{2x}{1+x^2}.$

例6 求 $y=\sin^2\left(2x+\dfrac{\pi}{3}\right)$ 的导数.

解 $y' = \left[\sin^2\left(2x+\dfrac{\pi}{3}\right)\right]' = 2\sin\left(2x+\dfrac{\pi}{3}\right) \cdot \left[\sin\left(2x+\dfrac{\pi}{3}\right)\right]'$

$$= 2\sin\left(2x+\dfrac{\pi}{3}\right) \cdot \cos\left(2x+\dfrac{\pi}{3}\right) \cdot \left(2x+\dfrac{\pi}{3}\right)'$$

$$= 2\sin\left(2x+\dfrac{\pi}{3}\right) \cdot \cos\left(2x+\dfrac{\pi}{3}\right) \cdot 2$$

$$= 2\sin\left(4x+\dfrac{2\pi}{3}\right).$$

本例中，我们用了两次中间变量. 遇到这种多层复合的情形，只要按照前面的方法一步一步地做下去，每一步用一个中间变量，使外层函数成为这个中间变量的基本初等函数，直到求出对自变量的导数.

例7 求 $y=\cos\sqrt{x^2+1}$ 的导数.

解 $y' = -\sin\sqrt{x^2+1} \cdot (\sqrt{x^2+1})' = -\sin\sqrt{x^2+1} \cdot \dfrac{1}{2}(x^2+1)^{\frac{1}{2}-1} \cdot (x^2+1)'$

$$= -\frac{\sin\sqrt{x^2+1}}{2\sqrt{x^2+1}} \cdot 2x = -\frac{x\sin\sqrt{x^2+1}}{\sqrt{x^2+1}}.$$

例 8 求 $y = \ln(x+\sqrt{x^2+1})$ 的导数.

解 $y' = \dfrac{1}{x+\sqrt{x^2+1}} \cdot (x+\sqrt{x^2+1})' = \dfrac{1}{x+\sqrt{x^2+1}} \cdot [1+(\sqrt{x^2+1})']$

$= \dfrac{1}{x+\sqrt{x^2+1}} \cdot \left[1+\dfrac{1}{2\sqrt{x^2+1}} \cdot (x^2+1)'\right]$

$= \dfrac{1}{x+\sqrt{x^2+1}} \cdot \left(1+\dfrac{x}{\sqrt{x^2+1}}\right) = \dfrac{1}{\sqrt{x^2+1}}.$

例 9 $y = \ln|x|\ (x \neq 0)$,求 y'.

解 当 $x > 0$ 时,$y = \ln x$,据基本求导公式,$y' = \dfrac{1}{x}$;

当 $x < 0$ 时,$y = \ln|x| = \ln(-x)$,所以

$$y' = [\ln(-x)]' = \dfrac{1}{-x} \cdot (-x)' = \dfrac{1}{x}.$$

综合得 $(\ln|x|)' = \dfrac{1}{x}.$

这也是一个常用的导数公式,必须熟记.

例 10 设 $f(x)$ 是可导的非零函数,$y = \ln|f(x)|$,求 y'.

解 由例 9 的结果立即可得

$$y' = \dfrac{1}{f(x)} \cdot f'(x).$$

例 11 $f(x) = \sin nx \cdot \cos^n x$,求 $f'(x)$.

解 $f'(x) = (\sin nx)' \cdot \cos^n x + \sin nx \cdot (\cos^n x)'$

$= \cos nx \cdot (nx)' \cdot \cos^n x + \sin nx \cdot n \cdot \cos^{n-1} x \cdot (\cos x)'$

$= n\cos^{n-1} x (\cos nx \cos x - \sin nx \sin x)$

$= n\cos^{n-1} x \cos(n+1)x.$

例 12 设 $f(u), g(v)$ 都是可导函数,$y = f(\sin^2 x) + g(\cos^2 x)$,求 y'.

解 $y' = [f(\sin^2 x)]' + [g(\cos^2 x)]' = f'(\sin^2 x) \cdot (\sin^2 x)' + g'(\cos^2 x) \cdot (\cos^2 x)'$

$= f'(\sin^2 x) \cdot 2\sin x \cdot (\sin x)' + g'(\cos^2 x) \cdot 2\cos x \cdot (\cos x)'$

$= \sin 2x \cdot f'(\sin^2 x) - \sin 2x \cdot g'(\cos^2 x)$

$= [f'(\sin^2 x) - g'(\cos^2 x)]\sin 2x.$

注意 这里的记号 "f'" "g'" 分别表示 f, g 对中间变量求导,而不是对 x 求导.

例 13 设 $y = x^\alpha\ (\alpha \in \mathbf{R}, x > 0)$,利用公式 $(\mathrm{e}^x)' = \mathrm{e}^x$ 证明求导基本公式 $y' = \alpha x^{\alpha-1}$.

证明 由 $x^\alpha = (\mathrm{e}^{\ln x})^\alpha = \mathrm{e}^{\alpha \ln x}$,得

$(x^a)' = (e^{a\ln x})' = e^{a\ln x} \cdot (a\ln x)' = e^{a\ln x} \cdot a \cdot \dfrac{1}{x} = x^a \cdot a \cdot \dfrac{1}{x} = ax^{a-1}$.

随堂练习 2-3

1. 判断下面的计算是否正确：

(1) $(2^{\sin^2 2x})' = 2^{\sin^2 2x} \cdot \ln 2 \cdot 2\cos 2x = \cdots$；

(2) $(x + \sqrt{x + \sqrt{x}})' = (1 + \sqrt{x + \sqrt{x}}) \cdot (x + \sqrt{x})' = \cdots$；

(3) $(\ln \cos \sqrt{2x})' = \dfrac{\sqrt{2}}{\cos \sqrt{2x}} \cdot \dfrac{1}{2\sqrt{x}} = \cdots$；

(4) $\ln\left(\dfrac{2}{x} - \ln 2\right)' = \dfrac{1}{\dfrac{2}{x}} - \dfrac{1}{2} = \cdots$.

2. 求下列函数的导数：

(1) $y = \cos\left(2x - \dfrac{\pi}{5}\right)$； (2) $y = (3x^3 - 2x^2 + x - 5)^5$；

(3) $y = \ln(\sin 2x + 2^x)$； (4) $y = \cos[\cos(\cos x)]$；

(5) $y = \sqrt{x + \sqrt{x}}$； (6) $y = \ln|\sec x + \tan x|$；

(7) 设 $f(u)$ 可导，$y = f(2^{\sin x})$； (8) $y = \sin^2 x \cdot \cos x^2$.

习 题 2-3

1. 求下列函数的导数：

(1) $y = \tan\left(2x + \dfrac{\pi}{6}\right)$； (2) $y = \sqrt[5]{(x^4 - 3x^2 + 2)^3}$；

(3) $y = 3^{-x} \cdot \cos 3x$； (4) $y = \ln(3x + 3^x)$；

(5) $y = \sin^2(2x - 1)$； (6) $y = 2^{\tan \frac{1}{x}}$；

(7) $y = \ln(x + \sqrt{x^2 + a^2})$； (8) $y = \ln\sqrt{\dfrac{x}{1 + x^2}}$；

(9) $y = \dfrac{x}{\sqrt{x^2 - 1}}$； (10) $y = \cot(2x + 1) \cdot \sec 3x$；

(11) $y = \sqrt{1 + \cos 2x}$； (12) $y = \arctan \sqrt{x^2 + 1}$；

(13) $y = \sin^2(\csc 2x)$； (14) $y = \ln\left|\tan \dfrac{x}{2}\right|$；

(15) $y=\dfrac{\sin^2 x}{\sin x^2}$; (16) $y=\arcsin \dfrac{1}{x}$.

2. 求下列函数在指定点处的导数值：

(1) $y=\cos 2x+x\tan 3x, x=\dfrac{\pi}{4}$; (2) $y=\cot^2 \sqrt{x^2+1}, x=0$;

(3) $y=\ln \dfrac{\sqrt{x+1}-1}{\sqrt{x+1}+1}, x=1$.

3. 设 $f(x)$ 是可导函数，$f(x)>0$，求下列函数的导数：

(1) $y=\ln f(2x)$; (2) $y=[f(\mathrm{e}^x)]^2$.

§2-4 隐函数和参数式函数的导数

隐函数和参数式函数的导数

在上一节学习了形如 $y=f(x)$ 的函数的导数,函数的表示特征是因变量、自变量分列在等号的两边,如 $y=x^2+1$,$y=\sin x$ 等,称以这种形式表示的函数为 x 的**显函数**,简称显式. 但在实际中并不是所有函数都能表示为显函数. 本节学习非显式表示的函数及它们的导数.

一、隐函数的导数

在实际中,有时 x,y 之间的对应规律以方程 $F(x,y)=0$ 的形式表示,因变量如何与自变量对应是被隐含起来的. 例如,$x^2+y^2=a^2$ 在 $y\geqslant 0$ 范围内,隐含函数 $y=\sqrt{a^2-x^2}$ ($|x|\leqslant a$),这个函数称为由方程 $x^2+y^2=a^2$ 在 $y\geqslant 0$ 范围内所确定的**隐函数**. 一般地,如果能从方程 $F(x,y)=0$ 确定 y 为 x 的函数 $y=f(x)$,则称 $y=f(x)$ 为由方程 $F(x,y)=0$ 所确定的隐函数.

注意 由方程所确定的隐函数未必可解出显函数形式,如方程

$$x^2-y^3-\sin y=0 \ (0\leqslant y\leqslant \frac{\pi}{2}, x\geqslant 0).$$

因为在 $x\geqslant 0$ 时,x 是 y 的单调增加函数,对每一个 $x\in\left[0,\left(\frac{\pi}{2}\right)^3+1\right]$,必定唯一地对应一个 y,但却不能解出 y 成为 x 的显式.

如何求出隐函数的导数呢? 看下面的例子.

例 1 求由方程 $x^2+y^2=4$ 所确定的隐函数的导数.

解 在等式的两边同时对 x 求导. 注意现在方程中的 y 是 x 的函数,所以 y^2 是 x 的复合函数. 于是得

$$2x+2y\cdot y'=0,$$

解出

$$y'=-\frac{x}{y},$$

其中分母中的 y 是 x 的函数. 其实这个隐函数是可以解出成为显函数的,读者不妨解出后再求导,看看结果是否相同.

上述过程的实质是:视 $F(x,y)=0$ 为 x 的恒等式,把 y 看成是 x 的函数,利用复合函数求导法则让等式两边各项对 x 求导,最后解出 y' 即为所求隐函数的导数. 求出的隐函数导数通常是一个含有 x,y 的表达式.

例 2 求由方程 $x^2 - y^3 - \sin y = 0 \ (0 \leqslant y \leqslant \frac{\pi}{2}, x \geqslant 0)$ 所确定的隐函数的导数.

解 在方程两边关于 x 求导,视其中的 y 为 x 的函数,得
$$2x - 3y^2 \cdot y' - \cos y \cdot y' = 0,$$
解得
$$y' = \frac{2x}{3y^2 + \cos y}.$$

例 3 求证:过椭圆 $\frac{x^2}{a^2} + \frac{y^2}{b^2} = 1$ 上一点 $M(x_0, y_0)$ 的切线方程为 $\frac{x_0 x}{a^2} + \frac{y_0 y}{b^2} = 1$.

证明 先求出椭圆上点 $M(x_0, y_0)$ 处切线的斜率. 方程两边对 x 求导,得
$$\frac{2x}{a^2} + \frac{2y}{b^2} \cdot y' = 0,$$
解得
$$y' = -\frac{b^2 x}{a^2 y},$$
即椭圆在点 $M(x_0, y_0)$ 处切线的斜率为 $k = y' \big|_{(x_0, y_0)} = -\frac{b^2 x_0}{a^2 y_0}.$

应用直线的点斜式,即得椭圆在点 $M(x_0, y_0)$ 处切线的方程为
$$y - y_0 = -\frac{b^2 x_0}{a^2 y_0}(x - x_0),$$
即
$$\frac{x_0 x}{a^2} + \frac{y_0 y}{b^2} = 1.$$

下面利用隐函数的求导方法,来验证基本求导公式中的指数函数、反三角函数的导数公式.

例 4 设 $y = a^x \ (a > 0, a \neq 1)$,证明 $y' = a^x \ln a$.

证明 $y = a^x$ 的反函数为 $x = \log_a y$,或者说 $y = a^x$ 是由方程 $x = \log_a y$ 所确定的反函数.

两边对 x 求导,得 $1 = \frac{1}{y \ln a} \cdot y'$,$y' = y \ln a$. 以 $y = a^x$ 回代,即得
$$(a^x)' = a^x \ln a.$$

当 $a = e$ 时,$\ln e = 1$,所以 $(e^x)' = e^x$.

例 5 设 $y = \arcsin x \ (|x| < 1)$,证明 $y' = \frac{1}{\sqrt{1 - x^2}}$.

证明 $y = \arcsin x$ 的反函数为 $x = \sin y, y \in \left(-\frac{\pi}{2}, \frac{\pi}{2}\right)$,或者说 $y = \arcsin x$ 是由方程 $x = \sin y$ 所确定的反函数.

两边对 x 求导,得 $1 = \cos y \cdot y'$,$y' = \frac{1}{\cos y}$. 因为 $y \in \left(-\frac{\pi}{2}, \frac{\pi}{2}\right)$,$\cos y > 0$,所以
$$y' = \frac{1}{\sqrt{1 - \sin^2 y}} = \frac{1}{\sqrt{1 - x^2}},$$

即
$$(\arcsin x)' = \frac{1}{\sqrt{1-x^2}}.$$

类似地,可证得 $(\arccos x)' = -\dfrac{1}{\sqrt{1-x^2}}.$

例 6 求 $y = x^x$ 的导数.

解 这个函数既不是幂函数,也不是指数函数,因此,不能用这两种函数的求导公式来求导数. 我们可以对方程两边取自然对数,把函数关系隐含在方程 $F(x,y) = 0$ 中,然后用隐函数求导方法得到所求的导数.

两边取对数,得 $\ln y = x \ln x$,两边对 x 求导,得
$$\frac{1}{y} \cdot y' = \ln x + 1,$$
所以
$$y' = x^x (\ln x + 1).$$

可以把例 6 的函数推广到 $y = u(x)^{v(x)}$ 的形式,称这类函数为**幂指函数**,如 $y = (\sin x)^{\tan x}$,$y = (\ln x)^{\cos x}$ 等都是幂指函数. 例 6 中使用的方法,也可以推广:为了求 $y = f(x)$ 的导数 y',两边先取对数,然后用隐函数求导的方法得到 y'. 常称这种求导方法为**取对数求导法**. 根据对数能把积商化为对数之和差、幂化为指数与底的对数之积的特点,我们不难想象,对幂指函数或多项乘积函数求导时,用取对数求导法必定比较简便.

例 7 利用取对数求导法求函数 $y = (\sin x)^x$ 的导数.

解 两边取对数,得 $\ln y = x \cdot \ln \sin x$. 两边对 x 求导得
$$\frac{1}{y} \cdot y' = \ln \sin x + x \cdot \frac{1}{\sin x} \cdot \cos x,$$
故 $y' = y(\ln \sin x + x \cdot \cot x)$,即 $y' = (\sin x)^x (\ln \sin x + x \cot x).$

注意 例 7 也能用下面的方法求导:

把 $y = (\sin x)^x$ 改变为 $y = e^{x \ln \sin x}$,则
$$y' = (e^{x \ln \sin x})' = e^{x \ln \sin x} \cdot (x \cdot \ln \sin x)' = e^{x \ln \sin x} (\ln \sin x + x \cot x)$$
$$= (\sin x)^x (\ln \sin x + x \cot x).$$

这种方法的基本思想仍然是化幂为积,但可以避免涉及隐函数. 因此两种方法各有其优点,采用哪一种方法读者可以自由选择.

例 8 设 $y = (3x-1)^{\frac{5}{3}} \sqrt{\dfrac{x-1}{x-2}}$,求 y'.

解 函数表示为多项式积商的形式,拟采用取对数求导法.

在等式两边取对数,得
$$\ln y = \frac{5}{3} \ln(3x-1) + \frac{1}{2} \ln(x-1) - \frac{1}{2} \ln(x-2).$$

两边对 x 求导,得

$$\frac{1}{y} \cdot y' = \frac{5}{3} \cdot \frac{3}{3x-1} + \frac{1}{2} \cdot \frac{1}{x-1} - \frac{1}{2} \cdot \frac{1}{x-2}.$$

所以
$$y' = (3x-1)^{\frac{5}{3}} \sqrt{\frac{x-1}{x-2}} \left[\frac{5}{3x-1} + \frac{1}{2(x-1)} - \frac{1}{2(x-2)} \right].$$

二、参数式函数的导数

在平面解析几何中,我们学过曲线的参数方程.它的一般形式为

$$\begin{cases} x = \varphi(t), \\ y = \psi(t) \end{cases} (t \text{ 为参数}, a \leqslant t \leqslant b).$$

如果画出曲线,那么在一定的范围内,可以通过图象上点的纵、横坐标的对应关系,确定 y 为 x 的函数 $y = f(x)$,这种函数关系是通过参数 t 联系起来的. 称 $f(x)$ 为**由参数方程所确定的函数**,或称原方程组为 $f(x)$ 的参数式.

当 $\varphi'(t), \psi'(t)$ 都存在,且 $\varphi'(t) \neq 0$ 时,可以证明由参数方程所确定的函数 $y = f(x)$ 的导数为

$$y' = \frac{\mathrm{d}y}{\mathrm{d}x} = \frac{\frac{\mathrm{d}y}{\mathrm{d}t}}{\frac{\mathrm{d}x}{\mathrm{d}t}} = \frac{y'_t}{x'_t}.$$

这就是由参数方程所确定的函数 y 对 x 的求导公式,求导的结果一般是参数 t 的一个解析式.

例 9 求由方程 $\begin{cases} x = a\cos t, \\ y = a\sin t \end{cases} (0 < t < \pi)$ 所确定的函数 $y = f(x)$ 的导数 y'.

解 $y' = \dfrac{y'_t}{x'_t} = \dfrac{a\cos t}{-a\sin t} = -\cot t (0 < t < \pi).$

题中的参数方程表示半径为 a 的圆 $x^2 + y^2 = a^2$,在例 1 中已经求过 y',读者可以比较一下结果是否相同,有助于理解求导得到的参数 t 的解析式的含义.

例 10 求摆线 $\begin{cases} x = a(t - \sin t), \\ y = a(1 - \cos t) \end{cases}$($a$ 为常数)上对应于 $t = \dfrac{\pi}{2}$ 的点 M_0 处的切线方程.

解 摆线上对应于 $t = \dfrac{\pi}{2}$ 的点 M_0 的坐标为 $\left(\dfrac{(\pi-2)a}{2}, a \right)$,又

$$\frac{\mathrm{d}y}{\mathrm{d}x} = \frac{[a(1-\cos t)]'}{[a(t-\sin t)]'} = \frac{\sin t}{1-\cos t} = \cot \frac{t}{2},$$

$$\left. \frac{\mathrm{d}y}{\mathrm{d}x} \right|_{t=\frac{\pi}{2}} = 1,$$

即摆线在 M_0 处的切线斜率为 1,故所求的切线方程为

$$y - a = 1 \cdot \left[x - \frac{(\pi - 2)a}{2} \right],$$

即
$$x - y + \left(2 - \frac{\pi}{2}\right)a = 0.$$

例 11 如图 2-4，以初速度 v_0、发射角 α 发射炮弹，已知炮弹的运动规律是

$$\begin{cases} x = (v_0 \cos \alpha) t, \\ y = (v_0 \sin \alpha) t - \frac{1}{2} g t^2 \ (g \text{ 为重力加速度}) \end{cases} (0 \leqslant t \leqslant t_0).$$

(1) 求炮弹在任一时刻 t 的运动方向；

(2) 求炮弹在任一时刻 t 的速率.

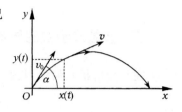

图 2-4

解 (1) 炮弹在任一时刻 t 的运动方向，就是指炮弹运动轨迹在时刻 t 的切线方向，而切线方向可由切线的斜率反映，因此求炮弹的运动方向，即要求炮弹运动轨迹的切线的斜率.

根据参数方程的求导公式，得

$$\frac{dy}{dx} = \frac{\left[(v_0 \sin \alpha) t - \frac{1}{2} g t^2\right]'}{\left[(v_0 \cos \alpha) t\right]'} = \frac{v_0 \sin \alpha - gt}{v_0 \cos \alpha} = \tan \alpha - \frac{g}{v_0 \cos \alpha} t.$$

(2) 炮弹的运动速度是一个向量 $\boldsymbol{v}(v_x, v_y)$，$v_x = \frac{dx}{dt} = v_0 \cos \alpha$，$v_y = \frac{dy}{dt} = v_0 \sin \alpha - gt$. 设 t 时的速率为 $v(t)$，则

$$v(t) = \sqrt{v_x^2 + v_y^2} = \sqrt{(v_0 \cos \alpha)^2 + (v_0 \sin \alpha - gt)^2} = \sqrt{v_0^2 - 2 v_0 g t \sin \alpha + g^2 t^2}.$$

随堂练习 2-4

1. 下面的计算正确吗？

(1) 求由方程 $x^3 + y^3 - 3axy = 0$ 所确定的隐函数 y 的导数 y'.

解：方程两边对 x 求导，得

$3x^2 + 3y^2 - 3a(y - xy') = 0$，故 $y' = \dfrac{x^2 + y^2 - ay}{ax}$.

(2) 用取对数求导法求 $y = x^{\sin x}$ 的导数.

解：$y = x^{\sin x}$ 两边取对数，得 $\ln y = \sin x \cdot \ln x$. 两边对 x 求导后解出 y'，得

$$y' = \cos x \cdot \ln x + \frac{\sin x}{x}.$$

(3) 设 $\begin{cases} x = e^t \sin t, \\ y = e^t \cos t, \end{cases}$ 求 y'_x.

解：由参数式函数的求导公式得
$$y'_x = \frac{(e^t \sin t)'_t}{(e^t \cos t)'_t} = \frac{e^t \sin t + e^t \cos t}{e^t \cos t - e^t \sin t} = \frac{\sin t + \cos t}{\cos t - \sin t}.$$

2. 解下列各题：

(1) 求由方程 $xy - e^x + e^y = 0$ 所确定的隐函数的导数 y' 及 $y'|_{(0,0)}$；

(2) 求函数 $y = \sqrt{\dfrac{(x-1)(x-2)}{(x-3)(x-4)}}$ 的导数；

(3) 设 $y = \left(1 + \dfrac{1}{x}\right)^x$，求 y'；

(4) 求曲线 $\begin{cases} x = 2\sin t, \\ y = \cos 2t \end{cases}$ 在 $t = \dfrac{\pi}{4}$ 处的切线方程.

习 题 2-4

1. 求由下列方程确定的隐函数的导数或在指定点处的导数：

(1) $\sqrt{x} + \sqrt{y} = \sqrt{a}$ $(a>0)$； (2) $\arctan \dfrac{y}{x} = \ln \sqrt{x^2 + y^2}$；

(3) $x^2 + 2xy - y^2 = 2x$, $y'|_{(2,0)}$； (4) $2^x + 2y = 2^{x+y} + 1$, $y'|_{(0,1)}$.

2. 求曲线 $x^3 + y^5 + 2xy = 0$ 在点 $(-1, -1)$ 处的切线方程.

3. 用取对数求导法求下列函数的导数：

(1) $y = (1 + \cos x)^{\frac{1}{x}}$； (2) $y = (x-1)^{\frac{2}{3}} \sqrt{\dfrac{x-2}{x-3}}$；

(3) $y = (\sin x)^{\cos x}$, $x \in \left(0, \dfrac{\pi}{2}\right)$； (4) $y = \sqrt{x \cdot \sin x \cdot \sqrt{e^x}}$.

4. 求曲线 $y = x^{x^2}$ 在点 $(1, 1)$ 处的切线方程和法线方程.

5. 求下列参数式函数的导数或在指定点处的导数：

(1) $\begin{cases} x = t \cos t, \\ y = t \sin t; \end{cases}$

(2) $\begin{cases} x = t - \arctan t, \\ y = \ln(1 + t^2), \end{cases} y'_x|_{t=1}$；

(3) $\begin{cases} x = a \cos^3 t, \\ y = b \sin^3 t \end{cases}$ $(a, b$ 是正常数$)$.

6. 已知曲线 $\begin{cases} x = t^2 + at + b, \\ y = ce^t - e \end{cases}$ 在 $t = 1$ 时过原点，且曲线在原点处的切线平行于直线 $2x - y + 1 = 0$，求 a, b, c.

§2-5 高阶导数

高阶导数

若函数 $y=f(x)$ 的导函数 $y'=f'(x)$ 是可导的,则可以对导函数 $F(x)=f'(x)$ 继续求导,对 $f(x)$ 而言则是多次求导了,这就是本节将要学习的高阶导数问题.

一、高阶导数的概念

在运动学中,不但需要了解物体运动的速度,有时还需要了解物体运动速度的变化,即加速度问题.所谓加速度,从变化率的角度来看,就是速度关于时间的变化率,也即速度的导数.

例如,自由落体下落距离 s 与时间 t 的关系为 $s=\frac{1}{2}gt^2$,在任意时刻 t 的速度 $v(t)$ 和加速度 $a(t)$ 分别为

$$v(t)=\frac{\mathrm{d}s}{\mathrm{d}t}=\left(\frac{1}{2}gt^2\right)'=gt,$$

$$a(t)=\frac{\mathrm{d}v}{\mathrm{d}t}=(gt)'=g.$$

如果加速度直接以距离 $s(t)$ 表示,将得到 $a(t)=\frac{\mathrm{d}v}{\mathrm{d}t}=\frac{\mathrm{d}}{\mathrm{d}t}\left(\frac{\mathrm{d}s}{\mathrm{d}t}\right)$. 对 $s(t)$ 而言,"$\frac{\mathrm{d}}{\mathrm{d}t}\left(\frac{\mathrm{d}s}{\mathrm{d}t}\right)$"是导数的导数.这种求导数的导数问题在运动学中及其他工程技术问题中会经常遇到.也就是说,我们对一个可导函数求导之后,还需要研究其导函数的导数问题.为此给出如下定义:

定义 设函数 $y=f(x)$ 存在导函数 $f'(x)$,若导函数 $f'(x)$ 的导数 $[f'(x)]'$ 存在,则称 $[f'(x)]'$ 为 $y=f(x)$ 的**二阶导数**,记作 y'' 或 $f''(x)$ 或 $\frac{\mathrm{d}^2 y}{\mathrm{d}x^2}$ 或 $\frac{\mathrm{d}^2 f(x)}{\mathrm{d}x^2}$,即

$$y''=(y')'=\frac{\mathrm{d}}{\mathrm{d}x}\left(\frac{\mathrm{d}y}{\mathrm{d}x}\right)=\frac{\mathrm{d}^2 y}{\mathrm{d}x^2}.$$

若二阶导函数 $f''(x)$ 的导数存在,则称 $f''(x)$ 的导数 $[f''(x)]'$ 为 $y=f(x)$ 的**三阶导数**,记作 y''' 或 $f'''(x)$.

一般地,若 $y=f(x)$ 的 $n-1$ 阶导函数存在导数,则称 $n-1$ 阶导函数的导数为 $y=f(x)$ 的 n **阶导数**,记作 $y^{(n)}$ 或 $f^{(n)}(x)$ 或 $\frac{\mathrm{d}^n y}{\mathrm{d}x^n}$ 或 $\frac{\mathrm{d}^n f(x)}{\mathrm{d}x^n}$,即

$$y^{(n)}=[y^{(n-1)}]' \text{ 或 } f^{(n)}(x)=[f^{(n-1)}(x)]' \text{ 或 } \frac{\mathrm{d}^n y}{\mathrm{d}x^n}=\frac{\mathrm{d}}{\mathrm{d}x}\left(\frac{\mathrm{d}^{n-1} y}{\mathrm{d}x^{n-1}}\right).$$

因此，函数 $f(x)$ 的 n 阶导数是由 $f(x)$ 连续依次地对 x 求 n 次导数得到的.

函数的二阶和二阶以上的导数称为函数的**高阶导数**. 函数 $f(x)$ 的 n 阶导数在 x_0 处的导数值记作 $y^{(n)}(x_0)$ 或 $f^{(n)}(x_0)$ 或 $\left.\dfrac{\mathrm{d}^n y}{\mathrm{d}x^n}\right|_{x=x_0}$ 等.

例 1 求函数 $y=3x^3+2x^2+x+1$ 的四阶导数 $y^{(4)}$.

解 $y'=(3x^3+2x^2+x+1)'=9x^2+4x+1$，

$y''=(y')'=(9x^2+4x+1)'=18x+4$，

$y'''=(y'')'=(18x+4)'=18$，

$y^{(4)}=(y''')'=(18)'=0$.

例 2 求函数 $y=a^x$ 的 n 阶导数.

解 $y'=(a^x)'=a^x \ln a$，

$y''=(y')'=(a^x \ln a)'=\ln a \cdot (a^x)'=a^x (\ln a)^2$，

$y'''=(y'')'=[a^x(\ln a)^2]'=(\ln a)^2 \cdot (a^x)'=a^x(\ln a)^3$.

依此类推，最后可得 $y^{(n)}=(a^x)^{(n)}=a^x(\ln a)^n$.

例 3 若 $f(x)$ 存在二阶导数，求函数 $y=f(\ln x)$ 的二阶导数.

解 $y'=f'(\ln x) \cdot (\ln x)'=\dfrac{f'(\ln x)}{x}$，

$$y''=\left[\dfrac{f'(\ln x)}{x}\right]'=\dfrac{f''(\ln x)\cdot \dfrac{1}{x}\cdot x - f'(\ln x)\cdot 1}{x^2}=\dfrac{f''(\ln x)-f'(\ln x)}{x^2}.$$

例 4 求函数 $y=\sin x$ 的 n 阶导数 $y^{(n)}$.

解 $y'=(\sin x)'=\cos x$，为了得到 n 阶导数的规律，改写

$$y'=\cos x=\sin\left(x+\dfrac{\pi}{2}\right).$$

继续求导得

$y''=\left[\sin\left(x+\dfrac{\pi}{2}\right)\right]'=\sin\left[\left(x+\dfrac{\pi}{2}\right)+\dfrac{\pi}{2}\right]\cdot\left(x+\dfrac{\pi}{2}\right)'=\sin\left(x+2\cdot\dfrac{\pi}{2}\right)$，

$y'''=\left[\sin\left(x+2\cdot\dfrac{\pi}{2}\right)\right]'=\sin\left[\left(x+2\cdot\dfrac{\pi}{2}\right)+\dfrac{\pi}{2}\right]\cdot\left(x+2\cdot\dfrac{\pi}{2}\right)'=\sin\left(x+3\cdot\dfrac{\pi}{2}\right)$.

依此类推，最后可得 $y^{(n)}=(\sin x)^{(n)}=\sin\left(x+n\cdot\dfrac{\pi}{2}\right)$.

二、导数的物理含义

函数 $y=f(x)$ 的导数表示函数在某点关于自变量的变化率. 很多物理量的变化规律都可归结为函数形式，如做直线运动的物体，位移 s 与时间 t 之间的关系表示成位移函数 $s=s(t)$；物体位移是由于力的作用，因此力做功 W 与时间 t 之间也有关系 $W=$

$W(t)$;非均匀的线材的质量 H 与线材长度 s 有关系 $H=H(s)$ 等.建立了物理量之间的函数关系后,普遍关心变化率的问题,而变化率就是导数,因此导数是研究物理问题的基本工具.特别地,在物理上这种变化率通常会导出一个新的物理概念,这样就使一些导数有了明确的物理含义.下面举几个简单的例子.

1. 速度与加速度

设物体做直线运动,位移函数 $s=s(t)$,速度函数 $v(t)$ 和加速度函数 $a(t)$ 分别为

$$v(t)=\frac{\mathrm{d}s}{\mathrm{d}t}, \quad a(t)=\frac{\mathrm{d}^2 s}{\mathrm{d}t^2}.$$

例如,设位移函数为 $s=2t^3-\frac{1}{2}gt^2$(g 为重力加速度,取 $g=9.8 \text{ m/s}^2$),则 $t=2 \text{ s}$ 时的速度和加速度分别为

$$v(2)=\frac{\mathrm{d}s}{\mathrm{d}t}\bigg|_{t=2}=\left(2t^3-\frac{1}{2}gt^2\right)'\bigg|_{t=2}=(6t^2-gt)\big|_{t=2}=24-19.6=4.4(\text{m/s}),$$

$$a(2)=\frac{\mathrm{d}^2 s}{\mathrm{d}t^2}\bigg|_{t=2}=\left(2t^3-\frac{1}{2}gt^2\right)''\bigg|_{t=2}=(6t^2-gt)'\big|_{t=2}=(12t-g)\big|_{t=2}$$

$$=24-9.8=14.2(\text{m/s}^2).$$

又如,做微小摆动的单摆,记 s 为偏离平衡位置的位移,$s(t)=A\sin(\omega t+\varphi)$(其中 A,ω 为与重力加速度、物体质量有关的常数,φ 为以弧度计算的初始偏移角度),则

$$v(t)=[A\sin(\omega t+\varphi)]'=A\omega\cos(\omega t+\varphi),$$

$$a(t)=[A\sin(\omega t+\varphi)]''=-A\omega^2\sin(\omega t+\varphi).$$

2. 线密度

设非均匀的线材的质量 H 与线材长度 s 有关系 $H=H(s)$,则在 $s=s_0$ 处的**线密度**(单位长度的质量)$\mu(s_0)=H'(s)\big|_{s=s_0}$.

如图 2-5 所示的柱形铁棒,铁的密度为 7.8 g/cm^3,$d=2 \text{ cm}, D=10 \text{ cm}, l=50 \text{ cm}$,从小端开始计长,求中点处的线密度.因为长为 s 处铁棒截面的直径 $d(s)=\frac{Ds-ds+ld}{l}$,所以长为 s 的柱形铁棒的体积

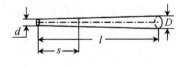

图 2-5

$$V(s)=\frac{1}{3}\pi s\left[\left(\frac{d}{2}\right)^2+\frac{d}{2}\cdot\frac{Ds-ds+ld}{2l}+\left(\frac{Ds-ds+ld}{2l}\right)^2\right]=\frac{\pi}{3}\left(\frac{4}{625}s^3+\frac{6}{25}s^2+3s\right),$$

质量函数

$$H(s)=7.8V(s)=\frac{2.6\pi}{625}(4s^3+150s^2+1\,875s),$$

所以
$$\mu(s)=H'(s)=\frac{2.6\pi}{625}(12s^2+300s+1\,875),$$
$$\mu(s)|_{s=25}=2.6\pi(12+12+3)=70.2\pi(\text{g/cm}).$$

3. 功率

单位时间内做的功称为**功率**. 若做功函数为 $W=W(t)$,则 $t=t_0$ 时的功率 $N(t_0)=W'(t_0)$.

已知汽车的质量为 1 100 kg,能在 2 s 内把汽车从静止状态加速到 36 km/h,若汽车启动后做匀加速直线运动,求发动机的最大输出功率.

36 km/h＝36 000 m/h＝10 m/s,加速度 $a=10\div 2=5(\text{m/s}^2)$,汽车位移函数
$$s(t)=\frac{1}{2}at^2=2.5t^2\,(0\leqslant t\leqslant 2).$$

据牛顿第二运动定律 $F=ma$,汽车受推力 $F=1\,100\times 5=5\,500(\text{N})$,所以推力做功函数为
$$W(t)=F\cdot s(t)=5\,500\times 2.5t^2(\text{J}).$$

功率函数 $N(t)=W'(t)=5\,500\times 5t$,当 $t=2$ s 时达到最大输出功率为
$$N_{\max}=5\,500\times 5\times 2=5.5\times 10^4(\text{W}).$$

4. 电流

电流是单位时间内通过导体截面的电荷量,即电荷量关于时间的变化率. 记 $q(t)$ 为通过截面的电荷量,$I(t)$ 为截面上的电流,则 $I(t)=q'(t)$.

现设通过截面的电荷量 $q(t)=20\sin\left(\dfrac{25}{\pi}t+\dfrac{\pi}{2}\right)$,则通过该截面的电流为
$$I(t)=\left[20\sin\left(\frac{25}{\pi}t+\frac{\pi}{2}\right)\right]'=20\times\frac{25}{\pi}\cos\left(\frac{25}{\pi}t+\frac{\pi}{2}\right)=\frac{500}{\pi}\cos\left(\frac{25}{\pi}t+\frac{\pi}{2}\right).$$

随堂练习 2-5

1. 下面的计算正确吗?

(1) 求由方程 $x^2+y^2=1$ 所确定的隐函数 $y=y(x)$ 的二阶导数.

解:方程两边分别对 x 求导,得 $2x+2yy'=0$,故 $y'=-\dfrac{x}{y}\,(y\neq 0)$.

再将上式两边分别对 x 求导,有 $y''=-\dfrac{y-xy'}{y^2}\,(y\neq 0)$.

(2) 设 $\begin{cases} x=2t, \\ y=t^2, \end{cases}$ 求 $\dfrac{d^2 y}{d x^2}$.

解：$\dfrac{dy}{dx}=\dfrac{2t}{2}=t, \dfrac{d^2 y}{d x^2}=t'=1.$

(3) 设 $y=xe^{x^2}$, 求 y''.

解：$y'=e^{x^2}+xe^{x^2} \cdot 2x=e^{x^2} \cdot (1+2x^2), y''=e^{x^2} \cdot (1+2x^2)'=e^{x^2} \cdot 4x=4x \cdot e^{x^2}.$

2. 已知 $y^{(n-2)}=\sin^2 x$, 求 $y^{(n)}$.

3. 求下列函数的二阶导数：

(1) 由方程 $x^2+2xy+y^2-4x+4y-2=0$ 所确定的函数 $y=y(x)$;

(2) $y=\ln f(x^2) [f''(x)$ 存在$]$;

(3) $\begin{cases} x=1+t^2, \\ y=1+t^3. \end{cases}$

4. 已知一物体的运动规律为 $s(t)=\dfrac{1}{4}t^4+2t^2-2(\text{m})$, 求 $t=1\text{ s}$ 时该物体的速度和加速度.

习 题 2-5

1. 已知 $y=1-x^2-x$, 求 y'', y'''.

2. 如果 $f(x)=(x+10)^5$, 求 $f'''(x)$.

3. 求下列各函数的二阶导数：

(1) $y=x\cos x$;

(2) $y=\dfrac{x}{\sqrt{1-x^2}}$;

(3) $y=\dfrac{\arcsin x}{\sqrt{1-x^2}}$;

(4) $y=f(e^x)$, 其中 $f(x)$ 存在二阶导数.

4. 设 $y^{(n-4)}=x^3 \ln x$, 求 $y^{(n)}$.

5. 验证函数 $y=e^x \cos x$ 满足 $y^{(4)}+4y=0$.

6. 设质点做直线运动，其运动规律给定如下，求质点在指定时刻的速度和加速度：

(1) $s(t)=t^3-3t+2, t=2$;

(2) $s(t)=A\cos\dfrac{\pi t}{3}(A$ 为常数$), t=1$.

7. 设通过某截面的电荷量 $q(t)=A\cos(\omega t+\varphi)$, 其中 A, ω, φ 为常数，求通过该截面的电流 $I(t)$.

§2-6 函数的微分

一、微分的概念

在生产实践中,有时需要考虑这样的问题:当自变量有一微小的增量时,函数的增量是多少? 例如,一个边长为 x_0 的正方形金属薄片,当受冷热影响时,其边长由 x_0 变到 $x_0+\Delta x$,问此时薄片的面积的改变量是多少?

设正方形薄片的边长为 x_0,面积为 y,则上面问题就是求函数 $y=x^2$ 当自变量由 x_0 变到 $x_0+\Delta x$ 时函数 y 的改变量 Δy,也就是面积的改变量.

$$\Delta y=(x_0+\Delta x)^2-x_0^2=2x_0 \cdot \Delta x+(\Delta x)^2.$$

例如,当 $x_0=10, \Delta x=0.1$ 时,面积的改变量为

$$\Delta y=2\times 10\times 0.1+0.1^2=2.01;$$

当 $x_0=10, \Delta x=0.01$ 时,面积的改变量为

$$\Delta y=2\times 10\times 0.01+0.01^2=0.2001;$$

当 $x_0=10, \Delta x=0.001$ 时,面积的改变量为

$$\Delta y=2\times 10\times 0.001+0.001^2=0.020001.$$

由此可见,当 $|\Delta x|$ 很小时,$(\Delta x)^2$ 的作用非常小,可以忽略不计.

因此,函数 $y=x^2$ 在 x_0 处有微小改变量 Δx 时,函数的改变量 Δy 约为 $2x_0\Delta x$,即

$$\Delta y\approx 2x_0\Delta x.$$

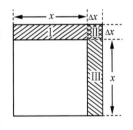

图 2-6

从图 2-6 中不难看出,Δy 表示图中阴影部分的面积,它为图示的 Ⅰ、Ⅱ、Ⅲ 三部分面积之和 $2(x_0\Delta x)+(\Delta x)^2$,显然当 $|\Delta x|$ 相对于 x_0 很小时,$(\Delta x)^2$ 是微乎其微的.

当 $f(x)=x^2$ 时,$f'(x_0)=2x_0$,因此 $\Delta y\approx 2x_0\Delta x$ 可以写成

$$\Delta y\approx f'(x_0)\Delta x.$$

由于 $f'(x_0)\Delta x$ 是 Δx 的线性函数,所以通常把 $f'(x_0)\Delta x$ 叫作 Δy 的线性主部.

一般地,对于给定的可导函数 $y=f(x)$,当自变量在 x_0 处有微小的改变量 Δx 时,函数值 y 的改变量 Δy 可用下式近似计算,即

$$\Delta y\approx f'(x_0)\Delta x.$$

我们把 $f'(x_0)\cdot \Delta x$ 称为函数 $y=f(x)$ 在点 $x=x_0$ 处的微分.

定义 如果函数 $y=f(x)$ 在点 x_0 处存在导数 $f'(x_0)$,那么 $f'(x_0)\Delta x$ 就叫作**函数**

$y = f(x)$ 在点 x_0 处的微分,记作 $dy|_{x=x_0}$,即
$$dy|_{x=x_0} = f'(x_0)\Delta x.$$

若函数 $y = f(x)$ 在区间 (a,b) 内任一点 x 处都可导,则把它在点 x 处的微分叫作函数的微分,记作 dy 或 $d[f(x)]$,即
$$dy = f'(x)\Delta x.$$

由定义可以知道自变量的微分就是自变量的改变量,记作 dx,即 $dx = \Delta x$,于是
$$dy = f'(x)dx.$$

两边同时除以 dx 可以得出
$$\frac{dy}{dx} = f'(x).$$

上式说明导数 $f'(x)$ 是函数的微分 dy 与自变量的微分 dx 的商.因此,导数也叫作**微商**.

今后我们把可导函数也称为可微函数.

例 1 求函数 $y = 2x^3 + 5x^2 + 6x$ 在 $x = 2$ 处的微分.

解 $dy|_{x=2} = (2x^3 + 5x^2 + 6x)'|_{x=2}\Delta x = (6x^2 + 10x + 6)|_{x=2}\Delta x = 50\Delta x.$

例 2 求函数 $y = \ln x + \cos x$ 的微分.

解 因为 $y' = (\ln x + \cos x)' = \frac{1}{x} - \sin x$,所以
$$dy = y'dx = \left(\frac{1}{x} - \sin x\right)dx.$$

二、微分的几何意义

如图 2-7,设曲线 $y = f(x)$ 上一点 P 的坐标为 $(x_0, f(x_0))$,过 P 点作割线 PQ 交曲线于 Q 点,其坐标为 $(x_0 + \Delta x, f(x_0 + \Delta x))$,则 $dx = \Delta x = PR, \Delta y = RQ$.

又设过点 $P(x_0, f(x_0))$ 的切线 PT 交 RQ 于点 M,函数 $f(x)$ 在点 x_0 的导数 $f'(x_0)$ 是过点 P 的切线 PT 的斜率,即
$$f'(x_0) = \tan\alpha = \frac{RM}{PR}.$$

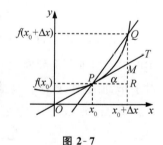

图 2-7

因此,函数在点 x_0 的微分是
$$dy|_{x=x_0} = f'(x_0) \cdot \Delta x = \frac{RM}{PR} \cdot PR = RM.$$

这说明函数在 $x = x_0$ 的微分是曲线 $y = f(x)$ 在点 $P(x_0, f(x_0))$ 处切线的纵坐标对于 Δx 的改变量.这就是微分的几何意义.

三、微分的运算

由函数微分的表达式
$$dy = f'(x)dx$$
可知,要计算函数的微分,只要求出函数的导数,再乘自变量的微分即可.因此,由导数基本公式和运算法则就可以直接推出微分的基本公式和运算法则.

1. 微分的基本公式

(1) $d(C) = 0$(C 为常数);　　　　　(2) $d(x^a) = \alpha x^{a-1}dx$;

(3) $d(a^x) = a^x \ln a\, dx\,(a>0, a\neq 1)$;　(4) $d(e^x) = e^x dx$;

(5) $d(\log_a x) = \dfrac{1}{x\ln a}dx\,(a>0, a\neq 1)$;　(6) $d(\ln x) = \dfrac{1}{x}dx$;

(7) $d(\sin x) = \cos x\, dx$;　　　　(8) $d(\cos x) = -\sin x\, dx$;

(9) $d(\tan x) = \sec^2 x\, dx$;　　　(10) $d(\cot x) = -\csc^2 x\, dx$.

(11) $d(\sec x) = \sec x \tan x\, dx$;　(12) $d(\csc x) = -\csc x \cot x\, dx$;

(13) $d(\arcsin x) = \dfrac{1}{\sqrt{1-x^2}}dx$;　(14) $d(\arccos x) = -\dfrac{1}{\sqrt{1-x^2}}dx$;

(15) $d(\arctan x) = \dfrac{1}{1+x^2}dx$;　(16) $d(\operatorname{arccot} x) = -\dfrac{1}{1+x^2}dx$.

2. 函数和、差、积、商的微分法则

由函数的和、差、积、商的求导法则,可以求得函数和、差、积、商的微分法则:

(1) $d(u \pm v) = du \pm dv$;

(2) $d(uv) = v du + u dv$;

(3) $d(Cu) = C du$(C 为常数);

(4) $d\left(\dfrac{u}{v}\right) = \dfrac{v du - u dv}{v^2}$ ($v \neq 0$).

3. 复合函数微分法则

若函数 $y = f(u)$ 及 $u = \varphi(x)$ 都可导,则复合函数 $y = f[\varphi(x)]$ 的微分为
$$dy = y'_x dx = f'(u)\varphi'(x)dx.$$
由于 $\varphi'(x)dx = du$,故上式为
$$dy = f'(u)du.$$
所以复合函数的微分法则为
$$dy = f'(u)du.$$

将这个公式与 x 为自变量的微分公式 $dy=f'(x)dx$ 相比较,可以发现它们的形式完全相同,这表明无论 u 是自变量还是中间变量(自变量的函数),函数 $y=f(u)$ 的微分形式 $dy=f'(u)du$ 都保持不变,微分的这种性质叫作**微分形式的不变性**.

例 3 求函数 $y=\ln(2x^2+1)$ 的微分.

解 $dy=d[\ln(2x^2+1)]=\dfrac{1}{2x^2+1}d(2x^2+1)=\dfrac{4x}{2x^2+1}dx.$

四、微分在近似计算中的应用

函数 $y=f(x)$ 在 $x=x_0$ 处的增量 Δy,当 $|\Delta x|$ 很小时,可用微分 dy 来代替,即
$$\Delta y \approx dy = f'(x_0)\Delta x,$$
于是 $\qquad \Delta y = f(x_0+\Delta x) - f(x_0) \approx f'(x_0)\Delta x$

或 $\qquad f(x_0+\Delta x) \approx f(x_0) + f'(x_0)\Delta x.$

在上式中,令 $x_0=0, \Delta x=x$,得
$$f(x) \approx f(0) + f'(0)x.$$

应用上式可推得几个工程上常用的近似公式(假定 $|x|$ 是很小的数值):

(1) $\sqrt[n]{1+x} \approx 1 + \dfrac{1}{n}x$;

(2) $\sin x \approx x$ (x 用弧度作单位来表达);

(3) $\tan x \approx x$;

(4) $\ln(1+x) \approx x$;

(5) $e^x \approx 1+x$.

证明 (1) 设 $f(x)=\sqrt[n]{1+x}$,则 $f'(x)=\dfrac{1}{n\sqrt[n]{(1+x)^{n-1}}}$,因而有

$$f(0)=\sqrt[n]{1+0}=1, f'(0)=\dfrac{1}{n}.$$

将以上两式代入公式(1)得 $f(x) \approx 1+\dfrac{1}{n}x$,即 $\sqrt[n]{1+x} \approx 1+\dfrac{1}{n}x.$

其他公式的证明类似,这里省略.

例 4 计算 $e^{-0.0001}$ 的近似值.

解 应用近似公式 $e^x \approx 1+x$,得
$$e^{-0.0001} \approx 1-0.0001 = 0.9999.$$

随堂练习 2-6

1. 判断下列说法是否正确：
(1) 函数 $y=f(x)$ 在点 x_0 处可导与可微是等价的；
(2) 函数 $y=f(x)$ 在点 x_0 处的导数值与微分值只与 $f(x)$ 和 x_0 有关；
(3) 设函数 $y=f(x)$ 在 x_0 处可微，则 $\Delta y - \mathrm{d}y$ 是 Δy 的高阶无穷小.
2. 求下列函数的微分：
(1) $y = x^3 a^x$；
(2) $y = \dfrac{\sin x}{\ln x}$；
(3) $y = \cos(2-x^2)$；
(4) $y = \arctan\sqrt{1-\ln x}$.
3. 计算 $\sqrt[3]{1.03}$ 的近似值.

习 题 2-6

1. 设函数 $y=x^3$，计算在 $x=2$ 处，Δx 分别等于 $-0.1, 0.01$ 时的改变量 Δy 及微分 $\mathrm{d}y$.
2. 求下列函数的微分：
(1) $y = \dfrac{x}{1-x}$；
(2) $y = \ln\left(\sin\dfrac{x}{2}\right)$；
(3) $y = \arcsin\sqrt{1-x^2}$；
(4) $y = \mathrm{e}^{-x}\cos(3-x)$；
(5) $y = \sin^2[\ln(3x+1)]$；
(6) $y = (1+x)^{\sec x}$.
3. 利用微分求近似值：
(1) $\tan 46°$；
(2) $\mathrm{e}^{1.01}$；
(3) $\sqrt[3]{996}$；
(4) $\ln(1.001)$.

总结·拓展

一、知识小结

数学中研究变量时,既要了解各量之间的对应规律——函数关系,各量的变化趋势——极限,还要对各量在变化过程某一时刻的相互动态关系——各量变化快慢及一个量相对于另一个量的变化率等,进行准确的数量分析.作为本章主要内容的导数和微分,就是用来刻画这种相互动态关系的.

在这一章中,我们学习了导数和微分的概念,以及求导数、微分的方法和运算法则.

1. 导数的概念和运算

导数的概念极为重要,应准确理解.领会导数的基本思想,掌握它的基本分析方法,是会应用导数的前提.欲动态地考察函数 $y=f(x)$ 在某点 x_0 附近变量间的关系,由于存在变化"均匀与不均匀"或图形"曲与直"等不同变化性态,如果孤立地考察一点 x_0,除了能求得函数值 $f(x_0)$ 外,是难以反映这些变化性态的,所以要在小范围 $[x_0, x_0+\Delta x]$ 内去研究函数的变化情况.再结合极限,就得出点变化率的概念.有了点变化率的概念,在小范围内就可以以"均匀"代"不均匀"、"直"代"曲",使对函数 $y=f(x)$ 在某点 x_0 附近变量间的关系的动态研究得到简化.运用这一基本思想和分析方法,可以解决大量的实际问题.

本章内容的重点是导数、微分的概念,但大量的工作则是求导运算,目的在于加深对导数的理解,并提高运算能力.求导运算的对象分为两类:一类是初等函数,另一类是非初等函数.由于初等函数是由基本初等函数和常数经过有限次四则运算与复合运算得到的,所以求初等函数的导数必须熟记基本导数公式及求导法则,特别是复合函数的求导法则.在本章中遇到的非初等函数,包括隐函数和参数方程形式表示的函数.对这两类函数的求导,前者是先在方程两边同时对自变量求导,然后解出所求的导数,后者则有现成公式可用.

2. 导数的几何意义与物理含义

(1) 导数的几何意义.

函数 $y=f(x)$ 在点 x_0 处的导数 $f'(x_0)$,在几何上表示函数的图象在点 $(x_0, f(x_0))$ 处切线的斜率.

(2) 导数的物理含义.

在物理领域中,经常运用导数来表示一个物理量相对于另一个物理量的变化率,而且这种变化率本身常常是一个物理概念. 由于具体物理量含义不同,导数的含义也不同,所得的物理概念也就各异. 常见的是速度——位移关于时间的变化率,加速度——速度关于时间的变化率,密度——质量关于容量的变化率,功率——功关于时间的变化率,电流——电荷量关于时间的变化率.

二、要点回顾

1. 用定义求导数

导数是一种固定形式的极限:函数改变量与自变量改变量之比当自变量改变量趋于 0 时的极限,即

$$f'(x_0)=\lim_{\varphi(x)\to 0}\frac{f[x_0+\varphi(x)]-f(x_0)}{\varphi(x)}\quad(\varphi(x)\text{表示 }x\text{ 的某种改变形式}).$$

例 1 设 $f'(x_0)=A$,试用 A 表示下列各极限:

(1) $\lim\limits_{h\to 0}\dfrac{f(x_0+2h)-f(x_0)}{h}$;   (2) $\lim\limits_{h\to 0}\dfrac{f(x_0+h)-f(x_0-h)}{h}$.

分析 利用导数的定义求极限,一定要注意导数定义式中自变量改变量及其符号的一致性. 把所求极限适当变形,即可求解.

解 (1) $\lim\limits_{h\to 0}\dfrac{f(x_0+2h)-f(x_0)}{h}=\lim\limits_{h\to 0}\dfrac{f(x_0+2h)-f(x_0)}{2h}\cdot 2=2f'(x_0)=2A.$

(2) $\lim\limits_{h\to 0}\dfrac{f(x_0+h)-f(x_0-h)}{h}=\lim\limits_{h\to 0}\dfrac{[f(x_0+h)-f(x_0)]-[f(x_0-h)-f(x_0)]}{h}$

$=\lim\limits_{h\to 0}\dfrac{f(x_0+h)-f(x_0)}{h}-\lim\limits_{h\to 0}\dfrac{f(x_0-h)-f(x_0)}{h}$

$=f'(x_0)-\lim\limits_{h\to 0}\dfrac{f(x_0-h)-f(x_0)}{-h}\cdot(-1)$

$=f'(x_0)+f'(x_0)=2f'(x_0)=2A.$

2. 求导数的方法

求导数是高等数学中一种重要的运算,应当熟练掌握. 对不同的函数形式,要灵活地选用求导数的方法. 主要方法归纳如下:

(1) 用导数的定义求导数;

(2) 用导数的基本公式和四则运算法则求导数;

(3) 用链式法则求复合函数的导数;

(4) 用取对数求导法,对幂指函数及多个"因子"的积、商、乘方或开方运算组成的函数求导数;

(5) 对由方程确定的隐函数,用隐函数求导法;

(6) 对用参数式表示的函数,用参数式函数的求导法.

例 2 求下列函数的导数 y':

(1) $y = \dfrac{\sqrt{1+x}-\sqrt{1-x}}{\sqrt{1+x}+\sqrt{1-x}}$;   (2) $y = \ln\dfrac{\sqrt{1+x^2}-x}{\sqrt{1+x^2}+x}$;

(3) $y = \dfrac{\cos 2x}{\cos x + \sin x}$.

分析 在求导数前,一般应利用代数、三角恒等变形先对函数进行化简,使之成为最简形式,然后再求导,这样既减少了求导的计算量,又能少出差错. 我们在求导运算中,一般总是"先化简,后求导".

解 (1) 首先对函数进行化简:

$$y = \dfrac{\sqrt{1+x}-\sqrt{1-x}}{\sqrt{1+x}+\sqrt{1-x}} = \dfrac{(\sqrt{1+x}-\sqrt{1-x})^2}{(\sqrt{1+x}+\sqrt{1-x})(\sqrt{1+x}-\sqrt{1-x})}$$

$$= \dfrac{2-2\sqrt{1-x^2}}{2x} = \dfrac{1-\sqrt{1-x^2}}{x}.$$

然后再求导数:

$$y' = \dfrac{(1-\sqrt{1-x^2})'x-(1-\sqrt{1-x^2})\cdot 1}{x^2}$$

$$= \dfrac{-\dfrac{1}{2\sqrt{1-x^2}}(1-x^2)'x-1+\sqrt{1-x^2}}{x^2} = \dfrac{1-\sqrt{1-x^2}}{x^2\sqrt{1-x^2}}.$$

(2) 先化简:

$$y = \ln\dfrac{\sqrt{1+x^2}-x}{\sqrt{1+x^2}+x} = \ln\dfrac{(\sqrt{1+x^2}-x)^2}{1} = 2\ln(\sqrt{1+x^2}-x).$$

再求导:$y' = \dfrac{2}{\sqrt{1+x^2}-x}\cdot(\sqrt{1+x^2}-x)' = \dfrac{2}{\sqrt{1+x^2}-x}\cdot\left[\dfrac{(x^2+1)'}{2\sqrt{1+x^2}}-1\right]$

$$= \dfrac{2}{\sqrt{1+x^2}-x}\cdot\left(\dfrac{2x}{2\sqrt{1+x^2}}-1\right)$$

$$= \dfrac{2}{\sqrt{1+x^2}-x}\cdot\dfrac{x-\sqrt{1+x^2}}{\sqrt{1+x^2}} = -\dfrac{2}{\sqrt{1+x^2}}.$$

(3) 先化简:

$$y = \dfrac{\cos 2x}{\cos x + \sin x} = \dfrac{\cos^2 x - \sin^2 x}{\cos x + \sin x} = \cos x - \sin x.$$

再求导：
$$y'' = (\cos x - \sin x)' = -\sin x - \cos x.$$

例 3 设 $y = f\left(\dfrac{3x-2}{5x+2}\right)$，$f'(x) = \arctan x^2$，求 $y'|_{x=0}$.

分析 在使用复合函数的链式法则求导时，要注意下面两点：

(1) 由外向内求导，中间不能有遗漏；

(2) 逐层求导时要一求到底，直到对自变量求导.

解 记 $u = \dfrac{3x-2}{5x+2}$，则

$$y' = f'_u(u) \cdot \left(\dfrac{3x-2}{5x+2}\right)' = \arctan u^2 \cdot \dfrac{16}{(5x+2)^2} = \dfrac{16}{(5x+2)^2} \arctan\left(\dfrac{3x-2}{5x+2}\right)^2,$$

$$y'|_{x=0} = \dfrac{16}{4} \arctan(-1)^2 = \dfrac{16}{4} \arctan 1 = \dfrac{16}{4} \times \dfrac{\pi}{4} = \pi.$$

例 4 求下列函数的导数：

(1) $y = (1+x^2)^{\sin x}$； (2) $y = \dfrac{\sqrt{x+2}(3-x)^4}{x^3(x+1)^5}$.

分析 这两小题是采用取对数求导法解决的典型类型.

解 (1) 两边取对数，有
$$\ln y = \sin x \ln(1+x^2).$$

两边对 x 求导得

$$\dfrac{1}{y} \cdot y' = \cos x \cdot \ln(1+x^2) + \sin x \cdot \dfrac{2x}{1+x^2},$$

$$y' = (1+x^2)^{\sin x}\left[\cos x \ln(1+x^2) + \dfrac{2x \sin x}{1+x^2}\right].$$

(2) 两边取对数，有
$$\ln y = \dfrac{1}{2}\ln(x+2) + 4\ln(3-x) - 3\ln x - 5\ln(x+1).$$

两边对 x 求导得

$$\dfrac{1}{y} \cdot y' = \dfrac{1}{2} \cdot \dfrac{1}{x+2} + 4 \cdot \dfrac{-1}{3-x} - 3 \cdot \dfrac{1}{x} - 5 \cdot \dfrac{1}{x+1},$$

$$y' = \dfrac{\sqrt{x+2}(3-4)^4}{x^3(+1)^5}\left[\dfrac{1}{2(x+2)} - \dfrac{4}{3-x} - \dfrac{3}{x} - \dfrac{5}{x+1}\right].$$

例 5 设 $y = y(x)$ 由方程 $\sin y = x^2 y$ 确定，求 $y'|_{(0,0)}$.

分析 在方程的两边对自变量 x 求导时，对只含 x 的项可按通常的方法求导. 对含有 y 或关于 y 函数的项求导时，应注意 y 是 x 的函数，故 y 的函数应看成 x 的复合函数，用链式法则求导，在解出的 y' 的表达式中允许出现 y.

解 在方程两边关于 x 求导，得

$$\cos y \cdot y' = 2xy + x^2 y'.$$

解出 y' 得 $y' = \dfrac{2xy}{\cos y - x^2}$，所以

$$y'\big|_{(0,0)} = \dfrac{2\times 0 \times 0}{\cos 0 - 0^2} = 0.$$

例 6 设 $a>0$，已知曲线 $y=ax^2$ 与曲线 $y=\ln x$ 在点 M 相切，试求常数 a 与点 M 的坐标.

分析 可设切点为 $M(x_0, y_0)$. 因为两曲线在点 M 处相切，所以在点 M 处具有相同的切线. 由导数的几何意义可知，在点 M 处两曲线所对应的函数的导数相等.

解 设切点 M 的坐标为 (x_0, y_0). 对两曲线所对应的函数分别求导，得

$$y' = (ax^2)' = 2ax, \quad y' = (\ln x)' = \dfrac{1}{x}.$$

因为两曲线在点 M 处相切，所以两曲线在点 M 处的切线斜率相等，故

$$2ax_0 = \dfrac{1}{x_0}. \tag{1}$$

又切点 M 分别在两曲线上，因而

$$y_0 = ax_0^2, \quad y_0 = \ln x_0. \tag{2}$$

联立方程(1)和(2)，解得

$$a = \dfrac{1}{2\mathrm{e}}, \quad x_0 = \sqrt{\mathrm{e}}, \quad y_0 = \dfrac{1}{2}.$$

故所求的常数 $a = \dfrac{1}{2\mathrm{e}}$，点 M 的坐标为 $\left(\sqrt{\mathrm{e}}, \dfrac{1}{2}\right)$.

复习题二

1. 选择题：

(1) 设函数 $f(x)$ 在点 x_0 处可导，则 $f'(x_0)$ 为　　　　　　　　　　　　　　( )

A. $\lim\limits_{\Delta x \to 0} \dfrac{f(x_0 - \Delta x) - f(x_0)}{\Delta x}$　　　　B. $\lim\limits_{\Delta x \to 0} \dfrac{f(x_0 - \Delta x) - f(x_0)}{2\Delta x}$

C. $\lim\limits_{\Delta x \to 0} \dfrac{f(x_0) - f(x_0 - \Delta x)}{\Delta x}$　　　　D. $\lim\limits_{\Delta x \to 0} \dfrac{f(x_0 + \Delta x) - f(x_0 - \Delta x)}{\Delta x}$

(2) 函数 $f(x)$ 在点 x_0 处连续是函数在该点可导的　　　　　　　　　　　　( )

A. 充分非必要条件　　　　　　　　B. 必要非充分条件

C. 充要条件　　　　　　　　　　　D. 既非充分条件也非必要条件

(3) 设 $f(u)$ 可导，$y = f(\ln^2 x)$，则 y' 为　　　　　　　　　　　　　　　　( )

A. $f'(\ln^2 x)$　　　　　　　　　　B. $2\ln x f'(\ln^2 x)$

C. $\dfrac{2\ln x}{x}f'(\ln^2 x)$ D. $\dfrac{2\ln x}{x}[f(\ln x)]'$

(4) 设函数 $f(x)$ 在点 x_0 处的导数不存在,则曲线 $y=f(x)$ （ ）

A. 在点 $(x_0,f(x_0))$ 的切线必不存在   B. 在点 $(x_0,f(x_0))$ 的切线可能存在

C. 在点 x_0 处间断   D. $\lim\limits_{x\to x_0}f(x)$ 不存在

(5) 设 $f(x)$ 在点 x_0 处可导,且 $f(x_0)=1$,则 $\lim\limits_{x\to x_0}f(x)$ 等于 （ ）

A. 1   B. x_0

C. $f'(x_0)$ D. 不存在

(6) 设 $y=e^{f(x)}$,其中 $f(x)$ 为可导函数,则 y'' 等于 （ ）

A. $e^{f(x)}$ B. $e^{f(x)}f''(x)$

C. $e^{f(x)}[f'(x)+f''(x)]$ D. $e^{f(x)}\{[f'(x)]^2+f''(x)\}$

(7) 设 $y=\dfrac{\varphi(x)}{x}$,$\varphi(x)$ 可导,则 dy 等于 （ ）

A. $\dfrac{x d[\varphi(x)]-\varphi(x)dx}{x^2}$ B. $\dfrac{\varphi'(x)-\varphi(x)}{x^2}dx$

C. $-\dfrac{d[\varphi(x)]}{x^2}$ D. $\dfrac{x d[\varphi(x)]-d[\varphi(x)]}{x^2}$

(8) 已知直线 L 与 x 轴平行,且与曲线 $y=x-e^x$ 相切,则切点的坐标为 （ ）

A. (1,1)   B. (−1,1)   C. (0,−1)   D. (0,1)

2. 填空题：

(1) 过曲线 $y=\dfrac{4+x}{4-x}$ 上点 $(2,3)$ 处的法线的斜率为_____；

(2) 已知函数 $y=\ln\sin^2 x$,则 $y'=$_____,$y'|_{x=\frac{\pi}{6}}=$_____；

(3) 设 $f(x)=x(x-1)(x-2)(x-3)(x-4)$,则 $f'(0)=$_____；

(4) 若 $f'(x_0)=0$,则曲线 $y=f(x)$ 在 x_0 处的切线方程为_____,法线方程为_____；

(5) 已知函数 $y=xe^x$,则 $y''=$_____；

(6) 某物体沿直线运动,其运动规律为 $s=f(t)$,则在时间间隔 $[t,t+\Delta t]$ 内,物体经过的路程 $\Delta s=$_____,平均速度 $\bar v=$_____,在 t 时刻的速度 $v=$_____.

3. 设 $f(x)=\begin{cases}x^2, & x\leqslant 1\\ ax+b, & x>1\end{cases}$ 欲使函数 $f(x)$ 在 $x=1$ 处连续且可导,则 a,b 各等于多少？

4. 求下列函数的导数 y'：

(1) $y=\ln\cos x^2$；   (2) $y=\ln[\ln(\ln x)]$；

(3) $y=\arccos\dfrac{1-x}{\sqrt 2}$；   (4) $y=\dfrac{\sqrt{x^2+a^2}-\sqrt{x^2-a^2}}{\sqrt{x^2+a^2}+\sqrt{x^2-a^2}}$；

(5) $y=e^{\tan\frac{1}{x}}$;

(6) $y=(\tan x)^{\sin x}$;

(7) $y=\sqrt{\dfrac{x-5}{\sqrt[3]{x^2+2}}}$;

(8) $\sqrt{x}+\sqrt{y}=\sqrt{a}$;

(9) $\begin{cases} x=\sqrt[3]{1-\sqrt{t}}, \\ y=\sqrt{1-\sqrt[3]{t}}; \end{cases}$

(10) $y=e^{\sin x}\cos(\sin x)$.

5. 求下列各函数的二阶导数 y'':

(1) $y=x\sqrt{1+x^2}$;

(2) $y=(1+x^2)\arctan x$;

(3) $\begin{cases} x=2t-t^2, \\ y=3t-t^3; \end{cases}$

(4) $x^2-xy+y^2=1$.

6. 求下列各函数的微分 dy:

(1) $y=\dfrac{x}{\sqrt{1-x^2}}$;

(2) $y=\arcsin\dfrac{x}{a}$;

(3) $y=\dfrac{\arctan 2x}{1+x^2}$;

(4) $y=\dfrac{x\ln x}{1-x}+\ln(1-x)$.

7. 一物体的运动方程是 $s=e^{-kt}\sin\omega t$(k,ω 为常数),求其速度和加速度.

第 3 章

微分中值定理与导数的应用

上一章讨论了微积分学的基本概念——导数与微分及其计算方法,本章讨论它们的应用.首先介绍微分中值定理,它们是微分学的理论基础,有了它们就可以用导数来计算未定式的极限(罗必塔法则),研究函数的各种性质(单调性、极值、凹凸性和拐点等),以及解决有关最大、最小值等实际问题.

· 学习目标 ·

1. 了解罗尔定理和拉格朗日中值定理的条件和结论.
2. 掌握罗必塔法则.
3. 掌握函数的极值、最值的求法.
4. 掌握函数图象的凹凸性与拐点的求法.
5. 会求曲线的渐近线.

· 重点、难点 ·

重点:求函数的极值、最值.
难点:中值定理的条件、结论.

§3-1 微分中值定理

微分中值定理

本节将介绍微分学中的两个重要定理:罗尔定理、拉格朗日中值定理. 有了这两个定理,我们可以不经过极限,直接在函数与它的导数之间建立起联系.

一、罗尔(Rolle)定理

定理 1(罗尔定理) 设函数 $f(x)$ 满足下列三个条件:
(1) 在闭区间 $[a,b]$ 上连续,
(2) 在开区间 (a,b) 内可导,
(3) $f(a)=f(b)$,
则在开区间 (a,b) 内至少存在一点 ξ,使得 $f'(\xi)=0$.

罗尔定理在直观上是很明显的:在两个高度相同的点间的一段连续曲线上,除端点外如果各点都有不垂直于 x 轴的切线,那么曲线上至少存在一点 $P(\xi,f(\xi))$,使曲线在该点处的切线与 x 轴平行.

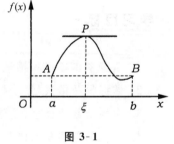

图 3-1

注意 罗尔定理要求函数同时满足三个条件,否则结论不一定能成立.

例 1 对函数 $f(x)=x^2-5x+4$ 在区间 $[2,3]$ 上验证罗尔定理成立,并求出 ξ.

解 $f(x)=x^2-5x+4$ 在区间 $[2,3]$ 上连续,$f'(x)=2x-5$ 在 $(2,3)$ 内存在,$f(2)=f(3)=-2$,所以 $f(x)$ 满足罗尔定理的三个条件.

令 $f'(x)=2x-5=0$,得 $x=2.5$. 所以存在 $\xi=2.5$,使 $f'(\xi)=0$.

由罗尔定理可知,如果函数 $y=f(x)$ 满足定理的三个条件,那么方程 $f'(x)=0$ 在区间 (a,b) 内至少有一个实根. 这个结论常被用来证明某些方程的根的存在性.

例 2 如果方程 $ax^3+bx^2+cx=0$ 有正根 x_0,证明方程 $3ax^2+2bx+c=0$ 必定在 $(0,x_0)$ 内有根.

证明 设 $f(x)=ax^3+bx^2+cx$,则 $f(x)$ 在 $[0,x_0]$ 上连续,$f'(x)=3ax^2+2bx+c$ 在 $(0,x_0)$ 内存在,且 $f(0)=f(x_0)=0$,所以 $f(x)$ 在 $[0,x_0]$ 上满足罗尔定理的条件.

由罗尔定理可知,在 $(0,x_0)$ 内至少存在一点 ξ,使
$$f'(\xi)=3a\xi^2+2b\xi+c=0,$$
即 ξ 为方程 $3ax^2+2bx+c=0$ 的根.

二、拉格朗日(Lagrange)中值定理

定理 2(拉格朗日中值定理) 设函数 $f(x)$ 满足下列条件:

(1) 在闭区间 $[a,b]$ 上连续,

(2) 在开区间 (a,b) 内可导,

则在 (a,b) 内至少存在一点 ξ(ξ 与 a,b 有关),使得

$$f'(\xi) = \frac{f(b)-f(a)}{b-a}.$$

这个定理在几何上也很明显. 因为上面等式的右边表示连接端点 $A(a,f(a))$, $B(b,f(b))$ 的线段所在直线的斜率,所以定理 2 表示:如果 $f(x)$ 在 $[a,b]$ 上连续,且除端点 A,B 外在每一点都存在切线,那么函数 $f(x)$ 的曲线上至少存在一点 $P(\xi, f(\xi))$,使曲线在该点处的切线与 AB 平行(图 3-2).

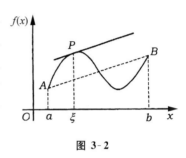

图 3-2

与罗尔定理比较,可以发现拉格朗日中值定理是罗尔定理把端点连线 AB 由水平向斜线的推广. 也可以说,罗尔定理是拉格朗日中值定理当 AB 为水平时的特例.

与罗尔定理相同,如果拉格朗日中值定理中要求的条件不满足,拉格朗日中值定理就未必成立.

例 3 对函数 $f(x)=x^2$ 在区间 $[1,2]$ 上验证拉格朗日中值定理成立,并求 ξ.

解 显然 $f(x)=x^2$ 在 $[1,2]$ 上连续且在 $(1,2)$ 上可导,所以拉格朗日中值定理成立.

求导得 $f'(x)=2x$,令

$$\frac{f(2)-f(1)}{2-1} = f'(x), \text{即 } 3=2x,$$

得 $x=1.5$. 所以 $\xi=1.5$.

例 4 证明不等式 $\dfrac{b-a}{b} < \ln\dfrac{b}{a} < \dfrac{b-a}{a}$ 对任意 $0<a<b$ 成立.

证明 改写欲求证的不等式为如下形式:

$$\frac{1}{b} < \frac{\ln b - \ln a}{b-a} < \frac{1}{a}. \tag{1}$$

中间的分式是函数 $f(x)=\ln x$ 应用定理 2 中等式的右边. 因为 $\ln x$ 在 $[a,b]$ 上连续,在 (a,b) 内可导,所以据拉格朗日中值定理有

$$\frac{\ln b - \ln a}{b-a} = (\ln x)'\big|_{x=\xi} = \frac{1}{\xi} \quad (a<\xi<b).$$

因为 $\frac{1}{b} < \frac{1}{\xi} < \frac{1}{a}$，所以(1)式成立，原不等式得证.

拉格朗日中值定理可以改写成另外的形式，如

$$f(b)-f(a)=f'(\xi)(b-a) \text{ 或 } f(b)=f(a)+f'(\xi)(b-a) \ (a<\xi<b);$$

$$f(x)=f(x_0)+f'(\xi)(x-x_0) \ (\xi \text{ 在 } x, x_0 \text{ 之间});$$

$$f(x+\Delta x)-f(x)=f'(\xi)\Delta x \text{ 或 } \Delta y=f'(\xi)\cdot\Delta x \ (x<\xi<x+\Delta x; x+\Delta x, x\in[a,b]). \quad (2)$$

一般地，称(2)式为拉格朗日中值定理的有限增量形式，其中的中间值 ξ 与区间端点有关.

由拉格朗日中值定理可以推出一些很有用的结论.

推论 1 如果 $f'(x)\equiv 0, x\in(a,b)$，那么 $f(x)\equiv C \ (x\in(a,b), C$ 为常数$)$，即在 (a,b) 内 $f(x)$ 为一个常数函数.

证明 在 (a,b) 内任取两点 x_1, x_2（不妨设 $x_1<x_2$）．因为 $[x_1, x_2]\subset(a,b)$，所以 $f(x)$ 在 $[x_1, x_2]$ 上连续，在 (x_1, x_2) 内可导．于是由拉格朗日中值定理有

$$f(x_2)-f(x_1)=f'(\xi)(x_2-x_1), x_1<\xi<x_2.$$

又因对 (a,b) 内一切 x 都有 $f'(x)=0, \xi$ 在 x_1, x_2 之间，当然在 (a,b) 内，所以 $f'(\xi)=0$，于是得

$$f(x_2)-f(x_1)=0, \text{ 即 } f(x_2)=f(x_1).$$

既然对于 (a,b) 内任意两点 x_1, x_2 都有 $f(x_1)=f(x_2)$，那就说明 $f(x)$ 在 (a,b) 内是一个常数.

以前我们证明过"常数的导数等于零"，推论1说明它的逆命题也是对的.

推论 2 如果 $f'(x)\equiv g'(x), x\in(a,b)$，那么 $f(x)=g(x)+C \ (x\in(a,b), C$ 为常数$)$.

证明 因为

$$[f(x)-g(x)]'=f'(x)-g'(x)\equiv 0, x\in(a,b),$$

据推论1，得

$$f(x)-g(x)=C \ (x\in(a,b), C \text{ 为常数}),$$

移项即得结论.

以前我们知道"两个函数恒等，那么它们的导数相等"，现在又知道"如果两个函数的导数恒等，那么它们至多只相差一个常数".

在例1和例3中，都曾经要求求出拉格朗日中值定理及其特例——罗尔定理中的那个 ξ，读者不要误解以为 ξ 总是可以求得的．事实上，在绝大部分情况下，可以验证 ξ 存在却很难求得 ξ 的值．但就是这个存在性，也确立了中值定理在微分学中的重要地位．本来函数 $y=f(x)$ 与导数 $f'(x)$ 之间的关系是通过极限建立的，因此导数 $f'(x_0)$ 只能近似反映 $f(x)$ 在 x_0 附近的性态，如 $f(x)\approx f(x_0)+f'(x_0)(x-x_0)$．中值定理却通过中间值处的导数，证明了函数 $f(x)$ 与导数 $f'(x)$ 之间可以直接建立精确的等式关

系，即只要 $f(x)$ 在 x, x_0 之间连续、可导，且在点 x, x_0 也连续，那么一定存在中间值 ξ，使 $f(x) = f(x_0) + f'(\xi)(x - x_0)$. 这样就为由导数的性质来推断函数性质，由函数的局部性质来研究函数的整体性质架起了桥梁. 例如，推论 1，推论 2 就是以导数性质推断了函数的整体性质. 与微分近似式 $\Delta y \approx f'(x_0)\Delta x(|\Delta x|$ 较小$)$ 不同，也不必要求 (2) 式中的 $|\Delta x|$ 较小. 以后在利用导数研究函数的整体性质时，读者会经常看到中值定理的应用，中值定理在微分学的一些理论证明中是不可缺少的.

随堂练习 3-1

1. 判断题：

(1) 设函数 $f(x)$ 在 $[a,b]$ 上有定义，在 (a,b) 内可导，$f(a)=f(b)$，则至少有一点 $\xi \in (a,b)$，使 $f'(\xi)=0$；

(2) 设函数 $f(x), g(x)$ 在 $[a,b]$ 上连续，在 (a,b) 内可导，且在 $[a,b]$ 上有 $f'(x) \leqslant g'(x)$. 则有 $f(b)-f(a) \leqslant g(b)-g(a)$；

(3) 设函数 $f(x)$ 在 $[a,b]$ 上可导，若 $f(a) \neq f(b)$，则不存在 $\xi \in (a,b)$，使 $f'(\xi)=0$.

2. 指出下列各函数在给定区间上是否满足罗尔定理的条件：

(1) $y = \dfrac{1}{1-x^2}, x \in [-1,1]$； (2) $f(x) = 4 - |x-2|, x \in [1,3]$.

3. 对下列函数写出拉格朗日中值公式 $\dfrac{f(b)-f(a)}{b-a} = f'(\xi)$，并求 ξ：

(1) $f(x) = \sqrt{x}, x \in [1,4]$； (2) $f(x) = \arctan x, x \in [0,1]$.

习 题 3-1

1. 对函数 $f(x) = x^3 + 4x^2 - 7x - 10$ 在区间 $[-1,2]$ 上验证罗尔定理成立.

2. 对函数 $f(x) = \ln x$ 在区间 $[1,2]$ 上验证拉格朗日中值定理成立.

3. 已知函数 $f(x) = (x-1)(x-2)(x-3)(x-4)$，不求导数，你能说出方程 $f'(x)=0$ 有几个实根，并指出它们所在的区间吗？（提示：应用罗尔定理）

4. 应用拉格朗日中值定理，证明下列不等式：

(1) 若 $a > 0$，证明 $\dfrac{a}{1+a} < \ln(1+a) < a$；[提示：$\ln(1+a) = \ln(1+a) - \ln 1$]

(2) 若 $a > b > 0, n > 1$，证明 $nb^{n-1}(a-b) < a^n - b^n < na^{n-1}(a-b)$；

(3) $|\sin x - \sin y| \leqslant |x - y|$.

§3-2 罗必塔法则

罗必塔法则

在极限的讨论中已经看到：若当 $x \to x_0$ 时，两个函数 $f(x)$，$g(x)$ 都是无穷小或无穷大，则求极限 $\lim\limits_{x \to x_0} \dfrac{f(x)}{g(x)}$ 时不能直接用商的极限运算法则，其结果可能存在，也可能不存在。即使存在，其值也因式而异。因此，常把两个无穷小之比或无穷大之比的极限，称为 $\dfrac{0}{0}$ 型或 $\dfrac{\infty}{\infty}$ 型**未定式**（也称为 $\dfrac{0}{0}$ 型或 $\dfrac{\infty}{\infty}$ 型**未定型**）。对这类极限，一般可以用下文介绍的罗必塔法则，它的特点是在求极限时以导数为工具。

一、$\dfrac{0}{0}$ 型未定式

定理 1　罗必塔（L'Hospital）**法则 I**　设函数 $f(x)$ 和 $g(x)$ 满足：

(1) $\lim\limits_{x \to x_0} f(x) = 0$，$\lim\limits_{x \to x_0} g(x) = 0$；

(2) 函数 $f(x)$，$g(x)$ 在 x_0 的某个邻域内（点 x_0 可除外）可导，且 $g'(x) \neq 0$；

(3) $\lim\limits_{x \to x_0} \dfrac{f'(x)}{g'(x)} = A$（$A$ 可以是有限数，也可为 ∞，$+\infty$，$-\infty$）。

则
$$\lim_{x \to x_0} \frac{f(x)}{g(x)} = \lim_{x \to x_0} \frac{f'(x)}{g'(x)} = A.$$

例 1　求 $\lim\limits_{x \to a} \dfrac{\ln x - \ln a}{x - a}$ $(a > 0)$.

解　这是 $\dfrac{0}{0}$ 型未定式，由罗必塔法则 I，得

$$\lim_{x \to a} \frac{\ln x - \ln a}{x - a} = \lim_{x \to a} \frac{(\ln x - \ln a)'}{(x - a)'} = \lim_{x \to a} \frac{\dfrac{1}{x}}{1} = \frac{1}{a}.$$

注意　我们对 $x \to x_0$ 时的 $\dfrac{0}{0}$ 型未定式极限给出了罗必塔法则 I，其实，法则 I 对于 $x \to \infty$，$x \to \pm\infty$ 时的 $\dfrac{0}{0}$ 型未定式同样适用。

例 2　求 $\lim\limits_{x \to +\infty} \dfrac{\dfrac{\pi}{2} - \arctan x}{\dfrac{1}{x}}$.

解　这是 $\dfrac{0}{0}$ 型未定式，由罗必塔法则 I，得

$$\lim_{x\to+\infty}\frac{\frac{\pi}{2}-\arctan x}{\frac{1}{x}}=\lim_{x\to+\infty}\frac{\left(\frac{\pi}{2}-\arctan x\right)'}{\left(\frac{1}{x}\right)'}=\lim_{x\to+\infty}\frac{-\frac{1}{1+x^2}}{-\frac{1}{x^2}}$$

$$=\lim_{x\to+\infty}\frac{x^2}{1+x^2}=\lim_{x\to+\infty}\frac{1}{1+\frac{1}{x^2}}=1.$$

如果应用罗必塔法则 I 后的极限仍然是 $\frac{0}{0}$ 型未定式,那么只要相关导数存在,就可以继续应用罗必塔法则 I,直至能求出极限.

例 3 求 $\lim\limits_{x\to 0}\dfrac{x-\sin x}{\sin^3 x}$.

解 极限是 $\frac{0}{0}$ 型未定式,使用罗必塔法则 I 得

$$\lim_{x\to 0}\frac{x-\sin x}{\sin^3 x}=\lim_{x\to 0}\frac{(x-\sin x)'}{(\sin^3 x)'}=\lim_{x\to 0}\frac{1-\cos x}{3\sin^2 x\cos x}.$$

最后的极限仍然是 $\frac{0}{0}$ 型未定式,继续使用罗必塔法则 I 得

$$\lim_{x\to 0}\frac{x-\sin x}{\sin^3 x}=\lim_{x\to 0}\frac{(1-\cos x)'}{(3\sin^2 x\cos x)'}=\lim_{x\to 0}\frac{\sin x}{6\sin x\cos^2 x-3\sin^3 x}$$

$$=\lim_{x\to 0}\frac{1}{6\cos^2 x-3\sin^2 x}=\frac{1}{6}.$$

二、$\frac{\infty}{\infty}$ 型未定式

定理 2 罗必塔(L'Hospital)法则 II 设函数 $f(x)$ 和 $g(x)$ 满足:

(1) $\lim\limits_{x\to x_0}f(x)=\infty$,$\lim\limits_{x\to x_0}g(x)=\infty$;

(2) 函数 $f(x)$,$g(x)$ 在 x_0 的某个邻域内(点 x_0 可除外)可导,且 $g'(x)\neq 0$;

(3) $\lim\limits_{x\to x_0}\dfrac{f'(x)}{g'(x)}=A$($A$ 为有限数,也可为 ∞,$+\infty$,$-\infty$).

则

$$\lim_{x\to x_0}\frac{f(x)}{g(x)}=\lim_{x\to x_0}\frac{f'(x)}{g'(x)}=A.$$

与罗必塔法则 I 相同,罗必塔法则 II 对于 $x\to\infty$,$x\to\pm\infty$ 时的 $\frac{\infty}{\infty}$ 型未定式同样适用,并且对使用后得到的 $\frac{\infty}{\infty}$ 型或 $\frac{0}{0}$ 型未定式,只要导数存在,可以连续使用法则.

例 4 求 $\lim\limits_{x\to\frac{\pi}{2}}\dfrac{\tan 3x}{\tan x}$.

解 这是 $\frac{\infty}{\infty}$ 型未定式,使用罗必塔法则 II,得

$$\lim_{x\to\frac{\pi}{2}}\frac{\tan 3x}{\tan x}=\lim_{x\to\frac{\pi}{2}}\frac{3\sec^2 3x}{\sec^2 x}=\lim_{x\to\frac{\pi}{2}}\frac{3\cos^2 x}{\cos^2 3x}(是\frac{0}{0}型未定式,继续使用罗必塔法则 I)$$

$$=\lim_{x\to\frac{\pi}{2}}\frac{6\cos x(-\sin x)}{2\cos 3x(-3\sin 3x)}=\lim_{x\to\frac{\pi}{2}}\frac{\sin 2x}{\sin 6x}(仍是\frac{0}{0}型未定式,继续使用罗必塔法则 I)$$

$$=\lim_{x\to\frac{\pi}{2}}\frac{2\cos 2x}{6\cos 6x}=\frac{1}{3}.$$

例 5 求 $\lim\limits_{x\to+\infty}\dfrac{x^n}{\ln x}$($n$ 为正整数).

解 这是 $\dfrac{\infty}{\infty}$ 型未定式,使用罗必塔法则 II,得

$$\lim_{x\to+\infty}\frac{x^n}{\ln x}=\lim_{x\to+\infty}\frac{nx^{n-1}}{\frac{1}{x}}=\lim_{x\to+\infty}nx^n=+\infty.$$

例 6 求 $\lim\limits_{x\to+\infty}\dfrac{x^n}{e^x}$($n$ 为正整数).

解 这是 $\dfrac{\infty}{\infty}$ 型未定式,连续 n 次使用罗必塔法则 II,得

$$\lim_{x\to+\infty}\frac{x^n}{e^x}=\lim_{x\to+\infty}\frac{nx^{n-1}}{e^x}=\lim_{x\to+\infty}\frac{n(n-1)x^{n-2}}{e^x}=\lim_{x\to+\infty}\frac{n(n-1)(n-2)x^{n-3}}{e^x}=\cdots=\lim_{x\to+\infty}\frac{n!}{e^x}=0.$$

例 5、例 6 揭示了一个很有用的结论:当 $x\to+\infty$ 时,$e^x,x^n,\ln x$ 都是无穷大量,其中以 e^x 的增加速度最快,x^n 次之,$\ln x$ 最低.有兴趣的读者还可以证明,即使把 x^n 改成 $x^\alpha(\alpha>0)$,$\ln x$ 改成 $(\ln x)^\alpha(\alpha>0)$,排序依然不变.

三、其他类型的未定式

对函数 $f(x),g(x)$ 求 $x\to x_0,x\to\infty,x\to\pm\infty$ 时的极限时,除 $\dfrac{0}{0}$ 型与 $\dfrac{\infty}{\infty}$ 型未定式之外,还有下列一些其他类型的未定式:

(1) $0\cdot\infty$ 型:f 的极限为 0,g 的极限为 ∞,或 f 的极限为 ∞,g 的极限为 0,求 $f(x)\cdot g(x)$ 的极限;

(2) $\infty-\infty$ 型:f,g 的极限均为 ∞,求 $f(x)-g(x)$ 的极限;

(3) 1^∞ 型:f 的极限为 1,g 的极限为 ∞,求 $f(x)^{g(x)}$ 的极限;

(4) 0^0 型:f,g 的极限均为 0,求 $f(x)^{g(x)}$ 的极限;

(5) ∞^0 型:f 的极限为 ∞,g 的极限为 0,求 $f(x)^{g(x)}$ 的极限.

对于这些类型的极限,也不能机械地使用极限的运算法则来求,其极限的存在与否因式而异.可按下述方法处理:对(1)(2)两种类型,可利用适当变换将它们化为 $\dfrac{0}{0}$ 型或 $\dfrac{\infty}{\infty}$ 型未定式,再用罗必塔法则求极限;对(3)(4)(5)三种类型的未定式,则直接用

$$\lim f(x)^{g(x)} = \lim e^{g(x)\ln f(x)} = e^{\lim g(x)\ln f(x)} \text{ 化为 } 0 \cdot \infty \text{ 型}.$$

例 7 求 $\lim\limits_{x\to 0^+} x^n \ln x \ (n>0)$.

解 这是 $0 \cdot \infty$ 型未定式, 把 x^n 放到分母上成为 $\dfrac{1}{x^{-n}}$, 可将其化为 $\dfrac{\infty}{\infty}$ 型未定式.

$$\lim_{x\to 0^+} x^n \ln x = \lim_{x\to 0^+} \frac{\ln x}{x^{-n}} = \lim_{x\to 0^+} \frac{\dfrac{1}{x}}{-nx^{-n-1}} = \lim_{x\to 0^+} \frac{x^n}{-n} = 0.$$

例 8 求 $\lim\limits_{x\to 1^+}\left(\dfrac{x}{x-1} - \dfrac{1}{\ln x}\right)$.

解 这是 $\infty - \infty$ 型未定式, 通过"通分"将其化为 $\dfrac{0}{0}$ 型未定式.

$$\lim_{x\to 1^+}\left(\frac{x}{x-1} - \frac{1}{\ln x}\right) = \lim_{x\to 1^+} \frac{x\ln x - x + 1}{(x-1)\ln x} = \lim_{x\to 1^+} \frac{\ln x + 1 - 1}{\ln x + \dfrac{x-1}{x}}$$

$$= \lim_{x\to 1^+} \frac{\ln x}{\ln x + 1 - \dfrac{1}{x}} = \lim_{x\to 1^+} \frac{\dfrac{1}{x}}{\dfrac{1}{x} + \dfrac{1}{x^2}} = \frac{1}{2}.$$

例 9 求 $\lim\limits_{x\to +\infty} x^{\frac{1}{x}}$.

解 这是 ∞^0 型未定式, 利用恒等关系将其化为 $0 \cdot \infty$ 型, 再将其化为 $\dfrac{\infty}{\infty}$ 型未定式.

$$\lim_{x\to +\infty} x^{\frac{1}{x}} = \lim_{x\to +\infty} e^{\frac{1}{x}\cdot \ln x} = \lim_{x\to +\infty} e^{\frac{\ln x}{x}} = e^{\lim\limits_{x\to +\infty}\frac{\ln x}{x}} = e^{\lim\limits_{x\to +\infty}\frac{\frac{1}{x}}{1}} = e^0 = 1.$$

在使用罗必塔法则时, 应注意如下几点:

(1) 每次使用罗必塔法则时, 必须检验极限是否属于 $\dfrac{0}{0}$ 型或 $\dfrac{\infty}{\infty}$ 型未定式, 如果不是这种未定式, 那么不能使用该法则;

(2) 如果有可约因子或非零极限的乘积因子, 可先约去或提出, 然后再利用罗必塔法则, 以简化演算步骤;

(3) 当 $\lim \dfrac{f'(x)}{g'(x)}$ 不存在时, 并不能断定 $\lim \dfrac{f(x)}{g(x)}$ 不存在, 此时应使用其他方法求极限.

例 10 证明 $\lim\limits_{x\to 0} \dfrac{x^2 \sin \dfrac{1}{x}}{\sin x}$ 存在, 但不能用罗必塔法则求其极限.

证明 $\lim\limits_{x\to 0} \dfrac{x^2 \sin \dfrac{1}{x}}{\sin x} = \lim\limits_{x\to 0} \dfrac{x}{\sin x} x \sin \dfrac{1}{x} = \lim\limits_{x\to 0} \dfrac{x}{\sin x} \cdot \lim\limits_{x\to 0} x \sin \dfrac{1}{x} = 0$, 所给的极限存在且为 0.

又因为这是 $\dfrac{0}{0}$ 型未定式,利用罗必塔法则,得

$$\lim_{x\to 0}\dfrac{x^2\sin\dfrac{1}{x}}{\sin x}=\lim_{x\to 0}\dfrac{2x\sin\dfrac{1}{x}-\cos\dfrac{1}{x}}{\cos x}.$$

最后的极限不存在,所以所给的极限不能用罗必塔法则求出.

随堂练习 3-2

1. 用罗必塔法则求下列极限:

(1) $\lim\limits_{x\to 1^+}\dfrac{\ln x}{x-1}$;

(2) $\lim\limits_{x\to \pi}\dfrac{\sin 3x}{\tan 5x}$;

(3) $\lim\limits_{x\to +\infty}\dfrac{\ln(\ln x)}{x}$;

(4) $\lim\limits_{x\to 1^+}\left(\dfrac{2}{x^2-1}-\dfrac{1}{x-1}\right)$;

(5) $\lim\limits_{x\to 0}(1+x)^{\cot x}$.

2. 证明 $\lim\limits_{x\to +\infty}\dfrac{x}{\sqrt{1+x^2}},\lim\limits_{x\to \infty}\dfrac{x-\sin x}{2x+\cos x}$ 存在,但不能用罗必塔法则.

习 题 3-2

1. 求下列极限:

(1) $\lim\limits_{x\to a}\dfrac{x^m-a^m}{x^n-a^n}$ ($a\neq 0$, m,n 为自然数);

(2) $\lim\limits_{x\to 0}\dfrac{1}{x}\arcsin x$;

(3) $\lim\limits_{x\to 0}\dfrac{e^x-1}{xe^x+e^x-1}$;

(4) $\lim\limits_{x\to 0^+}\dfrac{\ln\sin 3x}{\ln\sin x}$;

(5) $\lim\limits_{x\to 0}\dfrac{x-\sin x}{x^2+x}$;

(6) $\lim\limits_{x\to 0}\dfrac{e^x+e^{-x}-2}{x^2}$.

2. 求下列极限:

(1) $\lim\limits_{x\to +\infty}\dfrac{2^x}{\lg x}$;

(2) $\lim\limits_{x\to \frac{\pi}{2}}\dfrac{\tan x-5}{\sec x+4}$;

(3) $\lim\limits_{x\to +\infty}\dfrac{\ln(1+x)}{\ln(1+x^2)}$;

(4) $\lim\limits_{x\to 2^+}\dfrac{\cos x\ln(x-2)}{\ln(e^x-e^2)}$;

(5) $\lim\limits_{x\to -\infty}\dfrac{e^{1-x}}{x+x^2}$;

(6) $\lim\limits_{x\to 2}\dfrac{e^{x-2}-1}{(x-2)^2}$.

3. 求下列极限：

(1) $\lim\limits_{x \to 1^-} \ln x \ln(1-x)$；

(2) $\lim\limits_{x \to 0} \left(\cot^2 x - \dfrac{1}{x^2} \right)$；

(3) $\lim\limits_{x \to \infty} \left(1 + \dfrac{a}{x} \right)^x$；

(4) $\lim\limits_{x \to 0^+} x^{\ln(1+x)}$.

§3-3 函数的单调性、极值与最值

函数的单调性、极值与最值

本节将以导数为工具,研究函数的增减性及相关的极值、最值问题,学习如何确定函数的增减区间,如何判定极值与最值.

一、函数的单调性

在第一章中已经介绍了函数的单调性的概念,单调性是函数的重要性质之一,它既决定着函数增加、减少的状况,又能帮助我们研究函数的极值,还能证明某些不等式和研究函数的图形.在这里将以微分中值定理为工具,给出函数单调性和极值的判别法.

设函数 $f(x)$ 是区间 $[a,b]$ 上的可导函数,如果函数 $f(x)$ 在 $[a,b]$ 上单调增加[图 3-3(1)],那么曲线上任一点处的切线与 x 轴正向的夹角都是锐角,即 $f'(x)>0$;如果函数 $f(x)$ 在 $[a,b]$ 上单调减少[图 3-3(2)],那么

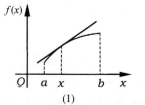
(1)
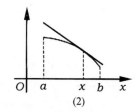
(2)

图 3-3

曲线上任一点处的切线与 x 轴正向的夹角都是钝角,即 $f'(x)<0$. 反过来是否成立呢? 有如下定理:

定理 1 设函数 $f(x)$ 在闭区间 $[a,b]$ 上连续,在开区间 (a,b) 内可导.

(1) 若在 (a,b) 内 $f'(x)>0$,则函数 $f(x)$ 在 $[a,b]$ 上单调增加;

(2) 若在 (a,b) 内 $f'(x)<0$,则函数 $f(x)$ 在 $[a,b]$ 上单调减少.

有时,函数在整个考察范围上并不单调,这时,就需要把考察范围划分为若干个单调区间. 如图 3-4 所示,在考察范围 $[a,b]$ 上,函数 $f(x)$ 并不单调,但可以将 $[a,b]$ 划分为 $[a,x_1]$,$[x_1,x_2]$,$[x_2,b]$ 三个区间,在 $[a,x_1]$,$[x_2,b]$ 上 $f(x)$ 单调增加,而在 $[x_1,x_2]$ 上 $f(x)$ 单调减少.

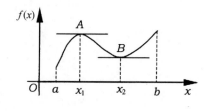

图 3-4

特别注意,如果 $f(x)$ 在 $[a,b]$ 上可导,那么在单调区间的分界点处的导数为零,即 $f'(x_1)=f'(x_2)=0$(在图 3-5 上表现为在点 A,B 处有水平切线). 这就启发我们,对可导函数,为了确定函数的单调区间,只要求出在 (a,b) 内的导数的零点. 一般称导数 $f'(x)$ 在区间内部的零点为函数 $f(x)$ 的**驻点**.

由此,确定可导函数 $f(x)$ 的单调区间可以采取如下的做法:首先求出函数 $f(x)$ 在

考察范围 I(除指定范围外,一般是指函数的定义域)内部的全部驻点,其次用这些驻点将 I 分成若干个子区间,最后在每个子区间上用定理 1 判断函数 $f(x)$ 的单调性. 为了清楚,最后一步常采用列表的方式.

例 1 讨论函数 $f(x)=2x^3-9x^2+12x-3$ 的单调性.

解 考察范围 $I=(-\infty,+\infty)$.

(1) 求出函数 $f(x)=2x^3-9x^2+12x-3$ 在 $(-\infty,+\infty)$ 内的驻点:
$$f'(x)=6x^2-18x+12=6(x-1)(x-2),$$
令 $f'(x)=0$,得驻点为 $x_1=1, x_2=2$.

(2) 将区间 $(-\infty,+\infty)$ 划分为 3 个子区间:$(-\infty,1),(1,2),(2,+\infty)$.

(3) 列表确定在每个子区间内导数的符号,用定理 1 判断函数的单调性(在表中我们形象地用"↗""↘"分别表示单调增加、减少).

x	$(-\infty,1)$	$(1,2)$	$(2,+\infty)$
$f'(x)$	$+$	$-$	$+$
$f(x)$	↗	↘	↗

所以 $f(x)$ 在 $(-\infty,1)$ 和 $(2,+\infty)$ 内单调增加,在 $(1,2)$ 内单调减少.

如果在考察范围 I 内函数并不可导,而是在 I 的内部存在若干个不可导点,由于函数在经过不可导点时也会改变单调性,如 $y=|x|$ 在经过不可导点 $x=0$ 时,由单调减少变为单调增加,所以除了求出全部驻点外,还需要找出全部不可导点,把 I 以驻点、不可导点划分成若干子区间.

例 2 讨论函数 $f(x)=\dfrac{x^2}{3}-\sqrt[3]{x^2}$ 的单调性.

解 考察范围为 $I=(-\infty,+\infty)$.

(1) 求出函数 $f(x)=\dfrac{x^2}{3}-\sqrt[3]{x^2}$ 的驻点及不可导点:
$$f'(x)=\dfrac{2x}{3}-\dfrac{2}{3\sqrt[3]{x}},$$
令 $f'(x)=0$,得驻点为 $x_1=-1, x_2=1$,此外 $f(x)$ 有不可导点为 $x_3=0$.

(2) 将区间 $(-\infty,+\infty)$ 划分为 4 个子区间:$(-\infty,-1),(-1,0),(0,1)$ 与 $(1,+\infty)$.

(3) 列表确定在每个子区间内导数的符号,用定理 1 判断函数的单调性:

x	$(-\infty,-1)$	$(-1,0)$	$(0,1)$	$(1,+\infty)$
$f'(x)$	$-$	$+$	$-$	$+$
$f(x)$	↘	↗	↘	↗

$f(x)$ 在 $(-\infty,-1)$ 和 $(0,1)$ 内是单调减少的,在 $(-1,0)$ 和 $(1,+\infty)$ 内是单调增加的.

应用函数的单调性,还可证明一些不等式.

例3 证明: $x>0$ 时, $x>\ln(1+x)$.

证明 令 $f(x)=x-\ln(1+x)$,因为 $f'(x)=1-\dfrac{1}{1+x}=\dfrac{x}{1+x}$,当 $x>0$ 时, $f'(x)>0$,所以 $f(x)$ 在 $(0,+\infty)$ 内单调增加.

又 $f(0)=0$,所以 $f(x)>f(0)=0$ $(x>0)$,即 $x-\ln(1+x)>0$ $(x>0)$,移项即得结论.

二、函数的极值

定义 设函数 $f(x)$ 在点 x_0 的某邻域 $(x_0-\delta,x_0+\delta)$ $(\delta>0)$ 内有定义,如果对于任一点 $x\in(x_0-\delta,x_0+\delta)$ $(x\neq x_0)$,都有 $f(x)<f(x_0)$,那么称 $f(x_0)$ 是函数 $f(x)$ 的**极大值**;如果对于任一点 $x\in(x_0-\delta,x_0+\delta)$ $(x\neq x_0)$,都有 $f(x)>f(x_0)$,那么称 $f(x_0)$ 是函数 $f(x)$ 的**极小值**.函数的极大值与极小值统称为函数的**极值**,使函数取得极值的点 x_0 称为函数 $f(x)$ 的**极值点**.

由定义可以看出,极值是一个局部性概念.在函数整个考察范围内往往有多个极值,极大值未必是最大值,极小值也未必是最小值.从图 3-5 可直观地看出, x_0,x_2,x_4 都是极大值点, x_1,x_3,x_5 是极小值点.

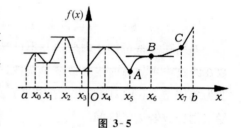

图 3-5

从图 3-5 可以看出,若函数在极值点处可导(如 x_0,x_1,x_2,x_3,x_4),则图象上对应点处的切线是水平的.因此,函数在这类极值点处的导数为 0(在图 3-5 中, $f'(x_0)=f'(x_1)=\cdots=f'(x_4)=0$),即这类极值点必定是函数的驻点.注意图象在 x_5 所对应的点 A 处无切线,因此 x_5 是函数的不可导点,但函数在 x_5 处取得了极小值,这说明不可导点也可能是函数的极值点.于是有如下定理:

定理 2(极值的必要条件) 设函数 $f(x)$ 在其考察范围 I 内是连续的, x_0 不是 I 的端点.若函数在 x_0 处取得极值,则 x_0 或者是函数的不可导点,或者是可导点.当 x_0 是 $f(x)$ 的可导点时, x_0 必定是函数的驻点,即 $f'(x_0)=0$.

注意 $f(x)$ 的驻点不一定是 $f(x)$ 的极值点,如图 3-5 上的点 x_6,尽管图象在点 B 处有水平切线,即 x_6 是驻点 ($f'(x_6)=0$),但函数在 x_6 处并无极值.同样 $f(x)$ 的不可导点也未必一定是极值点,如图 3-5 的点 C 处,图象无切线,因此函数在 x_7 处是不可导的,但 x_7 并非极值点.这样就需要给出这两类点是否为极值点的判定方法.

定理 3(极值的第一充分条件) 设函数 $f(x)$ 在点 x_0 连续,在点 x_0 的某个邻域 $(x_0-\delta,x_0+\delta)$ $(\delta>0,x\neq x_0)$ 内可导.当 x 由小到大经过 x_0 时,

(1) 如果 $f'(x)$ 由正变负,那么 x_0 是 $f(x)$ 的极大值点;

(2) 如果 $f'(x)$ 由负变正,那么 x_0 是 $f(x)$ 的极小值点;

(3) 如果 $f'(x)$ 不改变符号,那么 x_0 不是 $f(x)$ 的极值点.

定理 4(极值的第二充分条件) 设 x_0 为函数 $f(x)$ 的驻点,且在点 x_0 处的二阶导数非零,即 $f''(x_0) \neq 0$,则 x_0 必定是函数 $f(x)$ 的极值点,且

(1) 如果 $f''(x_0) < 0$,那么 $f(x)$ 在点 x_0 处取得极大值;

(2) 如果 $f''(x_0) > 0$,那么 $f(x)$ 在点 x_0 处取得极小值.

比较两个判定方法,显然定理 3 适用于驻点和不可导点,而定理 4 只适用于驻点.

根据定理 3 和定理 4,求函数 $f(x)$ 的极值的步骤可归纳如下:

(1) 确定函数 $f(x)$ 的考察范围;

(2) 求出函数 $f(x)$ 的导数 $f'(x)$;

(3) 求出函数 $f(x)$ 的所有驻点及不可导点,即求出 $f'(x)=0$ 的根和 $f'(x)$ 不存在的点;

(4) 利用定理 3 或定理 4,判定上述驻点或不可导点是否为函数的极值点,并求出相应的极值.

例 4 求函数 $f(x)=(x+2)^2(x-1)^3$ 的极值.

解法 1 (1) 函数 $f(x)$ 的考察范围为 $(-\infty, +\infty)$.

(2) $f'(x) = 2(x+2)(x-1)^3 + 3(x+2)^2(x-1)^2 = (x+2)(x-1)^2(5x+4)$.

(3) 令 $f'(x)=0$,得驻点为 $x_1=-2, x_2=-\dfrac{4}{5}, x_3=1$,$f(x)$ 没有不可导点.

(4) 利用定理 3,判定驻点是否为函数的极值点.这步常用类似于确定函数单调区间那样的列表方法,只是加了从导数符号判定驻点是否为极值点的内容,列表如下:

x	$(-\infty,-2)$	-2	$\left(-2,-\dfrac{4}{5}\right)$	$-\dfrac{4}{5}$	$\left(-\dfrac{4}{5},1\right)$	1	$(1,+\infty)$
$f'(x)$	$+$	0	$-$	0	$+$	0	$+$
$f(x)$	↗	极大值 0	↘	极小值 -8.4	↗	无极值	↗

解法 2 (1)(2)(3) 同解法 1;

(4) 计算

$f''(x) = 2(x-1)[(x-1)^2 + 6(x+2)(x-1) + 3(x+2)^2] = 2(x-1)(10x^2+16x+1)$,

$f''(-2) = -54 < 0, f''\left(-\dfrac{4}{5}\right) > 0, f''(1) = 0$.

由定理 4,$x=-2$ 为极大值点,$x=-\dfrac{4}{5}$ 为极小值点.不能用定理 4 判断 $x=1$ 是否为极值点,只能用定理 3.

例 5 求函数 $f(x)=x^{\frac{2}{3}}-(x^2-1)^{\frac{1}{3}}$ 的极值.

解 (1) 函数的考察范围为 $(-\infty,+\infty)$.

(2) $f'(x)=\dfrac{2}{3}x^{-\frac{1}{3}}-\dfrac{1}{3}(x^2-1)^{-\frac{2}{3}}\cdot 2x=\dfrac{2}{3}\cdot\dfrac{(x^2-1)^{\frac{2}{3}}-x^{\frac{4}{3}}}{x^{\frac{1}{3}}(x^2-1)^{\frac{2}{3}}}.$

(3) 令 $f'(x)=0$,得驻点 $x_1=-\dfrac{\sqrt{2}}{2}, x_2=\dfrac{\sqrt{2}}{2}$,不可导点为 $x_3=-1, x_4=0, x_5=1$.

(4) 利用定理 3,判定驻点或不可导点是否为函数的极值点,列表如下:

x	$(-\infty,-1)$	-1	$\left(-1,-\dfrac{\sqrt{2}}{2}\right)$	$-\dfrac{\sqrt{2}}{2}$	$\left(-\dfrac{\sqrt{2}}{2},0\right)$	0
$f'(x)$	$+$	不存在	$+$	0	$-$	不存在
$f(x)$	↗	无极值	↗	极大值$\sqrt[3]{4}$	↘	极小值 1

x	$\left(0,\dfrac{\sqrt{2}}{2}\right)$	$\dfrac{\sqrt{2}}{2}$	$\left(\dfrac{\sqrt{2}}{2},1\right)$	1	$(1,+\infty)$
$f'(x)$	$+$	0	$-$	不存在	$-$
$f(x)$	↗	极大值$\sqrt[3]{4}$	↘	无极值	↘

三、函数的最大值与最小值

在许多实际问题中,常常会遇到在一定条件下,如何使"用料最省""效率最高""成本最低""路程最短"等问题.用数学的方法进行描述,它们都可归结为求一个函数的最大值、最小值问题.函数的最大值、最小值的概念可以表述如下:

考察函数 $y=f(x), x\in I$(I 可以有界,也可以无界,可以为闭区间,也可以为非闭区间),$x_1,x_2\in I$.若对任意 $x\in I$,有 $f(x)\geqslant f(x_1)$,则称 $f(x_1)$ 为 $f(x)$ 在 I 上的**最小值**,称 x_1 为 $f(x)$ 在 I 上的**最小值点**;若对任意 $x\in I$,有 $f(x)\leqslant f(x_2)$,则称 $f(x_2)$ 为 $f(x)$ 在 I 上的**最大值**,称 x_2 为 $f(x)$ 在 I 上的**最大值点**.函数的最大值、最小值统称为函数的**最值**,最大值点、最小值点统称为函数的**最值点**.

最值与极值不同,极值是一个仅与一点附近的函数值有关的局部概念,最值却是一个与函数考察范围 I 有关的整体概念,随着 I 变化,最值的存在性及数值可能也发生变化.因此,一个函数的极值可以有若干个,但一个函数的最大值、最小值如果存在的话,只能是唯一的.

但这两者之间也有一定的关系.如果最值点不是 I 的边界点,那么它必定是极值点.这样就为求最值提供了方法.

设函数 $f(x)$ 在 $I=[a,b]$ 上连续(注意到最大、最小值一定存在),则可按下列步骤求出最值:

(1) 求出函数 $f(x)$ 在 (a,b) 内的所有可能极值点:驻点及不可导点;

(2) 计算函数 $f(x)$ 在驻点、不可导点处及端点 a,b 处的函数值;

(3) 比较这些函数值,其中最大者即为函数的最大值,最小者即为函数的最小值.

例 6 求函数 $f(x)=x^4-2x^2+5$ 在区间 $[-2,2]$ 上的最大值和最小值.

解 由于 $f(x)$ 在 $[-2,2]$ 上连续,所以在该区间上存在着最大值和最小值.

(1) $f'(x)=4x^3-4x=4x(x-1)(x+1)$,令 $f'(x)=0$,得驻点 $x_1=-1, x_2=0, x_3=1$,无不可导点.

(2) 计算函数 $f(x)$ 在驻点、区间端点处的函数值:
$$f(-2)=13, f(-1)=4, f(0)=5, f(1)=4, f(2)=13.$$

(3) 比较这些值,即得函数在 $[-2,2]$ 上的最大值为 13,最大值点为 $-2,2$,最小值为 4,最小值点为 $-1,1$.

数学和实际问题中遇到的函数,未必尽是闭区间上的连续函数,此时首先要判断在考察范围内函数有没有最值.这个问题并不简单,一般可按下述原则处理:若由实际问题归结出的函数 $f(x)$ 在其考察范围 I 上是可导的,且已事先可断定最大值(或最小值)必定在 I 的内部达到,而在 I 的内部又仅有 $f(x)$ 的唯一一个驻点 x_0,那么就可断定 $f(x)$ 的最大值(或最小值)就在点 x_0 处取得.

例 7 要做一个容积为 V 的圆柱形煤气柜,问怎样设计才能使所用材料最省?

解 注意对实际问题首先要建立函数关系.在用料与相关尺寸之间建立函数,通过尺寸选择,达到优化的目的.

要使材料最省,就是要使它的表面积最小.设煤气柜的底面半径为 r,高为 h,则它的侧面积为 $2\pi rh$,底面积为 πr^2,因此表面积为 $S=2\pi r^2+2\pi rh$.

由体积公式 $V=\pi r^2 h$,有 $h=\dfrac{V}{\pi r^2}$,所以
$$S=2\pi r^2+\frac{2V}{r}, r\in(0,+\infty).$$

由问题的实际意义可知, $S=2\pi r^2+\dfrac{2V}{r}$ 在 $(0,+\infty)$ 内必有最小值.
$$S'=4\pi r-\frac{2V}{r^2}=\frac{2(2\pi r^3-V)}{r^2},$$

令 $S'=0$,得唯一驻点 $r=\left(\dfrac{V}{2\pi}\right)^{\frac{1}{3}}\in(0,+\infty)$,因此它一定是使 S 达到最小值的点.此时对应的高为 $h=\dfrac{V}{\pi r^2}=2\left(\dfrac{V}{2\pi}\right)^{\frac{1}{3}}=2r$.

结论:当煤气柜的高和底直径相等时,所用材料最省.

例 8 一房地产公司有 50 套公寓房要出租,当租金定为 1 800 元/(套·月)时,公寓可全部租出;当租金提高 100 元/(套·月)时,租不出的公寓就增加一套.已知已租出的公寓整修维护费用为 200 元/(套·月).问租金定为多少时可获得最大月收入?

解 首先要建立租金与收入之间的函数关系.

设租金为 P 元/(套·月),据题设 $P \geqslant 1\,800$. 此时未租出公寓为 $\frac{1}{100}(P-1\,800)$ (套),租出公寓为

$$50 - \frac{1}{100}(P-1\,800) = 68 - \frac{P}{100} (\text{套}),$$

从而月收入

$$R(P) = \left(68 - \frac{P}{100}\right) \cdot (P-200) = -\frac{P^2}{100} + 70P - 13\,600, R'(P) = -\frac{P}{50} + 70.$$

令 $R'(P) = 0$,得唯一解 $P = 3\,500$.

由本题的实际意义,适当的租金价位必定能使月收入达到最大,而函数 $R(P)$ 仅有唯一驻点,因此这个驻点必定是最大值点. 所以租金定为 $3\,500$ 元/(套·月)时,可获得最大月收入.

随堂练习 3-3

1. 判断题:

(1) 如果函数 $f(x)$ 在区间 $[a,b]$ 上连续,$a < x_0 < b$,$f(x_0)$ 是 $f(x)$ 的极大值,那么在 $[a,b]$ 上 $f(x) \leqslant f(x_0)$ 成立;

(2) 如果 $f'(x_0) = 0$,$f(x)$ 一定在 x_0 处取得极值;

(3) 如果 $f(x)$ 在 x_0 处取得极值,一定有 $f'(x_0) = 0$.

2. 确定下列函数的单调区间,并求出它们的极值:

(1) $y = x^3(1-x)$;   (2) $y = \dfrac{x}{1+x^2}$.

3. 利用单调性证明:当 $x > 0$ 时,$\ln(1+x) > \dfrac{x}{1+x}$.

4. 求下列函数在给定区间上的最大值与最小值:

(1) $y = x^5 - 5x^4 + 5x^3 + 1$, $x \in [-1,2]$;   (2) $y = x + \cos x$, $x \in [0, 2\pi]$.

5. 从面积为 S 的一切矩形中,求周长最小者.

习题 3-3

1. 求下列函数的单调区间：

   (1) $y = x - e^x$；

   (2) $y = 2x^2 - \ln x$；

   (3) $y = \sqrt{2x - x^2}$；

   (4) $y = x^3 - 3x^2 - 9x + 14$.

2. 利用单调性，证明下列不等式：

   (1) 当 $x > 1$ 时，$2\sqrt{x} > 3 - \dfrac{1}{x}$；

   (2) 当 $x > 0$ 时，$\ln(1+x) > \dfrac{\arctan x}{1+x}$；

   (3) 当 $x \in (0, 2\pi)$ 时，$\cos x > 1 - \dfrac{x^2}{2}$（提示：必须证明 $x > \sin x$）.

3. 求下列函数在其定义域内的极值：

   (1) $y = x^3 - 3x^2 + 7$；

   (2) $y = x^2 e^{-x}$；

   (3) $y = x^{\frac{1}{3}}(1-x)^{\frac{2}{3}}$；

   (4) $y = \dfrac{2x}{\ln x}$.

4. 求下列函数在给定区间上的最大值、最小值：

   (1) $y = \ln(1+x^2), x \in [-1, 2]$；

   (2) $y = 2\tan x - \tan^2 x, x \in \left[0, \dfrac{\pi}{2}\right)$；

   (3) $y = \sqrt[3]{(x^2 - 2x)^2}, x \in [0, 3]$；

   (4) $y = \dfrac{a^2}{x} + \dfrac{b^2}{1-x}$ $(a > b > 0), x \in (0, 1)$.

5. 将数 8 分成两个数的和，使它们的立方和最小．

6. 将半径为 r 的圆形铁皮截去一个扇形后，余下部分做成一个圆锥形漏斗，问截去扇形的圆心角多大时，做成的漏斗容积最大？

7. 设用某仪器进行测量时，读得 n 次实测数据为 $x_1, x_2, x_3, \cdots, x_n$. 问以怎样的数 x 表达所要测量的真值，才能使它与这 n 个数之差的平方和为最小？

§3-4 函数图象的凹凸性与拐点

图 3-6 是某种耐用消费品的销售曲线 $y=f(x)$,其中 y 表示销售总量,x 表示时间.图象显示曲线始终是上升的,说明随着时间的推移,销售总量不断增加.但在不同时间段情况还有区别,在 $(0,x_0)$ 段,曲线上升的趋势由缓慢逐渐加快,而在 $(x_0,+\infty)$ 段,曲线上升的趋势却又逐渐转向缓慢.这表示在时刻 x_0 以前,也就是销售量没有达到 $f(x_0)$ 时,市场需求旺盛,销售量越来越多;在时刻 x_0 以后,也即销售量超过 $f(x_0)$ 后,市场需求趋于平稳,且逐渐进入饱和状态.其中 $(x_0,f(x_0))$ 是销售量由增加转向平稳的转折点.

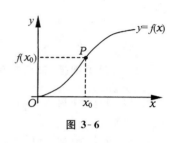

图 3-6

作为经营者来说,掌握这种销售动向,对决策产量、投入等是必要的.这就对数学提出了更高的要求:不仅要能分析函数的增减区间,而且要会判断函数何时越增(减)越快,何时又越增(减)越慢.这种越增(减)越快或越增(减)越慢的现象,反映在图象上,就是本节要学习的曲线的凹凸性.

一、曲线的凹凸性及其判别法

观察图 3-7 中的曲线 $y=f(x)$.在 (a,c) 段,曲线上各点的切线都位于曲线的上方;在 (c,b) 段,曲线上各点的切线都位于曲线的下方.在数学上以曲线的凹凸性来区分这种不同的现象.下面给出曲线的凹凸性的定义及其判别法.

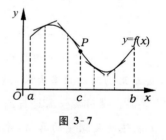

图 3-7

定义 1 若在区间 (a,b) 内,曲线 $y=f(x)$ 上各点的切线都位于曲线的下方,则称此曲线在 (a,b) 内是**凹**的;若曲线 $y=f(x)$ 上各点的切线都位于曲线的上方,则称此曲线在 (a,b) 内是**凸**的.

据此定义,在图 3-7 中,曲线在 (a,c) 段是凸的,在 (c,b) 段则是凹的.在凸弧段曲线上,各点的切线的斜率随着 x 的增加而减小,因此 $f'(x)$ 是 x 的递减函数;在凹弧段曲线上,各点的切线的斜率随着 x 的增加而增加,因此 $f'(x)$ 是 x 的递增函数.总结这种规律,得到曲线凹凸性的判定方法.

定理(曲线的凹凸性的判定定理) 设函数 $y=f(x)$ 在区间 (a,b) 内具有二阶导数.

(1) 如果在区间 (a,b) 内 $f''(x)>0$,那么曲线 $y=f(x)$ 在 (a,b) 内是凹的;

(2) 如果在区间 (a,b) 内 $f''(x)<0$,那么曲线 $y=f(x)$ 在 (a,b) 内是凸的.

这个定理告诉我们,要定出曲线的凹凸性,只要在函数的考察范围内定出 $f''(x)$ 的同号区间及相应的符号.而要定出 $f''(x)$ 的同号区间,首先要找出 $f''(x)$ 可能改变符号的那些转折点,这些点应该是 $f''(x)$ 的零点及二阶导数不存在的点.

例 1 判定曲线 $f(x)=\sin x$ 在 $[0,2\pi]$ 内的凹凸性.

解 (1) 函数 $f(x)=\sin x$ 的考察范围是 $[0,2\pi]$.

(2) $f'(x)=\cos x, f''(x)=-\sin x$,令 $f''(x)=0$,得 $x=\pi \in [0,2\pi]$.

(3) 在 $(0,\pi)$ 内 $f''(x)<0$,曲线是凸的;在 $(\pi,2\pi)$ 内 $f''(x)>0$,曲线是凹的.

函数的图象是函数变化状态的几何表示,曲线的凹凸性是反映函数增减快慢这个特性的.从图 3-7 可以看出,在曲线的凸弧段,若函数是递增的,则越增越慢;若函数是递减的,则越减越快.在曲线的凹弧段,若函数是递增的,则越增越快;若函数是递减的,则越减越慢.

二、拐点及其求法

图 3-6、图 3-7 中的点 P 及例 1 中曲线 $f(x)=\sin x$ 上的点 $P(\pi,0)$ 都是特殊点,它的左右两旁曲线的凹凸性正好相反,这样的点称为曲线的**拐点**.

定义 2 若连续曲线 $y=f(x)$ 上的点 P 是凹的曲线弧与凸的曲线弧的分界点,则称点 P 是曲线 $y=f(x)$ 的**拐点**.

由于拐点是曲线上凹弧与凸弧的分界点,所以如果曲线的方程有二阶导数,那么拐点左右两侧近旁 $f''(x)$ 必然异号.于是可得拐点的求法如下:

(1) 设 $y=f(x)$ 在考察范围 (a,b) 内具有二阶导数,求出 $f''(x)$;

(2) 求出 $f''(x)$ 在 (a,b) 内的零点及使 $f''(x)$ 不存在的点;

(3) 用上述各点从小到大依次将 (a,b) 分成若干个子区间,考察在每个子区间内 $f''(x)$ 的符号.若 $f''(x)$ 在某分割点 x^* 两侧异号,则 $(x^*, f(x^*))$ 是曲线 $y=f(x)$ 的拐点,否则不是.这一步通常以列表形式表示.

例 2 求曲线 $y=2+(x-4)^{\frac{1}{3}}$ 的凹凸区间与拐点.

解 (1) 考察范围为函数的定义域 $(-\infty,+\infty)$,

$$y'=\frac{1}{3}(x-4)^{-\frac{2}{3}}, y''=-\frac{2}{9}(x-4)^{-\frac{5}{3}}.$$

(2) 在 $(-\infty,+\infty)$ 内无 y'' 的零点,y'' 不存在的点为 $x=4$.

(3) 列表如下(符号"⌣"表示曲线是凹的,符号"⌢"表示曲线是凸的):

x	$(-\infty,4)$	4	$(4,+\infty)$
y''	+	不存在	−
y	⌣	拐点 (4,2)	⌢

三、曲线的渐近线

当函数的考察范围无界时,函数图象是无界的,即图象曲线会无限延伸.在无界区域上考虑函数时,还要关心当自变量充分大(或小)时函数的变化特性.例如,环境指标的长期效应等.函数的图象有无渐近线是反映这种特性的方式之一.所谓渐近线,在中学里已经有过接触.例如,双曲线 $\frac{x^2}{a^2}-\frac{y^2}{b^2}=1$ 有两条渐近线 $y=\pm\frac{b}{a}x$,这样就容易看出双曲线在无限伸展时的状态.与双曲线的渐近线类似,对一般曲线的渐近线也可定义如下:

定义 3 若曲线 C 上的动点 P 沿着曲线无限地远离原点时,点 P 与某一固定直线 l 的距离趋于零,则称直线 l 为曲线 C 的**渐近线**.

并不是任何无界曲线都有渐近线,即使有渐近线,也有水平、垂直和斜渐近线之分.下面着重讨论无界函数的图象何时有水平渐近线或垂直渐近线.

1. 水平渐近线

定义 4 设曲线的方程为 $y=f(x)$,若当 $x\to-\infty$ 或 $x\to+\infty$ 时,有 $f(x)\to b$(b 为常数),则称曲线有**水平渐近线** $y=b$.

例 3 求曲线 $y=\frac{2x}{1+x^2}$ 的水平渐近线.

解 因为 $\lim\limits_{x\to\infty}\frac{2x}{1+x^2}=0$,所以当曲线向左、右两端无限延伸时,均以 $y=0$ 为其水平渐近线,见图 3-8.

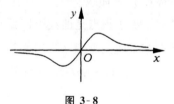

图 3-8

2. 垂直渐近线

定义 5 设曲线的方程为 $y=f(x)$,若当 $x\to a^-$ 或当 $x\to a^+$(a 为常数)时,有 $f(x)\to-\infty$ 或 $f(x)\to+\infty$,则称曲线有**垂直渐近线** $x=a$.

例 4 求曲线 $y=\frac{x+1}{x-2}$ 的渐近线.

解 因为 $\lim\limits_{x\to 2^-}\frac{x+1}{x-2}=-\infty$,$\lim\limits_{x\to 2^+}\frac{x+1}{x-2}=+\infty$,所以当 x 从左、右两侧趋向于 2 时,曲线分别向下、上无限延伸,且以 $x=2$ 为其垂直渐近线.

又 $\lim\limits_{x\to\infty}\frac{x+1}{x-2}=1$,所以当曲线向左、右两端无限延伸时,均以 $y=1$ 为其水平渐近线,见图 3-9.

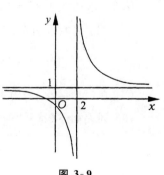

图 3-9

随堂练习 3-4

1. 判断题：

(1) 如果曲线 $y=f(x)$ 在 $x>0$ 时是凹的，在 $x<0$ 时是凸的，那么 $x=0$ 必定是曲线的一个拐点；

(2) 如果 $f''(c)=0$，那么曲线 $y=f(x)$ 有拐点 $(c,f(c))$；

(3) 如果 $y=c$ 是曲线 $y=f(x)$ 的一条水平渐近线，那么该曲线与直线 $y=c$ 没有交点．

2. 确定下列函数的凹凸区间与拐点：

(1) $y=x^3-5x^2+3x-5$； (2) $y=\ln(1+x^2)$．

3. 问 a,b 为何值时，点 $(1,3)$ 是曲线 $y=ax^3+bx^2$ 的拐点？

习 题 3-4

确定下列函数的凹凸区间与拐点：

(1) $y=x^4-2x^3$；

(2) $y=e^{\arctan x}$；

(3) $y=\dfrac{x^2}{x^2+3a^2}$ $(a>0)$；

(4) $y=a-\sqrt[3]{x-b}$．

总结·拓展

一、知识小结

本章由微分中值定理、罗必塔法则求未定式极限、函数单调性和极值的判定、函数最值的求法及应用、函数凹凸性和拐点的判定等内容组成.

1. 微分中值定理

微分中值定理是讨论函数单调性、极值、凹凸性等的基础,应明确罗尔定理、拉格朗日中值定理的条件、结论及几何解释.

2. 用罗必塔法则求未定式极限

罗必塔法则是导数应用的体现,是求极限的重要方法.在使用过程中要注意如下几个问题:

(1) 使用之前要先检查是否是 $\dfrac{0}{0}$ 或 $\dfrac{\infty}{\infty}$ 型未定型;

(2) 只要是这两种未定型,可以连续使用罗必塔法则;

(3) 如果含有某些非零因子,可以单独对它们求极限,不必用罗必塔法则求导运算,以简化运算;

(4) 注意使用罗必塔法则时配以等价无穷小的替换,以简化运算;

(5) 对其他类型的未定型,以适当方式变形为 $\dfrac{0}{0}$ 或 $\dfrac{\infty}{\infty}$ 型未定型.

罗必塔法则是求未定式极限的有力工具,但未必是最简单的方法,更不是万能方法,当使用罗必塔法则失败时,注意试用其他方法解决问题.

3. 函数的单调性与极值、曲线的凹凸性与拐点

判定函数 $y=f(x)$ 的单调区间、凹凸区间的基本思想和步骤是相似的,只是判断的依据不同,前者依据一阶导数 y' 的符号,后者则依据二阶导数 y'' 的符号. y' 的符号与单调性、y'' 的符号与凹凸性的关系,最好从几何方面记忆.在具体使用中,要注意不要遗漏不可导点.判定方法列表如下,请注意对比(表 3-1 中的 x_0 是一阶或二阶导数的零点,或者是不可导点).

表 3-1　函数的单调性与极值、函数图象的凹凸与拐点的判定

类别		函数的单调性与极值的判定				函数图象的凹凸与拐点的判定		
	x	(x_1, x_0)	x_0	(x_0, x_2)	x	(x_1, x_0)	x_0	(x_0, x_2)
(1)	y'	+	0	−	y''	+	0	−
	y	单调增加	极大值	单调减少	y	凹的	拐点	凸的
(2)	y'	−	0	+	y''	−	0	+
	y	单调减少	极小值	单调增加	y	凸的	拐点	凹的
(3)	y'	+(−)	0	+(−)	y''	+(−)	0	+(−)
	y	单调增加(减少)	无极值	单调增加(减少)	y	凹(凸)的	无拐点	凹(凸)的

4. 函数的最值及应用

函数的最值与极值在概念上有本质区别,但在具体求最值时通常与求驻点相联系. 求函数在考察范围 I 内的最值是通过比较驻点、不可导点及含于 I 的端点处的函数值的大小而得到的,并不需要判定驻点是否是极值点. 对于实际应用题,应首先以数学模型思想建立优化目标与优化对象之间的函数关系,确定其考察范围. 在实际问题中,经常使用最值存在、驻点唯一,则驻点即为最值点的判定方法.

二、要点回顾

1. 罗尔定理和拉格朗日中值定理

例 1　(1)已知 $f(x)=(x-1)(x-2)(x-3)$,试判定方程 $f'(x)=0$ 有几个实根,各在什么范围内?

(2)设函数 $f(x)$ 在 $[a,b]$ 上连续,在 (a,b) 内可导,$f(a)=f(b)$,则该函数的图象在 (a,b) 范围内平行于 x 轴的切线　　　　　　　　　　　　　　　　　　　　(　　)

　　A. 仅有一条　　　B. 至少有一条　　　C. 不一定存在　　　D. 不存在

(3)函数 $y=\ln(x+1)$ 在区间 $[0,1]$ 上满足拉格朗日中值定理,则 $\xi=$ _____.

分析　(1) $f'(x)=0$ 是二次方程,至多有两个实根,进一步可以使用罗尔定理判定实根个数.

(2) $f(x)$ 满足罗尔定理的条件,可以根据罗尔定理的几何解释得到答案.

(3) $\ln(1+x)$ 在 $[0,1]$ 上连续,在 $(0,1)$ 内可导,直接应用拉格朗日中值定理,再解出 ξ.

解　(1)因为 $f'(x)=0$ 是二次方程,至多有两个实根,又 $f(x)$ 在 $(-\infty,+\infty)$ 上连续且可导,对 $f(x)$ 分别在闭区间 $[1,2]$ 和 $[2,3]$ 上使用罗尔定理,知存在 $\xi_1\in(1,2)$, $\xi_2\in(2,3)$,使 $f'(\xi_1)=0$, $f'(\xi_2)=0$.

所以 $f'(x)=0$ 有两个实根.

(2) $f(x)$ 在 $[a,b]$ 上满足罗尔定理的条件,所以至少存在一个 $\xi\in(a,b)$,使 $f'(\xi)=0$,所以选 B.

(3) $\ln(1+x)$ 在 $[0,1]$ 上满足拉格朗日中值定理的条件,所以

$$\ln(1+1)-\ln(1+0)=\frac{1}{1+\xi}(1-0),$$

解得 $\xi=\dfrac{1}{\ln 2}-1$.

2. 应用罗必塔法则求极限

例 2 求下列极限:

(1) $\lim\limits_{x\to 0}\dfrac{x-\arctan x}{\ln(1+x^3)}$;

(2) $\lim\limits_{x\to 0^+}\dfrac{\ln\left(1+\dfrac{1}{x}\right)}{\ln\left(1+\dfrac{1}{x^2}\right)}$;

(3) $\lim\limits_{x\to 0}\dfrac{\ln(1+\sin 2x)}{\arcsin(x+x^2)}$;

(4) $\lim\limits_{x\to+\infty}\dfrac{\ln\left(1+\dfrac{1}{x}\right)\cdot\cos\dfrac{1}{x}}{\operatorname{arccot} x}$;

(5) $\lim\limits_{x\to 0^+}x^{\sin x}$;

(6) $\lim\limits_{x\to+\infty}\dfrac{\sqrt{1+x^2}}{x}$.

分析 (1) 是 $\dfrac{0}{0}$ 型未定型. 可考虑使用罗必塔法则. 注意当 $x\to 0$ 时,$\ln(1+x^3)\sim x^3$,分母以等价无穷小代替后,可简化计算.

(2) 是 $\dfrac{\infty}{\infty}$ 型未定型. 但若直接使用罗必塔法则,求导运算比较复杂,可令 $t=\dfrac{1}{x}$,化 $x\to 0^+$ 的极限为 $t\to+\infty$ 的极限,以达到简化求导运算的过程.

(3) 与(1)类似,先用等价无穷小代换,再使用罗必塔法则.

(4) 是 $\dfrac{0}{0}$ 型未定型. 注意 $\lim\limits_{x\to+\infty}\cos\dfrac{1}{x}=1$,因此先求该项极限,对余下各项再用罗必塔法则.

(5) 是 0^0 型未定型. 用导数性质化为 $\dfrac{\infty}{\infty}$ 型后使用罗必塔法则.

(6) 是 $\dfrac{\infty}{\infty}$ 型未定型. 但两次使用罗必塔法则发现罗必塔法则对本题无效,应换用其他方法.

解 (1) 当 $x\to 0$ 时,$\ln(1+x^3)\sim x^3$,所以

$$原式=\lim_{x\to 0}\frac{x-\arctan x}{x^3}=\lim_{x\to 0}\frac{1-\dfrac{1}{1+x^2}}{3x^2}=\lim_{x\to 0}\frac{x^2}{3x^2(1+x^2)}=\frac{1}{3}.$$

(2) 令 $t=\dfrac{1}{x}$，当 $x\to 0^+$ 时 $t\to +\infty$，所以

$$\text{原式} = \lim_{t\to +\infty} \dfrac{\ln(1+t)}{\ln(1+t^2)} = \lim_{t\to +\infty} \dfrac{\dfrac{1}{1+t}}{\dfrac{2t}{1+t^2}} = \lim_{t\to +\infty} \dfrac{1+t^2}{2t(1+t)} = \dfrac{1}{2}.$$

(3) 当 $x\to 0$ 时，$\ln(1+\sin 2x)\sim \sin 2x \sim 2x$，$\arcsin(x+x^2)\sim x+x^2$，所以

$$\text{原式} = \lim_{x\to 0} \dfrac{2x}{x+x^2} = 2.$$

(4) $\text{原式} = \lim_{x\to +\infty}\cos\dfrac{1}{x} \cdot \lim_{x\to +\infty}\dfrac{\ln\left(1+\dfrac{1}{x}\right)}{\operatorname{arccot} x} = \lim_{x\to +\infty}\dfrac{\dfrac{1}{1+\dfrac{1}{x}}\left(-\dfrac{1}{x^2}\right)}{-\dfrac{1}{1+x^2}} = \lim_{x\to +\infty}\dfrac{1+x^2}{x+x^2} = 1.$

(5) 令 $y=x^{\sin x}$，则 $\ln y = \sin x \cdot \ln x$，而 $y = e^{\ln y} = e^{\sin x \cdot \ln x}$，

$$\lim_{x\to 0^+}\sin x\cdot \ln x = \lim_{x\to 0^+}\dfrac{\ln x}{\dfrac{1}{\sin x}} = \lim_{x\to 0^+}\dfrac{\ln x}{\dfrac{1}{x}} = \lim_{x\to 0^+}\dfrac{\dfrac{1}{x}}{-\dfrac{1}{x^2}} = \lim_{x\to 0^+}(-x) = 0,$$

所以原式 $= \lim\limits_{x\to 0^+} e^{\sin x \cdot \ln x} = 1$.

(6) 使用罗必塔法则得

$$\text{原式} = \lim_{x\to +\infty}\dfrac{\dfrac{2x}{2\sqrt{1+x^2}}}{1} = \lim_{x\to +\infty}\dfrac{x}{\sqrt{1+x^2}} = \lim_{x\to +\infty}\dfrac{1}{\dfrac{2x}{2\sqrt{1+x^2}}} = \lim_{x\to +\infty}\dfrac{\sqrt{1+x^2}}{x},$$

又还原成原极限，这说明罗必塔法则对本题无效. 事实上，

$$\text{原式} = \lim_{x\to +\infty}\sqrt{\dfrac{1}{x^2}+1} = 1.$$

3. 利用导数求函数的单调区间、极值

例3 求 $f(x) = \sqrt[3]{(2x-x^2)^2}$ 的极值.

分析 注意解题步骤，不可导点也可能是极值点，本题中 $x=0, x=2$ 是不可导点.

解 (1) 考察范围为函数的定义域 $(-\infty, +\infty)$.

(2) $f'(x) = \dfrac{4(1-x)}{3\sqrt[3]{x(2-x)}}$，令 $f'(x)=0$，得驻点 $x=1$，不可导点 $x=0, x=2$.

(3) 列表：

x	$(-\infty,0)$	0	$(0,1)$	1	$(1,2)$	2	$(2,+\infty)$
$f'(x)$	$-$	不存在	$+$	0	$-$	不存在	$+$
$f(x)$	↘	极小值 0	↗	极大值 1	↘	极小值 0	↗

(4) 由上表可知，$f(x)$ 在 $(-\infty,0)$ 和 $(1,2)$ 内单调减小，在 $(0,1)$ 和 $(2,+\infty)$ 内单调增加；在点 $x=0, x=2$ 取得极小值 0，在点 $x=1$ 取得极大值 1.

复习题 三

1. 填空题：

(1) 在拉格朗日中值定理中，$f(x)$ 满足 _____ 时，即为罗尔定理；

(2) 函数 $f(x)=x^3-x$ 在 $[1,4]$ 上满足拉格朗日中值定理的条件，则 $\xi=$ _____；

(3) 函数 $f(x)=\ln(1+x^2)-x$ 在区间 _____ 上为单调减少函数；

(4) 函数 $f(x)=\sqrt[3]{(x+1)^2}$ 的极值为 _____；

(5) 函数 $f(x)=x^3-3x^2+3x-10$ 在 $[0,2]$ 上的最大值为 _____，最小值为 _____；

(6) 函数 $f(x)=x-\sin x$ 在 $\left[-\dfrac{\pi}{2}, \dfrac{\pi}{2}\right]$ 上的拐点为 _____；

(7) 曲线 $f(x)=\dfrac{x^2}{(x-1)^2}$ 的水平渐近线为 _____，垂直渐近线为 _____；

(8) $\lim\limits_{x\to 0^+}\left(\dfrac{1}{x}-\dfrac{1}{e^x-1}\right)=$ _____.

2. 选择题：

(1) 罗尔定理中的条件是结论成立的 ( )

A. 必要非充分条件　　B. 充分非必要条件

C. 充分必要条件　　　D. 既非充分也非必要条件

(2) 设 $f(x)$ 在 $[a,b]$ 上连续，在 (a,b) 内可导，且 $x, x+\Delta x$ 为 (a,b) 内任意两点，则有 ( )

A. $f(b)-f(a)=f'(\xi)\cdot\Delta x, a<\xi<b$

B. $f(b)-f(a)=f'(\theta\Delta x)\cdot\Delta x, 0<\theta<1$

C. $f(x+\Delta x)-f(x)=f'(x+\theta\Delta x)\cdot\Delta x, 0<\theta<1$

D. $f(x+\Delta x)-f(x)=f(x+\theta\Delta x)\cdot\Delta x, 0<\theta<1$

(3) 若一个函数在闭区间上既有极大值，又有极小值，则 ( )

A. 极大值一定是最大值　　B. 极小值一定是最小值

C. 极大值必大于极小值　　D. 以上说法都不一定成立

(4) 若 $f(x)=\left(\dfrac{1}{2}\right)^x$，则 $f(x)$ ( )

A. 在 $(-\infty,+\infty)$ 内单调增加

B. 在$(-\infty,+\infty)$内单调减少

C. 在$(-\infty,0)$内单调增加,在$(0,+\infty)$内单调减少

D. 在$(-\infty,0)$内单调减少,在$(0,+\infty)$内单调增加

(5) $(0,0)$是曲线$y=x^3$的 ( )

A. 最高点　　　B. 最低点　　　C. 拐点　　　D. 无切线之点

(6) 下列说法正确的是 ( )

A. 若$f'(x_0)=0$,则$f(x_0)$必是极值

B. 若$f(x_0)$是极值,则$f(x)$在x_0可导且$f'(x_0)=0$

C. 若$f(x)$在x_0可导,则$f'(x_0)=0$是$f(x_0)$为极值的必要条件

D. 若$f(x)$在x_0可导,则$f'(x_0)=0$是$f(x_0)$为极值的充分条件

(7) 函数$y=x-\ln(1+x^2)$的极值为 ( )

A. 0　　　B. $1-\ln 2$　　　C. $-1-\ln 2$　　　D. 不存在

(8) $\lim\limits_{x\to+\infty}e^{-x}\sin x$ 的值为 ( )

A. 0　　　B. 1　　　C. ∞　　　D. 不存在

3. 求下列极限:

(1) $\lim\limits_{x\to 1}\dfrac{\ln\sqrt{x}}{x^2-1}$;

(2) $\lim\limits_{x\to 0^+}\dfrac{\ln(\tan 7x)}{\ln(\tan 2x)}$;

(3) $\lim\limits_{x\to 0^+}\left[\dfrac{1}{x}-\dfrac{1}{\ln(1+x)}\right]$;

(4) $\lim\limits_{x\to\frac{\pi}{2}^-}(\sec x-\tan x)$;

(5) $\lim\limits_{x\to\infty}x(e^{\frac{1}{x}}-1)$;

(6) $\lim\limits_{x\to 0^+}x^{\tan x}$.

4. 研究下列函数的单调性并求极值:

(1) $y=(x-1)(x+1)^3$;

(2) $y=x^2\cdot e^{-x}$;

(3) $y=\sqrt[3]{(2x-a)(a-x)^2}\ (a>0)$;

(4) $y=2\sin x+\cos 2x,x\in(0,\pi)$.

5. 确定下列函数曲线的凹凸性,并求拐点:

(1) $y=e^{\arctan x}$;

(2) $y=\dfrac{x}{x^2-1}$.

6. 在函数$y=xe^{-x}$的定义域内求一个区间,使函数在该区间内单调递增,且其图象在该区间内是凸的.

7. 已知点$(0,1)$是曲线$y=ax^3+bx^2+c$的拐点,求a,b,c.

8. 利用函数的单调性证明:
$$x^2>\ln(1+x^2)\ (x\neq 0).$$

第 4 章

不定积分

求函数的导数是已知两个变量之间的变化规律,求一个变量关于另一个变量的变化率.但在科学技术和生产实践中,常常还需要解决与此相反的问题:已知一个变量关于另一个变量的变化率,要求这两个变量之间的变化规律,即函数关系.例如,已知做直线运动的物体的速度 $v=v(t)$,求位移规律 $s=s(t)$,即已知 $s'(t)=v(t)$,求 $s(t)$.这一类与求导运算相反的问题,属于一元函数积分学或微分方程的范畴.本章学习已知一个函数的导数,如何求这个函数.

· 学习目标 ·

1. 掌握原函数和不定积分的概念.
2. 掌握不定积分的直接积分法、换元积分法和分部积分法.
3. 掌握不定积分的几何意义.

· 重点、难点 ·

重点:不定积分的积分法.
难点:不定积分的概念.

§4-1　不定积分的概念与性质

本节首先对"已知一个函数的导数,求这个函数"的问题,介绍若干基本概念和名称,并学习相关结论.

一、原函数

考察下面两个问题:

问题 1　已知真空中的自由落体的瞬时速度 $v(t)=gt$,其中常量 g 是重力加速度. 又知 $t=0$ 时路程 $s=0$,求自由落体的运动规律 $s=s(t)$.

解　根据导数的物理意义得

$$s'(t)=v(t)=gt. \tag{1}$$

容易验证 $s(t)=\frac{1}{2}gt^2+C$(C 为任意常数)满足(1)式. 又因为 $t=0$ 时 $s=0$,代入 $s(t)$ 得 $C=0$,所以所求的运动规律为 $s=\frac{1}{2}gt^2$.

问题 2　设曲线 $y=f(x)$ 经过原点,曲线上任一点处存在切线,且切线斜率都等于切点处横坐标的两倍,求该曲线方程.

解　由导数的几何意义得

$$y'=2x. \tag{2}$$

容易验证 $y=x^2+C$(C 为任意常数)满足(2)式. 又因为原点在曲线上,故 $x=0$ 时 $y=0$,代入 $y=x^2+C$ 得 $C=0$. 因此,所求曲线的方程为

$$y=x^2.$$

以上讨论的两个问题,虽然研究的对象不同,但如果撇开它们的实际意义,就其本质而言,两者是相同的,即已知某函数的导数 $F'(x)=f(x)$,求函数 $F(x)$.

定义 1　设在某区间 I 上, $F'(x)=f(x)$ 或 $\mathrm{d}[F(x)]=f(x)\mathrm{d}x$,则 I 上的函数 $F(x)$ 称为 $f(x)$ 的一个**原函数**.

例如,因为 $(\sin x)'=\cos x$ 或 $\mathrm{d}(\sin x)=\cos x\mathrm{d}x$,所以 $\sin x$ 是 $\cos x$ 的一个原函数. 在上面两个问题中,因为 $\left(\frac{1}{2}gt^2\right)'=gt$,所以 $\frac{1}{2}gt^2$ 是 gt 的一个原函数;因为 $(x^2)'=2x$,所以 x^2 是 $2x$ 的一个原函数.

二、不定积分

在上面两个问题中已经验证，对任意常数 C，$\frac{1}{2}gt^2+C$ 都满足(1)式，x^2+C 都满足(2)式，所以 $\frac{1}{2}gt^2+C$ 都是 gt 的原函数，x^2+C 都是 $2x$ 的原函数. 又如，对任意常数 C，都有 $(\sin x+C)'=\cos x$，所以 $\sin x+C$ 也都是 $\cos x$ 的原函数.

由此可见，一个函数的原函数并不唯一，而是有无限个. 如果 $F(x)$ 是 $f(x)$ 的一个原函数，即 $F'(x)=f(x)$，那么对与 $F(x)$ 相差一个常数的函数 $G(x)=F(x)+C$，仍有 $G'(x)=f(x)$，所以 $G(x)$ 也是 $f(x)$ 的原函数. 反过来，设 $G(x)$ 是 $f(x)$ 的任意一个原函数，那么

$$F'(x)=G'(x)=f(x), F'(x)-G'(x)=0, F(x)-G(x)=C \ (C \text{ 为常数}),$$

即 $G(x)=F(x)+C.$

$G(x)$ 与 $F(x)$ 不过差一个常数. 总结正反两个方面可得两个结论：

(1) 若 $f(x)$ 存在原函数，则有无限个原函数；

(2) 若 $F(x)$ 是 $f(x)$ 的一个原函数，则 $f(x)$ 的全部原函数构成的集合为 $\{F(x)+C|C \text{ 为常数}\}$.

1. 不定积分的定义

定义 2 设 $F(x)$ 是函数 $f(x)$ 的一个原函数，则 $f(x)$ 的全部原函数称为 $f(x)$ 的**不定积分**，记作 $\int f(x)\mathrm{d}x$，即

$$\int f(x)\mathrm{d}x=\{F(x)+C|C \text{ 为常数}\}.$$

但在写法上习惯省略等号右边的花括号，直接简写成 $F(x)+C$，即

$$\int f(x)\mathrm{d}x=F(x)+C.$$

其中 $f(x)$ 称为**被积函数**，$f(x)\mathrm{d}x$ 称为**被积表达式**，x 称为**积分变量**，符号"$\int$"称为**积分号**，C 称为**积分常数**.

应当注意，积分号"$\int$"是一种运算符号，它表示对已知函数求其全部原函数，所以在不定积分的结果中不能漏写 C. 从不定积分的定义可见，求不定积分是求导运算的逆运算.

例 1 由导数的基本公式，写出下列函数的不定积分：

(1) $\int \cos x\,\mathrm{d}x$；　　　　　　　　(2) $\int \mathrm{e}^x\,\mathrm{d}x.$

解 (1) 因为 $(\sin x)' = \cos x$,所以 $\sin x$ 是 $\cos x$ 的一个原函数,所以
$$\int \cos x \, dx = \sin x + C.$$

(2) 因为 $(e^x)' = e^x$,所以 e^x 是 e^x 的一个原函数,所以
$$\int e^x \, dx = e^x + C.$$

例 2 根据不定积分的定义验证:
$$\int \frac{2x}{1+x^2} dx = \ln(1+x^2) + C.$$

证明 由于 $[\ln(1+x^2)]' = \frac{2x}{1+x^2}$,所以
$$\int \frac{2x}{1+x^2} dx = \ln(1+x^2) + C.$$

为了叙述简便,以后在不致混淆的情况下,不定积分简称**积分**,求不定积分的方法和运算简称**积分法**和**积分运算**.

由于积分和求导互为逆运算,所以它们有如下关系(等式中的 $F(x)$ 是被积函数 $f(x)$ 的一个原函数):

(1) $\left[\int f(x) \, dx\right]' = [F(x)+C]' = f(x)$ 或 $d\left[\int f(x) \, dx\right] = d[F(x)+C] = f(x) \, dx$;

(2) $\int F'(x) \, dx = \int f(x) \, dx = F(x) + C$ 或 $\int d[F(x)] = \int f(x) \, dx = F(x) + C.$

例 3 写出下列各式的结果:

(1) $\left[\int e^x \sin(\ln x) \, dx\right]'$; (2) $\int (e^{-\frac{x^2}{2}})' \, dx$;

(3) $d\left[\int (\arctan x)^2 \, dx\right]$.

解 (1) 由积分和微分是互逆运算的关系,可知 $\left[\int e^x \sin(\ln x) \, dx\right]' = e^x \sin(\ln x)$;

(2) 据上面关系式(2),可知 $\int (e^{-\frac{x^2}{2}})' \, dx = e^{-\frac{x^2}{2}} + C$;

(3) 据上面关系式(1),可知 $d\left[\int (\arctan x)^2 \, dx\right] = (\arctan x)^2 \, dx.$

2. 不定积分的几何意义

在直角坐标系中,$f(x)$ 的任意一个原函数 $F(x)$ 的图形是一条曲线 $y=F(x)$,这条曲线上任意点 $(x, F(x))$ 处的切线的斜率 $F'(x)$ 恰为函数值 $f(x)$,称这条曲线为 $f(x)$ 的一条**积分曲线**. $f(x)$ 的不定积分 $F(x)+C$ 则是一个曲线族,称为**积分曲线族**. 在平行于 y 轴的直线与曲线族中每一条曲线的交点处,曲线的切线的斜率都等于 $f(x)$ (图 4-1),因此积分曲线族可以由一条积分曲线通过平移得到.

在一些实际问题中,常常需要知道符合一定条件的某一个原函数.例如,对问题 1,在 gt 的不定积分 $s(t)=\frac{1}{2}gt^2+C$ 中,要求满足条件 $s(0)=0$ 的那个原函数;对问题 2,在 $2x$ 的不定积分 $y=x^2+C$ 中,要求满足 $y(0)=0$ 的那个原函数.在几何上即要找出积分曲线族中过特定点的一条积分曲线.例如,对问题 2,抛物线族 $y=x^2+C$ 是 $f(x)=2x$ 的积分曲线族,我们要求其中过原点的那一条曲线 $y=x^2$.我们可以先求出不定积分,然后根据已知的特定条件确定积分常数,从而得到所要求的那个原函数.

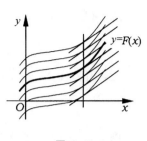

图 4-1

三、不定积分的基本公式

根据积分和微分的互逆关系,可以由导数的基本公式推得积分的基本公式如下:

(1) $\int dx = x + C$;

(2) $\int x^\alpha dx = \frac{1}{\alpha+1}x^{\alpha+1}+C (\alpha \neq -1)$;

(3) $\int \frac{1}{x}dx = \ln|x| + C$;

(4) $\int e^x dx = e^x + C$;

(5) $\int a^x dx = \frac{a^x}{\ln a} + C$;

(6) $\int \cos x dx = \sin x + C$;

(7) $\int \sin x dx = -\cos x + C$;

(8) $\int \frac{1}{\sin^2 x}dx = \int \csc^2 x dx = -\cot x + C$;

(9) $\int \frac{1}{\cos^2 x}dx = \int \sec^2 x dx = \tan x + C$;

(10) $\int \sec x \tan x dx = \sec x + C$;

(11) $\int \csc x \cot x dx = -\csc x + C$;

(12) $\int \frac{1}{1+x^2}dx = \arctan x + C$;

(13) $\int \frac{1}{\sqrt{1-x^2}}dx = \arcsin x + C$.

这些公式是求不定积分的基础,读者必须熟记.

四、不定积分的性质

根据不定积分的定义,可以推得它有如下两个性质:

性质 1 被积函数中不为零的常数因子可以提到积分号之外,即

$$\int kf(x)dx = k\int f(x)dx \ (k \neq 0).$$

因为

$$\left\{\int [f_1(x) \pm f_2(x)]dx\right\}' = \left[\int f_1(x)dx \pm \int f_2(x)dx\right]'$$

$$=\left[\int f_1(x)\mathrm{d}x\right]' \pm \left[\int f_2(x)\mathrm{d}x\right]' = f_1(x) \pm f_2(x),$$

所以还有以下性质：

性质 2 两个函数的代数和的不定积分等于每个函数的不定积分的代数和，即

$$\int [f_1(x) \pm f_2(x)]\mathrm{d}x = \int f_1(x)\mathrm{d}x \pm \int f_2(x)\mathrm{d}x.$$

性质 2 可推广至有限个函数的和、差的情形.

下面利用积分的基本公式和性质来求一些简单函数的不定积分.

例 4 求 $\int (2\mathrm{e}^x - 3\cos x)\mathrm{d}x$.

解 原式 $= \int 2\mathrm{e}^x \mathrm{d}x - \int 3\cos x \mathrm{d}x = 2\int \mathrm{e}^x \mathrm{d}x - 3\int \cos x \mathrm{d}x = 2\mathrm{e}^x - 3\sin x + C.$

注意 得到的 e^x 和 $\cos x$ 的两个不定积分各含有任意常数. 因为任意常数的和仍然是任意常数，故可以合成最后结果中的一个 C. 今后再有同样情况不再重复说明.

例 5 求 $\int \dfrac{(x-1)^3}{x^2}\mathrm{d}x$.

解 被积函数的形式不能直接应用积分的基本公式，也不能直接应用积分的性质，应先将被积函数的分子展开，拆成几个可以直接用基本公式得到结果的不定积分之和.

$$\int \frac{(x-1)^3}{x^2}\mathrm{d}x = \int \frac{x^3 - 3x^2 + 3x - 1}{x^2}\mathrm{d}x = \int \left(x - 3 + \frac{3}{x} - \frac{1}{x^2}\right)\mathrm{d}x$$

$$= \int x\mathrm{d}x - \int 3\mathrm{d}x + \int \frac{3}{x}\mathrm{d}x - \int \frac{1}{x^2}\mathrm{d}x = \frac{1}{2}x^2 - 3x + 3\ln|x| + \frac{1}{x} + C.$$

在上面的例子中，除了对被积函数作一些变形之外，都是直接利用积分的基本公式和性质来得到结果的，称这种求积分的方法为**直接积分法**. 下面的例子中应用的仍然是基本积分法，只是对被积函数的变形手段有所不同，但变形的目的是相同的：使应用性质分解得到的不定积分能直接由基本公式得出结果.

例 6 求不定积分 $\int \mathrm{e}^x(3 + \mathrm{e}^{-x})\mathrm{d}x$.

解 原式 $= \int (3\mathrm{e}^x + 1)\mathrm{d}x = 3\int \mathrm{e}^x \mathrm{d}x + \int \mathrm{d}x = 3\mathrm{e}^x + x + C.$

例 7 求不定积分 $\int \dfrac{x^4}{1+x^2}\mathrm{d}x$.

解 原式 $= \int \dfrac{(x^4-1)+1}{1+x^2}\mathrm{d}x = \int \left(x^2 - 1 + \dfrac{1}{1+x^2}\right)\mathrm{d}x$

$= \int x^2 \mathrm{d}x - \int \mathrm{d}x + \int \dfrac{1}{1+x^2}\mathrm{d}x$

$= \dfrac{1}{3}x^3 - x + \arctan x + C.$

例 8 求不定积分 $\int \dfrac{2x^2+1}{x^2(1+x^2)}dx$.

解 原式 $=\int \dfrac{(x^2+1)+x^2}{x^2(1+x^2)}dx = \int\left(\dfrac{1}{x^2}+\dfrac{1}{1+x^2}\right)dx = \int\dfrac{1}{x^2}dx+\int\dfrac{1}{1+x^2}dx$

$= -\dfrac{1}{x}+\arctan x + C.$

例 9 求 $\int \tan^2 x\,dx$.

解 原式 $=\int(\sec^2 x-1)dx=\int\sec^2 x\,dx-\int dx=\tan x-x+C.$

例 10 求不定积分 $\int \dfrac{1}{\sin^2 x\cos^2 x}dx$.

解 原式 $=\int\dfrac{\sin^2 x+\cos^2 x}{\sin^2 x\cos^2 x}dx=\int\left(\dfrac{1}{\cos^2 x}+\dfrac{1}{\sin^2 x}\right)dx=\tan x-\cot x+C.$

例 11 求不定积分 $\int \sin^2 \dfrac{x}{2}dx$.

解 原式 $=\int\dfrac{1-\cos x}{2}dx=\dfrac{1}{2}\int(1-\cos x)dx=\dfrac{1}{2}\left(\int dx-\int \cos x\,dx\right)$

$=\dfrac{1}{2}(x-\sin x)+C.$

随堂练习 4-1

1. 什么叫 $f(x)$ 的原函数？什么叫 $f(x)$ 的不定积分？$f(x)$ 的不定积分的几何意义是什么？请举例说明.

2. 判断下列函数 $F(x)$ 是否是 $f(x)$ 的原函数，为什么？

(1) $F(x)=-\dfrac{1}{x}, f(x)=\dfrac{1}{x^2}$;   (   )

(2) $F(x)=2x, f(x)=x^2$;   (   )

(3) $F(x)=\dfrac{1}{2}e^{2x}+\pi, f(x)=e^{2x}$;   (   )

(4) $F(x)=\sin 5x, f(x)=\cos 5x.$ (   )

3. 问 $\int 2\sin x\cos x\,dx=\sin^2 x+C$ 与 $\int 2\sin x\cos x\,dx=-\cos^2 x+C$ 是否矛盾，为什么？

4. 写出下列各式的结果：

(1) $\int d\left(\dfrac{1}{2}\sin 2x\right)$;   (2) $d\left(\int\dfrac{1}{\sin x}dx\right)$;

(3) $\int (\sqrt{a^2+x^2})' dx$;　　　　　(4) $\left[\int e^x(\sin x+\cos x)dx\right]'$.

习题 4-1

1. 求下列不定积分：

(1) $\int x\sqrt{x\sqrt{x}}\,dx$;　　　　　(2) $\int \left(\dfrac{1}{x}-e^x+5\cos x\right)dx$;

(3) $\int \left(\dfrac{x-1}{x}\right)^2 dx$;　　　　　(4) $\int \dfrac{x^4-2x^2+5x-3}{x^2}dx$;

(5) $\int \left(3\sin x+\dfrac{1}{\sin^2 x}\right)dx$;　　　　　(6) $\int \dfrac{\sqrt{1+x^2}}{\sqrt{1-x^4}}dx$;

(7) $\int 2^x\left(1-\dfrac{2^{-x}}{\sqrt{x}}\right)dx$;　　　　　(8) $\int \dfrac{\cos 2x}{\cos^2 x \sin^2 x}dx$;

(9) $\int \dfrac{3x^4+3x^2+1}{x^2+1}dx$;　　　　　(10) $\int \dfrac{1+\cos^2 x}{1+\cos 2x}dx$.

2. 证明函数 $\dfrac{1}{2}\sin^2 x$, $-\dfrac{1}{4}\cos 2x$, $-\dfrac{1}{2}\cos^2 x$ 是同一函数的原函数.

3. 一曲线通过点 $(e^2, 2)$, 且在任一点处的切线斜率等于该点横坐标的倒数, 求此曲线方程.

4. 一物体以加速度 $a=12t^2-3\sin t$ 做直线运动, 当 $t=0$ 时路程 $s_0=-3$, 速度 $v_0=5$, 求：

(1) 速度函数 $v=v(t)$;　　　　　(2) 位移函数 $s=s(t)$.

§4-2 换元积分法

能利用直接积分法来计算的不定积分是十分有限的,如 $\int \sqrt{a^2+x^2}\,dx$,直接积分法就无能为力了.因此,我们必须进一步研究不定积分的求法.本节讨论换元积分法,它是通过变量代换,使新变量下的积分可以用积分的基本公式和性质来解决.根据换元方式的不同,换元积分法通常分为第一类换元积分法和第二类换元积分法.

一、第一类换元积分法

有一些不定积分,虽然不能直接应用积分的基本公式和性质,但是通过适当的变量代换,就能用基本公式和性质进行相应的积分计算.例如,$\int \cos 2x\,dx$,积分基本公式中只有 $\int \cos x\,dx = \sin x + C$,为了应用这个公式,可进行如下变换:

$$\int \cos 2x\,dx = \int \cos 2x \cdot \frac{1}{2}d(2x) \xrightarrow{\text{令}\,2x=u} \frac{1}{2}\int \cos u\,du$$

$$= \frac{1}{2}\sin u + C \xrightarrow{u=2x\,\text{回代}} \frac{1}{2}\sin 2x + C.$$

因为 $\left(\frac{1}{2}\sin 2x + C\right)' = \cos 2x$,所以 $\int \cos 2x\,dx = \frac{1}{2}\sin 2x + C$ 是正确的.

对一般情况,有如下定理:

定理 1 设 $f(u)$ 具有原函数 $F(u)$,$\varphi'(x)$ 是连续函数,那么

$$\int f[\varphi(x)]\varphi'(x)\,dx = F[\varphi(x)] + C.$$

这种积分法的基本思想是在积分表达式中作变量代换 $u = \varphi(x)$ ($d[\varphi(x)] = \varphi'(x)dx$),变原积分为 $\int f(u)\,du$,利用已知 $f(u)$ 的原函数是 $F(u)$ 得到积分,因此通常称为**第一类换元积分法**.

例 1 求 $\int (ax+b)^{10}\,dx$ (a,b 为常数).

解 因为 $dx = \frac{1}{a}d(ax+b)$,所以

$$\int (ax+b)^{10}\,dx = \frac{1}{a}\int (ax+b)^{10}\,d(ax+b) \xrightarrow{\text{令}\,ax+b=u} \frac{1}{a}\int u^{10}\,du$$

$$= \frac{1}{11a}u^{11}+C \xrightarrow{u=ax+b \text{ 回代}} \frac{1}{11a}(ax+b)^{11}+C.$$

例2 求 $\int \dfrac{\ln x}{x}dx$.

解 因为 $\dfrac{1}{x}dx = d(\ln x)$,所以

$$\text{原式} = \int \ln x \, d(\ln x) \xrightarrow{\text{令} \ln x=u} \int u\,du = \frac{1}{2}u^2+C \xrightarrow{u=\ln x \text{ 回代}} \frac{1}{2}(\ln x)^2+C.$$

例3 求 $\int xe^{x^2}dx$.

解 因为 $xdx = \dfrac{1}{2}d(x^2)$,所以

$$\text{原式} = \frac{1}{2}\int e^{x^2}d(x^2) \xrightarrow{\text{令} x^2=u} \frac{1}{2}\int e^u du = \frac{1}{2}e^u+C \xrightarrow{u=x^2 \text{ 回代}} \frac{1}{2}e^{x^2}+C.$$

例4 求 $\int \dfrac{x}{\sqrt{a^2-x^2}}dx$.

解 因为 $xdx = \dfrac{1}{2}d(x^2) = -\dfrac{1}{2}d(a^2-x^2)$,所以

$$\text{原式} = -\frac{1}{2}\int \frac{1}{\sqrt{a^2-x^2}}d(a^2-x^2) \xrightarrow{\text{令} a^2-x^2=u} -\frac{1}{2}\int \frac{1}{\sqrt{u}}du$$

$$= -\sqrt{u}+C \xrightarrow{u=a^2-x^2 \text{ 回代}} -\sqrt{a^2-x^2}+C.$$

例5 求 $\int \dfrac{\sin x}{1+\cos^2 x}dx$.

解 因为 $\sin x \, dx = -d(\cos x)$,所以

$$\text{原式} = -\int \frac{1}{1+\cos^2 x}d(\cos x) \xrightarrow{\text{令} \cos x=u} -\int \frac{1}{1+u^2}du$$

$$= -\arctan u+C \xrightarrow{u=\cos x \text{ 回代}} -\arctan(\cos x)+C.$$

从以上例子中可以看出,用第一类换元积分法计算积分,关键在于如何把被积表达式凑成两部分,一部分为 $d[\varphi(x)]$,另一部分为 $\varphi(x)$ 的函数 $f[\varphi(x)]$,且 $f(u)$ 的原函数易于求得. 因此,第一类换元积分法又称为**凑微分法**. 凑微分法是积分计算中应用广泛且十分有效的一种方法. 我们若能记住以下一些微分式子,对使用凑微分法是十分有益的:

(1) $dx = \dfrac{1}{a}d(ax)$;　　　　　　　　　(2) $xdx = \dfrac{1}{2}d(x^2)$;

(3) $\dfrac{1}{x}dx = d(\ln|x|)$;　　　　　　　　(4) $\dfrac{1}{\sqrt{x}}dx = 2d(\sqrt{x})$;

(5) $\dfrac{1}{x^2}dx = -d\left(\dfrac{1}{x}\right)$;　　　　　　　(6) $\dfrac{1}{1+x^2}dx = d(\arctan x)$;

(7) $\dfrac{1}{\sqrt{1-x^2}}dx = d(\arcsin x)$;

(8) $e^x dx = d(e^x)$;

(9) $\sin x\,dx = -d(\cos x)$;

(10) $\cos x\,dx = d(\sin x)$;

(11) $\sec^2 x\,dx = d(\tan x)$;

(12) $\csc^2 x\,dx = -d(\cot x)$;

(13) $\sec x\tan x\,dx = d(\sec x)$;

(14) $\csc x\cot x\,dx = -d(\csc x)$.

在应用凑微分法比较熟练后，可以省掉变量的代换过程，从而简化积分的计算步骤.

例 6 求 $\displaystyle\int \dfrac{1}{x^2}\cos\dfrac{1}{x}dx$.

解 原式 $= -\displaystyle\int \cos\dfrac{1}{x}d\left(\dfrac{1}{x}\right) = -\sin\dfrac{1}{x}+C$.

例 7 求 $\displaystyle\int \dfrac{1}{\sqrt{a^2-x^2}}dx\ (a>0)$.

解 原式 $=\displaystyle\int \dfrac{1}{a\sqrt{1-\left(\dfrac{x}{a}\right)^2}}dx = \displaystyle\int \dfrac{1}{\sqrt{1-\left(\dfrac{x}{a}\right)^2}}d\left(\dfrac{x}{a}\right) = \arcsin\dfrac{x}{a}+C$.

例 8 求 $\displaystyle\int \dfrac{1}{a^2+x^2}dx$.

解 原式 $=\dfrac{1}{a^2}\displaystyle\int \dfrac{1}{1+\left(\dfrac{x}{a}\right)^2}dx = \dfrac{1}{a}\displaystyle\int \dfrac{1}{1+\left(\dfrac{x}{a}\right)^2}d\left(\dfrac{x}{a}\right) = \dfrac{1}{a}\arctan\left(\dfrac{x}{a}\right)+C$.

例 9 求 $\displaystyle\int \dfrac{1}{a^2-x^2}dx$.

解 原式 $=\dfrac{1}{2a}\displaystyle\int \left(\dfrac{1}{a+x}+\dfrac{1}{a-x}\right)dx = \dfrac{1}{2a}\left[\displaystyle\int \dfrac{1}{a+x}d(a+x) - \displaystyle\int \dfrac{1}{a-x}d(a-x)\right]$

$= \dfrac{1}{2a}\ln\left|\dfrac{a+x}{a-x}\right|+C$.

例 10 求 $\displaystyle\int \tan x\,dx$.

解 原式 $=\displaystyle\int \dfrac{\sin x}{\cos x}dx = -\displaystyle\int \dfrac{1}{\cos x}d(\cos x) = -\ln|\cos x|+C$.

类似可得 $\displaystyle\int \cot x\,dx = \ln|\sin x|+C$.

例 11 求 $\displaystyle\int \sec x\,dx$.

解 原式 $=\displaystyle\int \dfrac{1}{\cos x}dx = \displaystyle\int \dfrac{d(\sin x)}{\cos^2 x} = \displaystyle\int \dfrac{d(\sin x)}{1-\sin^2 x}$,

利用例 9 的结论得

原式 $= \dfrac{1}{2}\ln\left|\dfrac{1+\sin x}{1-\sin x}\right|+C = \dfrac{1}{2}\ln\left(\dfrac{1+\sin x}{\cos x}\right)^2 + C = \ln|\sec x + \tan x|+C$.

类似可得 $\int \csc x \, dx = \ln|\csc x - \cot x| + C$.

例 12 求 $\int \sin^2 x \, dx$.

解 原式 $= \dfrac{1}{2} \int (1 - \cos 2x) \, dx = \dfrac{1}{2}\left(x - \dfrac{1}{2}\sin 2x\right) + C = \dfrac{1}{2}x - \dfrac{1}{4}\sin 2x + C$.

例 13 求 $\int \sin^3 x \, dx$.

解 原式 $= -\int \sin^2 x \, d(\cos x) = -\int (1 - \cos^2 x) \, d(\cos x) = -\cos x + \dfrac{1}{3}\cos^3 x + C$.

例 14 求 $\int \cos 3x \cos 2x \, dx$.

解 容易验证，对任意 A, B 成立 $\cos A \cos B = \dfrac{1}{2}[\cos(A+B) + \cos(A-B)]$，所以

$$原式 = \dfrac{1}{2}\int (\cos 5x + \cos x) \, dx = \dfrac{1}{2}\int \cos 5x \, dx + \dfrac{1}{2}\int \cos x \, dx$$

$$= \dfrac{1}{2} \cdot \dfrac{1}{5}\int \cos 5x \, d(5x) + \dfrac{1}{2}\sin x = \dfrac{1}{10}\sin 5x + \dfrac{1}{2}\sin x + C.$$

例 15 求 $\int \dfrac{1 + \ln x}{x \ln x} \, dx$.

解 原式 $= \int \dfrac{1 + \ln x}{\ln x} \, d(\ln x) = \int \left(\dfrac{1}{\ln x} + 1\right) d(\ln x) = \ln|\ln x| + \ln x + C$.

例 16 求 $\int \dfrac{\arctan \sqrt{x}}{\sqrt{x}(1+x)} \, dx$.

解 原式 $= 2\int \dfrac{\arctan \sqrt{x}}{1 + (\sqrt{x})^2} \, d(\sqrt{x}) = 2\int \arctan \sqrt{x} \, d(\arctan \sqrt{x}) = \arctan^2 \sqrt{x} + C$.

例 17 求 $\int \dfrac{2x+3}{x^2+2x+2} \, dx$.

解 原式 $= \int \dfrac{(2x+2)+1}{x^2+2x+2} \, dx = \int \dfrac{d(x^2+2x+2)}{x^2+2x+2} + \int \dfrac{1}{x^2+2x+2} \, dx$

$$= \ln(x^2+2x+2) + \int \dfrac{1}{(x+1)^2+1} \, d(x+1)$$

$$= \ln(x^2+2x+2) + \arctan(x+1) + C.$$

二、第二类换元积分法

第一类换元积分法即"凑微分"法是将原变量 x 的某一函数 $\varphi(x)$ 替换成新变量，使新变量的函数易于积分，然而这个 $\varphi(x)$ 在某些情况是很难看出来的. 下面要学习的第二类换元法仍然是对积分变量进行变换，但变换的方式不是令 $u = \varphi(x)$，而是令 $x =$

$\varphi(t)(\mathrm{d}x = \varphi'(t)\mathrm{d}t)$,把对 x 的积分 $\int f(x)\mathrm{d}x$ 变成易于得到结果的对 t 的积分 $\int f[\varphi(t)]\varphi'(t)\mathrm{d}t$.

定理 2 设 $\varphi(t)$ 具有连续的导函数,其反函数存在且可导. 若 $f(x)$ 连续且
$$\int f[\varphi(t)]\varphi'(t)\mathrm{d}t = \Phi(t) + C,$$
则 $\int f(x)\mathrm{d}x \xrightarrow{\text{令 } x=\varphi(t)} \int f[\varphi(t)]\varphi'(t)\mathrm{d}t = \Phi(t) + C \xrightarrow{t=\varphi^{-1}(x) \text{回代}} \Phi[\varphi^{-1}(x)] + C.$

为了和第一类换元积分法相区别,通常称这种换元法为**第二类换元积分法**. 从换元过程可见,第二类换元法的关键是选取适当的 $\varphi(t)$,使作变换 $x=\varphi(t)$ 后的积分容易得到结果. 通常的做法是试探代换掉被积函数中比较难处理的项.

例 18 求 $\int \dfrac{1}{1+\sqrt[3]{1+x}}\mathrm{d}x$.

解 令 $\sqrt[3]{1+x}=t$(代换掉难处理的项 $\sqrt[3]{1+x}$),则 $x=t^3-1, \mathrm{d}x=3t^2\mathrm{d}t$,于是
$$\text{原式} = \int \frac{1}{1+t}3t^2\mathrm{d}t = 3\int\left(\frac{t^2-1}{1+t}+\frac{1}{1+t}\right)\mathrm{d}t = 3\int\left(t-1+\frac{1}{1+t}\right)\mathrm{d}t$$
$$= \frac{3}{2}t^2 - 3t + 3\ln|1+t| + C$$
$$\xrightarrow{t=\sqrt[3]{1+x}\text{回代}} \frac{3}{2}\sqrt[3]{(1+x)^2} - 3\sqrt[3]{1+x} + 3\ln|1+\sqrt[3]{1+x}| + C.$$

例 19 求 $\int \dfrac{1}{\sqrt{x}+\sqrt[3]{x}}\mathrm{d}x$.

解 令 $\sqrt[6]{x}=t$(代换掉难处理的项 $\sqrt{x}$ 和 $\sqrt[3]{x}$),则 $x=t^6, \mathrm{d}x=6t^5\mathrm{d}t$,于是
$$\text{原式} = \int \frac{6t^5}{t^3+t^2}\mathrm{d}t = 6\int\frac{t^3}{1+t}\mathrm{d}t = 6\int\frac{(t^3+1)-1}{1+t}\mathrm{d}t = 6\int\left(t^2-t+1-\frac{1}{1+t}\right)\mathrm{d}t$$
$$= 2t^3-3t^2+6t-6\ln|1+t|+C \xrightarrow{t=\sqrt[6]{x}\text{回代}} 2\sqrt{x}-3\sqrt[3]{x}+6\sqrt[6]{x}-6\ln|1+\sqrt[6]{x}|+C.$$

从以上两例可以看出,当被积函数中含有 x 的一次根式 $\sqrt[n]{ax+b}$ 时,一般可作代换 $t=\sqrt[n]{ax+b}\left(x=\dfrac{t^n-b}{a}\right)$ 去掉根式,从而得积分,这种代换常称为**有理代换**.

例 20 求 $\int \sqrt{a^2-x^2}\,\mathrm{d}x\ (a>0)$.

解 令 $x=a\sin t\left(-\dfrac{\pi}{2}<t<\dfrac{\pi}{2}\right)$,则 $\mathrm{d}x=a\cos t\mathrm{d}t, \sqrt{a^2-x^2}=a\cos t$,于是
$$\text{原式} = \int a^2\cos^2 t\mathrm{d}t = a^2\int\frac{1+\cos 2t}{2}\mathrm{d}t = a^2\left(\frac{t}{2}+\frac{\sin 2t}{4}\right)+C.$$

为了能方便地进行变量的回代,可根据 $x=a\sin t$ 作一辅助直角三角形,利用边角关系来实现替换,如图 4-2 所示.

$$\sin t = \frac{x}{a}, \cos t = \frac{\sqrt{a^2-x^2}}{a},$$

所以 $\quad t = \arcsin\frac{x}{a}, \sin 2t = 2\sin t \cos t = \frac{2x\sqrt{a^2-x^2}}{a^2}.$

故 $\quad \int \sqrt{a^2-x^2}\,\mathrm{d}x = \frac{a^2}{2}\arcsin\frac{x}{a} + \frac{x\sqrt{a^2-x^2}}{2} + C.$

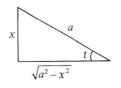

图 4-2

例 21 求 $\int \frac{1}{\sqrt{x^2+a^2}}\,\mathrm{d}x.$

解 令 $x = a\tan t$,则 $\mathrm{d}x = a\sec^2 t\,\mathrm{d}t$,$\sqrt{x^2+a^2} = a\sec t$,于是

原式 $= \int \frac{a\sec^2 t\,\mathrm{d}t}{a\sec t} = \int \sec t\,\mathrm{d}t = \ln|\sec t + \tan t| + C.$

类似上例,利用辅助直角三角形(图 4-3)回代可得

$$\int \frac{1}{\sqrt{x^2+a^2}}\,\mathrm{d}x = \ln\left|\frac{x+\sqrt{x^2+a^2}}{a}\right| + C$$
$$= \ln|x+\sqrt{x^2+a^2}| + C_1\ (C_1 = C - \ln a).$$

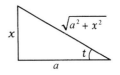

图 4-3

例 22 求 $\int \frac{1}{\sqrt{x^2-a^2}}\,\mathrm{d}x.$

解 令 $x = a\sec t$,则 $\mathrm{d}x = a\sec t \tan t\,\mathrm{d}t$,$\sqrt{x^2-a^2} = a\tan t$,于是

原式 $= \int \frac{a\sec t\tan t\,\mathrm{d}t}{a\tan t} = \int \sec t\,\mathrm{d}t = \ln|\sec t + \tan t| + C.$

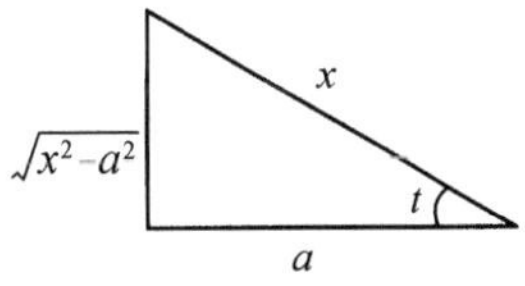

仍然应用辅助三角形(图 4-4),回代 $\sec t, \tan t$,得

图 4-4

$$\int \frac{1}{\sqrt{x^2-a^2}}\,\mathrm{d}x = \ln|x+\sqrt{x^2-a^2}| + C_1\ (C_1 = C - \ln a).$$

上面例 20—例 22 中,都以三角式代换来消去二次根式,一般这种方法称为**三角代换法**,它也是积分中常用的代换方法之一. 一般地,根据被积函数的根式类型,常用的变换如下:

(1) 被积函数中含有 $\sqrt{a^2-x^2}$,令 $x = a\sin t$ 或 $x = a\cos t$;

(2) 被积函数中含有 $\sqrt{x^2+a^2}$,令 $x = a\tan t$ 或 $x = a\cot t$;

(3) 被积函数中含有 $\sqrt{x^2-a^2}$,令 $x = a\sec t$ 或 $x = a\csc t$.

但要注意不可拘泥于上述规定,应视被积函数的具体情况,选取尽可能简便的代换. 例如,对 $\int \frac{x}{\sqrt{a^2-x^2}}\,\mathrm{d}x, \int x\sqrt{x^2+a^2}\,\mathrm{d}x$,用凑微分法显然比用三角代换法更简捷.

上述例题的部分结果,在求其他积分时经常碰到. 为了避免重复计算,通常把它们作为公式直接引用. 这样,除了前面已经列出的 13 个基本积分公式外,下面 8 个结果也作为基本积分公式使用：

(14) $\int \tan x \, dx = -\ln|\cos x| + C;$ (15) $\int \cot x \, dx = \ln|\sin x| + C;$

(16) $\int \sec x \, dx = \ln|\sec x + \tan x| + C;$ (17) $\int \csc x \, dx = \ln|\csc x - \cot x| + C;$

(18) $\int \dfrac{1}{a^2 + x^2} dx = \dfrac{1}{a} \arctan\left(\dfrac{x}{a}\right) + C;$

(19) $\int \dfrac{1}{a^2 - x^2} dx = \dfrac{1}{2a} \ln\left|\dfrac{a+x}{a-x}\right| + C \, (a \neq 0);$

(20) $\int \dfrac{1}{\sqrt{a^2 - x^2}} dx = \arcsin \dfrac{x}{a} + C \, (a > 0);$

(21) $\int \dfrac{1}{\sqrt{x^2 \pm a^2}} dx = \ln|x + \sqrt{x^2 \pm a^2}| + C.$

随堂练习 4-2

1. 填空：

(1) $d(5x) = (\quad) dx;$ (2) $dx = (\quad) d(2x+1);$

(3) $d(x^2) = (\quad) dx;$ (4) $x \, dx = (\quad) d(ax^2 + b);$

(5) $\dfrac{1}{\sqrt{x}} dx = (\quad) d(\sqrt{x});$ (6) $x^2 \, dx = (\quad) d(x^3);$

(7) $e^x \, dx = (\quad) d(e^x);$ (8) $\dfrac{1}{x} dx = (\quad) d(2\ln|x|);$

(9) $\sin x \, dx = (\quad) d(\cos x);$ (10) $\dfrac{1}{x^2} dx = (\quad) d\left(\dfrac{1}{x} + 1\right);$

(11) $d(\arctan x) = (\quad) dx;$ (12) $\dfrac{1}{\sqrt{1-x^2}} dx = d(\quad).$

2. 下列做法错在何处？改正之.

(1) $\int e^{4x} dx = e^{4x} + C;$ (2) $\int (x+1)^5 dx = \dfrac{1}{6}(x+1)^6;$

(3) $\int \sin \sqrt{x} \, d(\sqrt{x}) = \cos \sqrt{x} + C;$

(4) $\int x^2 \sin(x^3 + 1) dx = 3 \int (x^3 + 1) d(x^3 + 1);$

(5) $\int \sin x \cos x \, dx = \int \sin x \, d(\sin x) = -\cos x + C;$

(6) $\int e^{-x} dx = e^{-x} + C;$

(7) $\int \dfrac{1}{1+\sqrt{x}}\mathrm{d}x \xrightarrow{\text{令}\sqrt{x}=u} \int \dfrac{1}{1+u}\mathrm{d}u = \ln|1+u|+C = \ln(1+\sqrt{x})+C;$

(8) $\int \sqrt{1-x^2}\mathrm{d}x \xrightarrow{\text{令}x=\sin u} \int \cos u\mathrm{d}u = \sin u + C = \sin x + C.$

3. 求下列不定积分：

(1) $\int (2x-5)^4\mathrm{d}(2x-5);$

(2) $\int \sqrt{3x+1}\mathrm{d}(3x+1);$

(3) $\int \dfrac{1}{ax+b}\mathrm{d}(ax+b);$

(4) $\int \dfrac{1}{1+4x^2}\mathrm{d}(2x);$

(5) $\int \dfrac{1}{\sqrt{\sin x}}\mathrm{d}(\sin x);$

(6) $\int \dfrac{1}{\cos^2 3x}\mathrm{d}(3x);$

(7) $\int \dfrac{1}{\sqrt{1-9x^2}}\mathrm{d}(3x);$

(8) $\int \mathrm{e}^{-2x}\mathrm{d}(2x);$

(9) $\int \sin 2x\mathrm{d}(2x);$

(10) $\int \cos 3x\mathrm{d}(3x).$

习　题　4-2

1. 求下列不定积分：

(1) $\int (1+3x)^4\mathrm{d}x;$

(2) $\int \sqrt[3]{5-2x}\mathrm{d}x;$

(3) $\int \dfrac{\sqrt{\ln x}}{x}\mathrm{d}x;$

(4) $\int \dfrac{1}{x^2}\mathrm{e}^{\frac{1}{x}}\mathrm{d}x;$

(5) $\int \mathrm{e}^{\sin x}\cos x\mathrm{d}x;$

(6) $\int \dfrac{\sin\sqrt{x}}{\sqrt{x}}\mathrm{d}x;$

(7) $\int \dfrac{1}{\sqrt{9-x^2}}\mathrm{d}x;$

(8) $\int \dfrac{1}{\sqrt{3+2x-x^2}}\mathrm{d}x;$

(9) $\int \dfrac{1}{4+3x^2}\mathrm{d}x;$

(10) $\int \dfrac{1}{5+4x+4x^2}\mathrm{d}x;$

(11) $\int \dfrac{2x-5}{x^2-5x+7}\mathrm{d}x;$

(12) $\int \dfrac{\sin x\cos x}{1+\sin^4 x}\mathrm{d}x;$

(13) $\int \dfrac{\sin(\ln x)}{x}\mathrm{d}x;$

(14) $\int \dfrac{1}{x\ln x\ln(\ln x)}\mathrm{d}x;$

(15) $\int \dfrac{2x-1}{\sqrt{1-x^2}}\mathrm{d}x;$

(16) $\int \dfrac{x-1}{\sqrt{a^2-x^2}}\mathrm{d}x;$

(17) $\int \sin^2 x\cos^3 x\mathrm{d}x;$

(18) $\int \dfrac{\sin^4 x}{\cos^2 x}\mathrm{d}x;$

(19) $\int \sin 3x\cos x\,\mathrm{d}x$;

(20) $\int \cos 3x\cos x\,\mathrm{d}x$;

(21) $\int \sin 5x\sin 3x\,\mathrm{d}x$;

(22) $\int \tan^3 x\sec^4 x\,\mathrm{d}x$;

(23) $\int \tan x\sec^2 x\,\mathrm{d}x$;

(24) $\int \dfrac{1}{x^2-4}\,\mathrm{d}x$.

2. 求下列不定积分：

(1) $\int \dfrac{1}{1+\sqrt{2x}}\,\mathrm{d}x$;

(2) $\int \dfrac{\mathrm{d}x}{1+\sqrt[3]{2x+1}}$;

(3) $\int \dfrac{\mathrm{d}x}{\sqrt{x^2-1}}$;

(4) $\int \dfrac{\mathrm{d}x}{(x^2+1)^{\frac{3}{2}}}$;

(5) $\int \sqrt{9-x^2}\,\mathrm{d}x$;

(6) $\int \dfrac{1}{x\sqrt{x^2-1}}\,\mathrm{d}x$;

(7) $\int \dfrac{1}{x^2\sqrt{x^2-9}}\,\mathrm{d}x$;

(8) $\int \dfrac{x^2}{\sqrt{9-x^2}}\,\mathrm{d}x$;

(9) $\int \dfrac{1}{\sqrt{1+\mathrm{e}^x}}\,\mathrm{d}x$;

(10) $\int \dfrac{\sqrt{x^2-2x}}{x-1}\,\mathrm{d}x$.

§4-3 分部积分法

换元积分法是一种基本的积分方法,它是根据复合函数的微分法则推导得来的. 换元法虽然应用广泛,但也有一定的局限性,如对于 $\int x\ln^2 x\mathrm{d}x$, $\int \mathrm{e}^x \sin x\mathrm{d}x$ 之类的积分,就显得捉襟见肘. 下面学习另一种基本积分方法,它是在函数的乘积微分法则基础上推导出来的.

设函数 $u=u(x)$, $v=v(x)$ 均具有连续导数,则由两个函数乘法的微分法则可得
$$\mathrm{d}(uv)=u\mathrm{d}v+v\mathrm{d}u \text{ 或 } u\mathrm{d}v=\mathrm{d}(uv)-v\mathrm{d}u,$$
两边积分得
$$\int u\mathrm{d}v=\int \mathrm{d}(uv)-\int v\mathrm{d}u=uv-\int v\mathrm{d}u.$$
称这个公式为**分部积分公式**.

分部积分公式把计算积分 $\int u\mathrm{d}v$ 化为计算积分 $\int v\mathrm{d}u$,它的意义在于前者不易计算,而后者容易计算,从而起到化难为易的作用.

例1 求 $\int x\sin x\mathrm{d}x$.

解 令 $u=x$,余下的 $\sin x\mathrm{d}x=-\mathrm{d}(\cos x)=-\mathrm{d}v$,则
$$\int x\sin x\mathrm{d}x=-\int x\mathrm{d}(\cos x)=-\left(x\cos x-\int \cos x\mathrm{d}x\right)=-x\cos x+\sin x+C.$$

注意 本题如果令 $u=\sin x$, $x\mathrm{d}x=\mathrm{d}\left(\frac{1}{2}x^2\right)$,那么
$$\int x\sin x\mathrm{d}x=\frac{1}{2}\int \sin x\mathrm{d}(x^2)=\frac{1}{2}\left[x^2\sin x-\int x^2\mathrm{d}(\sin x)\right]=\frac{1}{2}x^2\sin x-\frac{1}{2}\int x^2\cos x\mathrm{d}x.$$
此时,等号右端的积分 $\frac{1}{2}\int x^2\cos x\mathrm{d}x$ 反而比左端 $\int x\sin x\mathrm{d}x$ 更复杂,这真是弄巧成拙了,因此这样选取 u,v 是不合适的. 由此可见,应用分部积分法是否有效,选择 u,v 十分关键,一般可依据以下两个原则:

(1) 由 $\varphi(x)\mathrm{d}x=\mathrm{d}v$,求 v 比较容易;

(2) $\int v\mathrm{d}u$ 比 $\int u\mathrm{d}v$ 更容易计算.

例2 求 $\int x^2\cos x\mathrm{d}x$.

解 令 $u=x^2$ ($\mathrm{d}u$ 的结果能降低 x 的次数), $\cos x\mathrm{d}x=\mathrm{d}(\sin x)=\mathrm{d}v$,则

$$\int x^2 \cos x \, dx = \int x^2 d(\sin x) = x^2 \sin x - \int \sin x \, d(x^2) = x^2 \sin x - 2\int x \sin x \, dx.$$

对于 $\int x \sin x \, dx$,上题已有结论 $\int x \sin x \, dx = -x\cos x + \sin x + C$,所以

$$\int x^2 \cos x \, dx = x^2 \sin x + 2x\cos x - 2\sin x + C_1 \quad (C_1 = -2C).$$

例 3 求 $\int x e^x \, dx$.

解 令 $u = x, e^x \, dx = d(e^x) = dv$,则

$$\int x e^x \, dx = \int x \, d(e^x) = x e^x - \int e^x \, dx = e^x(x - 1) + C.$$

例 4 求 $\int x \ln x \, dx$.

解 令 $u = \ln x$(du 后能化为有理式),$x \, dx = d\left(\dfrac{1}{2}x^2\right) = dv$,则

$$\int x \ln x \, dx = \frac{1}{2}\int \ln x \, d(x^2) = \frac{1}{2}\left[x^2 \ln x - \int x^2 d(\ln x)\right] = \frac{1}{2}x^2 \ln x - \frac{1}{2}\int x^2 \cdot \frac{1}{x} dx$$
$$= \frac{1}{4}x^2(2\ln x - 1) + C.$$

例 5 求 $\int \arctan x \, dx$.

解 令 $u = \arctan x, dx = dv$,则

$$\int \arctan x \, dx = x\arctan x - \int x \, d(\arctan x) = x\arctan x - \int \frac{x}{1+x^2} dx$$
$$= x\arctan x - \frac{1}{2}\int \frac{1}{1+x^2} d(1+x^2) = x\arctan x - \frac{1}{2}\ln(1+x^2) + C.$$

例 6 求 $\int \arcsin x \, dx$.

解 令 $u = \arcsin x, dx = dv$,则

$$\int \arcsin x \, dx = x\arcsin x - \int x \, d(\arcsin x) = x\arcsin x - \int \frac{x}{\sqrt{1-x^2}} dx$$
$$= x\arcsin x + \frac{1}{2}\int \frac{d(1-x^2)}{\sqrt{1-x^2}} = x\arcsin x + \sqrt{1-x^2} + C.$$

例 7 求 $\int e^x \cos x \, dx$.

解 令 $u = e^x, \cos x \, dx = d(\sin x) = dv$,则

$$\int e^x \cos x \, dx = e^x \sin x - \int \sin x \, d(e^x) = e^x \sin x - \int e^x \sin x \, dx.$$

对于等式右端的积分 $\int e^x \sin x \, dx$ 再一次使用分部积分法. 仍令

$u = e^x, \sin x dx = d(-\cos x) = dv$,得

$$\int e^x \cos x dx = e^x \sin x + \int e^x d(\cos x) = e^x(\sin x + \cos x) - \int \cos x d(e^x)$$

$$= e^x(\sin x + \cos x) - \int e^x \cos x dx.$$

移项可化简,并注意等式左端是不定积分,右端应添加任意积分常数 C_1,即

$$2\int e^x \cos x dx = e^x(\sin x + \cos x) + C_1.$$

故 $\quad \int e^x \cos x dx = \dfrac{1}{2}e^x(\sin x + \cos x) + C \left(C = \dfrac{1}{2}C_1\right).$

请思考一下,如果令 $u = \cos x, e^x dx = d(e^x) = dv$ 是否可行?

从上述这些例题可以看出,当被积函数具有下表所列形式时,使用分部积分法一般都能奏效,而且其 u, v 的选择是有规律可循的(表 4-1):

表 4-1 被积函数的几种形式及 u, v 的选择

被积表达式(其中 $P_n(x)$ 为多项式)	u	dv
$P_n(x)\sin ax dx, P_n(x)\cos ax dx,$ $P_n(x)e^{ax} dx$	$P_n(x)$	$\sin ax dx,$ $\cos ax dx,$ $e^{ax} dx$
$P_n(x)\ln x dx, P_n(x)\arcsin x dx,$ $P_n(x)\arctan x dx,$	$\ln x, \arcsin x, \arctan x$	$P_n(x) dx$
$e^{ax}\sin bx dx, e^{ax}\cos bx dx$	$e^{ax}, \sin bx, \cos bx$ 均可选作 u,余下的作为 dv	

随堂练习 4-3

1. 对 $\int x \sin x dx$(例 1)使用分部积分时,选择 $u = \sin x, dv = x dx$ 来计算合适吗?为什么?

2. 下面做法在计算上虽然正确,但出现循环,得不到结果,你能发现问题所在吗?

$$\int e^x \cos x dx = \int \cos x d(e^x) = e^x \cos x - \int e^x d(\cos x)$$
$$= e^x \cos x - \left[e^x \cos x - \int \cos x d(e^x)\right] = \int e^x \cos x dx.$$

习 题 4-3

求下列不定积分：

(1) $\int x\sin 2x\,dx$;

(2) $\int \dfrac{x}{e^x}\,dx$;

(3) $\int (x^2+1)\ln x\,dx$;

(4) $\int x\arctan x\,dx$;

(5) $\int \ln(x+\sqrt{1+x^2})\,dx$;

(6) $\int \arccos x\,dx$;

(7) $\int \sin(\ln x)\,dx$;

(8) $\int x\sec^2 x\,dx$;

(9) $\int e^x \cos 2x\,dx$;

(10) $\int x^3 e^{x^2}\,dx$;

(11) $\int \cos\sqrt{x}\,dx$;

(12) $\int e^{\sqrt{x}}\,dx$.

§4-4 积分表的使用

在实际工作中,经常会遇到一些比较复杂的积分,为了应用上的方便,我们把常用的积分公式汇集成表,称这种表为**积分表**(本书附录给出了简易积分表).表中的公式是按被积函数的类型编排的,使用时,如果所求积分与表中被积函数的类型不完全相同,需要将所求的积分作变换化成相同类型,然后使用公式.下面举例说明积分表的使用方法.

例 1 查表求 $\int \dfrac{\mathrm{d}x}{x(2+3x)^2}$.

解 被积函数含有 $a+bx$,属于简易积分表中第一类公式 9,将 $a=2, b=3$ 代入公式得

$$\int \frac{\mathrm{d}x}{x(2+3x)^2} = \frac{1}{2(2+3x)} - \frac{1}{4}\ln\left|\frac{2+3x}{x}\right| + C.$$

例 2 查表求 $\int \sqrt{x^2-2x+3}\,\mathrm{d}x$.

解 被积函数含有 $\sqrt{a+bx\pm cx^2}$,属于简易积分表中第九类公式 74,将 $a=3, b=-2, c=1$ 代入公式得

$$\int \sqrt{x^2-2x+3}\,\mathrm{d}x = \frac{2x-2}{4}\sqrt{x^2-2x+3} - \frac{4-12}{8}\ln|2x-2+2\sqrt{x^2-2x+3}| + C_1$$

$$= \frac{x-1}{2}\sqrt{x^2-2x+3} + \ln|x-1+\sqrt{x^2-2x+3}| + C \quad (C=C_1+\ln 2).$$

例 3 查表求 $\int \dfrac{\mathrm{d}x}{2x^2-a^2}$.

解 这个积分在简易积分表中不能直接查到,但它与公式 21:$\int \dfrac{\mathrm{d}x}{x^2-a^2}=\dfrac{1}{2a}\ln\left|\dfrac{x-a}{x+a}\right|+C$ 类似.将所求积分变形:

$$\int \frac{\mathrm{d}x}{2x^2-a^2} = \frac{1}{2}\int \frac{\mathrm{d}x}{x^2-\left(\frac{a}{\sqrt{2}}\right)^2} = \frac{1}{2} \cdot \frac{1}{2\frac{a}{\sqrt{2}}}\ln\left|\frac{x-\frac{a}{\sqrt{2}}}{x+\frac{a}{\sqrt{2}}}\right| + C = \frac{\sqrt{2}}{4a}\ln\left|\frac{\sqrt{2}x-a}{\sqrt{2}x+a}\right| + C.$$

例 4 查表求 $\int \dfrac{\mathrm{d}x}{\sqrt{4x^2-4x-8}}$.

解 这个积分在简易积分表中不能直接查到,但经配方后与积分表中第六类公式 42:$\int \dfrac{\mathrm{d}x}{\sqrt{x^2-a^2}} = \ln|x+\sqrt{x^2-a^2}| + C$ 类似.将所求积分换元变形:

$$\int \frac{\mathrm{d}x}{\sqrt{4x^2-4x-8}} = \int \frac{\mathrm{d}x}{\sqrt{(2x-1)^2-9}} = \frac{1}{2}\int \frac{\mathrm{d}(2x-1)}{\sqrt{(2x-1)^2-9}} \xrightarrow{\diamondsuit\, 2x-1=u} \frac{1}{2}\int \frac{\mathrm{d}u}{\sqrt{u^2-9}}.$$

现在应用公式 42，并以 $u=2x-1$ 回代，得

$$\int \frac{\mathrm{d}x}{\sqrt{4x^2-4x-8}} = \frac{1}{2}\ln\left|2x-1+\sqrt{4x^2-4x-8}\right|+C.$$

从以上例子中，我们注意到计算有些积分时，应用积分公式前往往需要先将积分进行换元变形. 读者是否进一步体会到了换元积分法的重要？

一般来说，查简易积分表可以方便地求出函数的积分，但是最好不要依赖积分表，否则不利于学习和掌握积分的基本公式和方法.

虽然我们已经掌握了不少积分方法，而且可以证明初等函数在其定义域内一定存在不定积分，但是不定积分能以有限形式表示出来的，只是初等函数的很小的一部分，绝大部分初等函数的原函数不能以有限形式表示. 例如，

$$\int \mathrm{e}^{-x^2}\mathrm{d}x,\ \int \frac{\sin x}{x}\mathrm{d}x,\ \int \frac{\mathrm{d}x}{\ln x},\ \int \sqrt{1-k^2\cos^2 t}\,\mathrm{d}t\ (0<k<1)$$

等都属于这种类型. 在目前阶段，我们只能称这些积分是"积不出"的. 进一步的学习可以看到，这些所谓"积不出"的不定积分，在数学发展史上曾起过重大作用，在现实中也有着广泛应用.

习 题 4-4

利用简易积分表求下列不定积分：

(1) $\displaystyle\int \frac{\mathrm{d}x}{x(2+3x)}$;

(2) $\displaystyle\int \frac{\mathrm{d}x}{2x^2+3x+5}$;

(3) $\displaystyle\int \frac{x^2}{\sqrt{3+2x}}\mathrm{d}x$;

(4) $\displaystyle\int x^2\arcsin \frac{3x}{2}\mathrm{d}x$;

(5) $\displaystyle\int \sqrt{4x^2+5}\,\mathrm{d}x$;

(6) $\displaystyle\int \mathrm{e}^{-x}\sin 3x\,\mathrm{d}x$;

(7) $\displaystyle\int \frac{\mathrm{d}x}{9-4x^2}$;

(8) $\displaystyle\int \sqrt{x^2-4x+8}\,\mathrm{d}x$;

(9) $\displaystyle\int x^2\ln^2 x\,\mathrm{d}x$;

(10) $\displaystyle\int \frac{\mathrm{d}x}{5-4\cos x}$.

总结·拓展

一、知识小结

本章的主要内容是:原函数与不定积分的概念,不定积分的基本公式和运算性质,计算不定积分的方法.

1. 原函数与不定积分的概念

原函数与不定积分的概念是本章最基本的概念,也是学习本章的理论基础,为下一章定积分的学习做准备.

(1) 原函数的有关概念.

① 若 $F'(x)=f(x)$ 或 $d[F(x)]=f(x)dx$,则称 $F(x)$ 是 $f(x)$ 的一个原函数;

② 若 $f(x)$ 有一个原函数 $F(x)$,则一定有无限多个原函数,其中的每一个都能表示为 $F(x)+C(C$ 为常数)的形状;

③ $f(x)$ 在其连续区间上一定存在原函数.

(2) 不定积分的概念.

① $f(x)$ 的原函数的全体称为 $f(x)$ 的不定积分,记作
$$\int f(x)dx = F(x)+C.$$

② 不定积分与求导是互逆运算,它们有如下关系:

$\left[\int f(x)dx\right]' = f(x)$ 或 $d\left[\int f(x)dx\right] = d[F(x)]$ ——先积后导(微),不积不导;

$\int F'(x)dx = F(x)+C$ 或 $\int d[F(x)] = F(x)+C$ ——先导(微)后积,加上常数.

2. 积分的基本公式和性质

积分的基本公式和性质是求不定积分的基础,求任何一个积分,一般都要运用积分的性质,并最终归结为基本公式之一,因此必须熟记基本公式和性质.

3. 求积分的基本方法

积分方法有直接积分法、换元积分法和分部积分法.

(1) 直接积分法是求积分最基本的方法,它是其他积分法的基础.

$$\int f(x)\mathrm{d}x \xrightarrow{\text{代数或三角变形}} \int [f_1(x)\pm f_2(x)\pm\cdots\pm f_n(x)]\mathrm{d}x$$

$$\xrightarrow{\text{运算法则}} \int f_1(x)\mathrm{d}x \pm \int f_2(x)\mathrm{d}x \pm \cdots \pm \int f_n(x)\mathrm{d}x$$

$$\xrightarrow{\text{基本积分公式}} F_1(x)\pm F_2(x)\pm\cdots\pm F_n(x)+C.$$

(2) 换元积分法包括第一类换元积分法(凑微分法)和第二类换元积分法,它们的区别在于换元的方式.

① 第一类换元积分法(凑微分法).

$$\int f[\varphi(x)]\varphi'(x)\mathrm{d}x = \int f[\varphi(x)]\mathrm{d}[\varphi(x)] \xrightarrow{\diamondsuit \varphi(x)=u} \int f(u)\mathrm{d}u = F(u)+C$$

$$\xrightarrow{u=\varphi(x)\text{回代}} F[\varphi(x)]+C.$$

凑微分法的关键是把被积表达式凑成两部分,一部分为 $\mathrm{d}[\varphi(x)]$,另一部分为 $\varphi(x)$ 的函数 $f[\varphi(x)]$.

② 第二类换元积分法.

$$\int f(x)\mathrm{d}x \xrightarrow{\diamondsuit x=\varphi(t)} \int f[\varphi(t)]\varphi'(t)\mathrm{d}t = \Phi(t)+C \xrightarrow{t=\varphi^{-1}(x)\text{回代}} \Phi[\varphi^{-1}(x)]+C.$$

第二类换元积分法通常用于被积函数中含有根式的情形,常用的代换有三角代换和有理代换.

比较两类换元法可以知道,在使用凑微分法时,新变量 u 可以不引入;而作第二类换元时,新变量 t 必须引入,且对应的回代过程也不能省,所以凑微分法相对更简捷,使用也更广泛些.

(3) 分部积分法.

$$\int u(x)\mathrm{d}[v(x)] = \int \mathrm{d}[u(x)v(x)] - \int v(x)\mathrm{d}[u(x)]$$

$$= u(x)v(x) - \int v(x)\mathrm{d}[u(x)].$$

分部积分法的关键是恰当地选择 u,v,把不易计算的积分 $\int u(x)\mathrm{d}[v(x)]$,通过公式转化为比较容易计算的积分 $\int v(x)\mathrm{d}[u(x)]$,起到化难为易的作用. 一般地,对下列类型的被积函数可用分部积分法:

$P_n(x)\sin ax, P_n(x)\cos ax, P_n(x)\mathrm{e}^{ax}, P_n(x)\ln x, P_n(x)\arcsin x, P_n(x)\arctan x,$
$\mathrm{e}^{ax}\sin bx, \mathrm{e}^{ax}\cos bx$,其中的 $P_n(x)$ 为多项式.

二、要点回顾

一般来说,计算不定积分比计算导数不仅有较大的灵活性,而且要困难得多. 使用

方法如果不当,有时会很烦琐,甚至没有效果.究竟采用什么方法? 根据函数的形式不同,通常可按如下程序进行思考:

(1) 能否直接用积分基本公式和性质;

(2) 能否用凑微分法;

(3) 能否用适当的变量代换(第二类换元积分法);

(4) 对两类不同函数的乘积,能否用分部积分法;

(5) 能否综合运用或反复使用上述方法.

例 1 下列函数哪些是 $\dfrac{1}{x}$ 的不定积分?

(1) $\ln|x|$; (2) $\ln|x|+C$; (3) $\dfrac{1}{2}\ln x^2 + C$; (4) $\dfrac{1}{2}\ln(Cx)^2$.

分析 可以从不定积分的导数应等于被积函数检验,但不定积分是原函数的全体,求出一个原函数后,不要忘记加上任意常数.

解 (1) 虽然 $(\ln|x|)' = \dfrac{1}{x}$,但由于缺少积分常数,所以 $\ln|x|$ 只是 $\dfrac{1}{x}$ 的一个原函数,故 $\ln|x|$ 不是 $\dfrac{1}{x}$ 的不定积分;

(2) 因为 $(\ln|x|+C)' = \dfrac{1}{x}$,所以 $\ln|x|+C$ 是 $\dfrac{1}{x}$ 的不定积分;

(3) 因为 $\left(\dfrac{1}{2}\ln x^2 + C\right)' = \dfrac{1}{x}$,所以 $\dfrac{1}{2}\ln x^2 + C$ 也是 $\dfrac{1}{x}$ 的不定积分;

(4) 因为 $\dfrac{1}{2}\ln(Cx)^2 = \dfrac{1}{2}\ln(C^2 x^2) = \dfrac{1}{2}(\ln C^2 + \ln x^2) = \dfrac{1}{2}\ln x^2 + C_1 \ (C_1 = \ln|C|)$,

所以(4)与(3)的结论相同,是 $\dfrac{1}{x}$ 的不定积分.

例 2 求下列不定积分:

(1) $\displaystyle\int \dfrac{\ln(\ln x)\mathrm{d}x}{x\ln x}$;   (2) $\displaystyle\int \dfrac{x^3 \mathrm{d}x}{x^2+1}$;

(3) $\displaystyle\int \dfrac{\mathrm{d}x}{1+\mathrm{e}^x}$;   (4) $\displaystyle\int \dfrac{\ln x \mathrm{d}x}{\sqrt{1-x}}$;

(5) $\displaystyle\int \dfrac{x^3}{\sqrt{1-x^2}}\mathrm{d}x$;   (6) $\displaystyle\int \dfrac{x+2}{x^2+2x+3}\mathrm{d}x$.

分析 (1) 两次凑微分即可,这是常见题型.

(2) 注意 $x^3 \mathrm{d}x = \dfrac{1}{2}x^2 \mathrm{d}(x^2)$,只要凑 $x^2 = u$ 即可.

(3) 本题给出了三种求法(不定积分往往能一题多解),不同的求法得到的结果在形式上可能不同,但只要耐心演化,这些不同形式的结果之间肯定仅差一个常数.验证不定积分的结果是否正确,不要仅看形式,而要验证其导数是否等于被积函数.

(4) 本题可先分部积分再换元,也可先换元再分部积分,是分部积分法与换元积分法的综合运用.

(5) 本题分别给出了凑微分法、三角代换、分部积分法三种求解方法.

(6) $x^2+2x+3=(x+1)^2+2$, $d(x^2+2x+3)=2(x+1)dx$, $x+2=\frac{1}{2}[2(x+1)+2]$, 这样可以把积分拆成两项,分部求得结果.

解 (1) $\int \frac{\ln(\ln x)dx}{x\ln x} = \int \frac{\ln(\ln x)d(\ln x)}{\ln x} = \int \ln(\ln x)d[\ln(\ln x)]$

$$= \frac{1}{2}[\ln(\ln x)]^2 + C.$$

(2) $\int \frac{x^3 dx}{x^2+1} = \frac{1}{2}\int \frac{x^2 d(x^2)}{x^2+1} = \frac{1}{2}\int \frac{[(x^2+1)-1]d(x^2)}{x^2+1} = \frac{1}{2}\left[\int d(x^2) - \int \frac{d(x^2)}{x^2+1}\right]$

$$= \frac{1}{2}[x^2 - \ln(x^2+1)] + C.$$

(3) 方法 1 $\int \frac{dx}{1+e^x} = \int \frac{(1+e^x)-e^x}{1+e^x}dx = \int dx - \int \frac{d(1+e^x)}{1+e^x} = x - \ln(1+e^x) + C;$

方法 2 $\int \frac{dx}{1+e^x} = \int \frac{e^{-x}dx}{1+e^{-x}} = -\int \frac{d(1+e^{-x})}{1+e^{-x}} = -\ln(1+e^{-x}) + C;$

方法 3 令 $e^x = t$, 则 $x = \ln t$, $dx = \frac{1}{t}dt$, 所以

$$\int \frac{dx}{1+e^x} = \int \frac{dt}{t(1+t)} = \int\left(\frac{1}{t} - \frac{1}{t+1}\right)dt = \ln t - \ln(t+1) + C$$
$$= x - \ln(1+e^x) + C.$$

(4) 方法 1 令 $\sqrt{1-x} = t$, 则 $x = 1-t^2$, $dx = -2tdt$, 所以

$$\int \frac{\ln x dx}{\sqrt{1-x}} = -2\int \ln(1-t^2)dt = -2t\ln(1-t^2) - 4\int \frac{t^2}{1-t^2}dt$$

$$= -2t\ln(1-t^2) + 4\int\left(1+\frac{1}{t^2-1}\right)dt$$

$$= -2t\ln(1-t^2) + 4t + 2\ln\left|\frac{t-1}{t+1}\right| + C$$

$$= -2\sqrt{1-x}\ln x + 4\sqrt{1-x} + 2\ln\left|\frac{\sqrt{1-x}-1}{\sqrt{1-x}+1}\right| + C;$$

方法 2 $\int \frac{\ln x dx}{\sqrt{1-x}} = -2\int \ln x d(\sqrt{1-x}) = -2\sqrt{1-x}\ln x + 2\int \frac{\sqrt{1-x}}{x}dx.$

令 $\sqrt{1-x} = t$, 同方法 1, 得

$$\int \frac{\sqrt{1-x}}{x}dx = -2\int \frac{t^2}{1-t^2}dt = 2t + \ln\left|\frac{t-1}{t+1}\right| + C_1 = 2\sqrt{1-x} + \ln\left|\frac{\sqrt{1-x}-1}{\sqrt{1-x}+1}\right| + C_1,$$

从而 $\int \dfrac{\ln x \mathrm{d}x}{\sqrt{1-x}} = -2\sqrt{1-x}\ln x + 4\sqrt{1-x} + 2\ln\left|\dfrac{\sqrt{1-x}-1}{\sqrt{1-x}+1}\right| + C$（其中 $C = 2C_1$）.

(5) 方法 1　$\int \dfrac{x^3}{\sqrt{1-x^2}}\mathrm{d}x = \dfrac{1}{2}\int \dfrac{x^2 \mathrm{d}(x^2)}{\sqrt{1-x^2}} = -\dfrac{1}{2}\int \dfrac{(x^2-1)+1}{\sqrt{1-x^2}}\mathrm{d}(1-x^2)$

$$= \dfrac{1}{2}\int \sqrt{1-x^2}\mathrm{d}(1-x^2) - \dfrac{1}{2}\int \dfrac{\mathrm{d}(1-x^2)}{\sqrt{1-x^2}}$$

$$= \dfrac{1}{3}\sqrt{(1-x^2)^3} - \sqrt{1-x^2} + C$$

$$= -\dfrac{1}{3}(x^2+2)\sqrt{1-x^2} + C;$$

方法 2　令 $x = \sin t$，则 $\mathrm{d}x = \cos t \mathrm{d}t$，所以

$\int \dfrac{x^3}{\sqrt{1-x^2}}\mathrm{d}x = \int \sin^3 t \mathrm{d}t = \int(\cos^2 t - 1)\mathrm{d}(\cos t) = \dfrac{1}{3}\cos^3 t - \cos t + C$

$$= \dfrac{1}{3}\sqrt{(1-x^2)^3} - \sqrt{1-x^2} + C$$

$$= -\dfrac{1}{3}(x^2+2)\sqrt{1-x^2} + C;$$

方法 3　$\int \dfrac{x^3}{\sqrt{1-x^2}}\mathrm{d}x = -\int x^2 \mathrm{d}(\sqrt{1-x^2}) = -x^2\sqrt{1-x^2} + \int \sqrt{1-x^2}\mathrm{d}(x^2)$

$$= -x^2\sqrt{1-x^2} - \int \sqrt{1-x^2}\mathrm{d}(1-x^2)$$

$$= -x^2\sqrt{1-x^2} - \dfrac{2}{3}\sqrt{(1-x^2)^3} + C$$

$$= -\dfrac{1}{3}(x^2+2)\sqrt{1-x^2} + C.$$

(6) $\int \dfrac{x+2}{x^2+2x+3}\mathrm{d}x = \dfrac{1}{2}\int \dfrac{(2x+2)+2}{x^2+2x+3}\mathrm{d}x = \dfrac{1}{2}\int \dfrac{\mathrm{d}(x^2+2x+3)}{x^2+2x+3} + \int \dfrac{\mathrm{d}(x+1)}{(x+1)^2+2}$

$$= \dfrac{1}{2}\ln(x^2+2x+3) + \dfrac{\sqrt{2}}{2}\arctan\dfrac{x+1}{\sqrt{2}} + C.$$

例 3　(1) 设 $f(x)$ 的一个原函数为 $x\mathrm{e}^{-x}$，求 $\int f(x)\mathrm{d}x$；

(2) 设 $f(x)$ 的一个原函数为 $x\mathrm{e}^{-x}$，求 $\int xf'(x)\mathrm{d}x$；

(3) 设 $f(x)$ 的一个原函数为 $x\mathrm{e}^{-x}$，求 $\int xf(x)\mathrm{d}x$.

分析　所给三个解法乍看相似，其实它们之间是有差别的：

(1) $x\mathrm{e}^{-x}$ 是 $f(x)$ 的一个原函数，而不定积分是原函数的全体；

(2) 无须求出 $f'(x)$，用分部积分法即可得到结果；

(3) 只能先求出 $f(x)$，代入被积函数再求不定积分.

解 (1) 由不定积分的定义知 $\int f(x)\mathrm{d}x = x\mathrm{e}^{-x}+C.$

(2) $\int xf'(x)\mathrm{d}x = xf(x)-\int f(x)\mathrm{d}x = x(x\mathrm{e}^{-x})'-x\mathrm{e}^{-x}+C = -x^2\mathrm{e}^{-x}+C.$

(3) 由题意得 $f(x)=(x\mathrm{e}^{-x})'=\mathrm{e}^{-x}(1-x)$,代入被积函数得
$$\int xf(x)\mathrm{d}x = \int x(1-x)\mathrm{e}^{-x}\mathrm{d}x = \int x\mathrm{e}^{-x}\mathrm{d}x - \int x^2\mathrm{e}^{-x}\mathrm{d}x.$$

对最后两个不定积分分别应用分部积分得
$$\int x\mathrm{e}^{-x}\mathrm{d}x = -x\mathrm{e}^{-x}+\int \mathrm{e}^{-x}\mathrm{d}x = -\mathrm{e}^{-x}(1+x)+C_1,$$
$$\int x^2\mathrm{e}^{-x}\mathrm{d}x = -\int x^2\mathrm{d}(\mathrm{e}^{-x}) = -x^2\mathrm{e}^{-x}+2\int x\mathrm{e}^{-x}\mathrm{d}x = -x^2\mathrm{e}^{-x}-2\mathrm{e}^{-x}(1+x)+C_2.$$

所以 $\int xf(x)\mathrm{d}x = (x^2+x+1)\mathrm{e}^{-x}+C(C=C_1-C_2).$

复 习 题 四

1. 填空题:

(1) $\mathrm{d}\left(\int \mathrm{e}^{-x^2}\mathrm{d}x\right)=$ _____ ;

(2) $\int \dfrac{x+\sqrt{x}+1}{x^2}\mathrm{d}x=$ _____ ;

(3) $\int \dfrac{x}{1+x^4}\mathrm{d}x=$ _____ ;

(4) $\int \sec x(\sec x-\tan x)\mathrm{d}x=$ _____ ;

(5) 已知 $\int f(x)\mathrm{d}x = x^2+C$, 则 $\int \dfrac{1}{x^2}f\left(\dfrac{1}{x}\right)\mathrm{d}x=$ _____ ;

(6) 已知 $f(x)=\mathrm{e}^{-x}$, 则 $\int \dfrac{f'(\ln x)}{x}\mathrm{d}x=$ _____ ;

(7) 已知 $\int f(x)\mathrm{d}x = x+\csc^2 x+C$, 则 $f(x)=$ _____ ;

(8) 已知函数 $f(x)$ 的二阶导数 $f''(x)$ 连续,则 $\int xf''(x)\mathrm{d}x=$ _____ .

2. 选择题:

(1) 若 $f(x)=\dfrac{1}{x}$, 则 $\int f'(x)\mathrm{d}x$ 等于 ( )

A. $\dfrac{1}{x}$ B. $\dfrac{1}{x}+C$ C. $\ln x$ D. $\ln x+C$

(2) 设 $\left[\int f(x)dx\right]' = \sin x$,则 $f(x)$ 等于 （　　）

A. $\sin x$ B. $\sin x + C$ C. $\cos x$ D. $\cos x + C$

(3) 若 $\int f(x)dx = x^2 e^{2x} + C$,则 $f(x)$ 等于 （　　）

A. $2xe^{2x}$ B. $2x^2 e^{2x}$ C. xe^{2x} D. $2xe^{2x}(1+x)$

(4) $\int x\sqrt{x^2+1}\,dx$ 等于 （　　）

A. $\dfrac{2}{3}(1+x^2)^{\frac{3}{2}} + C$ B. $\dfrac{1}{3}(1+x^2)^{\frac{3}{2}} + C$

C. $\dfrac{1}{2}(1+x^2)^{\frac{3}{2}} + C$ D. $\dfrac{1}{3}(1+x^2)^{\frac{3}{2}}$

(5) $\int \dfrac{1}{\sqrt{1+9x^2}}\,dx$ 等于 （　　）

A. $\ln|3x+\sqrt{1+9x^2}| + C$ B. $\ln|3x-\sqrt{1+9x^2}| + C$

C. $\dfrac{1}{3}\ln|x+\sqrt{1+9x^2}| + C$ D. $\dfrac{1}{3}\ln|3x+\sqrt{1+9x^2}| + C$

(6) 设 $\csc^2 x$ 是 $f(x)$ 的一个原函数,则 $\int xf(x)dx$ 等于 （　　）

A. $x\csc^2 x - \cot x + C$ B. $x\csc^2 x + \cot x + C$

C. $-x\cot x - \cot x + C$ D. $-x\cot x + \cot x + C$

(7) 设 $\int f(x)dx = F(x) + C$,则 $\int e^{-x} f(e^{-x})dx$ 等于 （　　）

A. $F(e^{-x}) + C$ B. $-F(-e^{-x}) + C$

C. $-F(e^{-x}) + C$ D. $\dfrac{1}{x}F(e^{-x}) + C$

(8) $\int \ln\dfrac{x}{2}\,dx$ 等于 （　　）

A. $x\ln\dfrac{x}{2} - 2x + C$ B. $x\ln\dfrac{x}{2} - 4x + C$

C. $x\ln\dfrac{x}{2} - x + C$ D. $x\ln\dfrac{x}{2} + x + C$

3. 求下列积分：

(1) $\int \dfrac{\cos^2 x - 1}{\sin x}\,dx$；   (2) $\int \dfrac{x}{2+x^2}\,dx$；

(3) $\int \dfrac{x-1}{(x+2)^2}\,dx$；   (4) $\int \dfrac{\sin(\sqrt{x}+1)}{\sqrt{x}}\,dx$；

(5) $\int \dfrac{1}{x\sqrt{1-\ln x}}\,dx$；   (6) $\int \dfrac{1}{x\ln\sqrt{x}}\,dx$；

(7) $\int \dfrac{\arcsin^2 x}{\sqrt{1-x^2}} dx$;

(8) $\int x^3 \sqrt{1+x^2} dx$;

(9) $\int \dfrac{dx}{(2+x)\sqrt{1+x}}$;

(10) $\int \dfrac{dx}{2+\sqrt{x-1}}$;

(11) $\int \dfrac{\sqrt{1-x^2}}{x} dx$;

(12) $\int \dfrac{dx}{x^2\sqrt{1-x^2}}$;

(13) $\int \dfrac{x^2}{\sqrt{a^2-x^2}} dx$;

(14) $\int \dfrac{x}{\cos^2 x} dx$;

(15) $\int x \sin^2 \dfrac{x}{2} dx$;

(16) $\int e^{2x} \cos x \, dx$;

(17) $\int e^{\sin x} \sin x \cos x \, dx$;

(18) $\int \dfrac{dx}{x^2-5x+6}$;

(19) $\int \dfrac{dx}{1+\sin^2 x}$;

(20) $\int \dfrac{dx}{\tan x(1+\sin x)}$;

(21) $\int \dfrac{dx}{e^x+e^{-x}}$;

(22) $\int \dfrac{\ln x}{(x-1)^2} dx$;

(23) $\int \dfrac{x^2 \arctan x}{1+x^2} dx$;

(24) $\int \dfrac{(x+1)\arcsin x}{\sqrt{1-x^2}} dx$.

4. 设某函数的图象上有一拐点 $P(2,4)$，在拐点 P 处曲线的切线的斜率为 -3，又知这个函数的二阶导数具有形式 $y''=6x+c$，求此函数.

第 5 章

定 积 分

求导是已知函数关系 $y=f(x)$,求 y 关于 x 的变化率;求原函数和不定积分则是求导的逆运算:已知 y 关于 x 的变化率 $f'(x)$,求 $f(x)$. 本章将考虑第三类问题:已知 y 关于 x 的变化率 $f'(x)$,求 $f(x)$ 在 x 的某变化范围 $[a,b]$ 内的累积量 $f(b)-f(a)$,这个累积量就是定积分. 例如,已知位移 s 关于时间的变化率——速度 $v(t)$,求某段时间内的位移量,就是这类问题的一个典型. 不定积分和定积分构成了积分学的基础内容.

定积分所解决的问题,在自然科学、工程技术和经济学中比比皆是,因此定积分有着极其广泛的应用. 本章将从对两个具体实例的分析开始,建立定积分的概念,讨论定积分的有关性质与计算方法,最后简单介绍两类广义积分.

通过本章的学习,我们将会看到,不定积分与定积分虽然从不同的角度提出问题,实际上只要能求出原函数,累积量就能得到. 所以定积分的计算得以简化,积分学成为解决实际问题的有力工具.

·学习目标·

1. 了解无限求和问题的思想.
2. 理解定积分的定义和几何意义.
3. 掌握定积分的性质.
4. 掌握微积分基本公式.
5. 掌握定积分的换元积分法和分部积分法.

·重点、难点·

重点:定积分的计算.
难点:定积分的定义.

§5-1 定积分的概念和性质

本节通过两个求累积量的实际问题,总结出定积分的概念,并介绍定积分的一些基本性质.

一、两个实例

1. 曲边梯形的面积

以前我们所求的平面图形的面积,仅限于由直线段及圆弧所围成的平面图形,对求由其他曲线所围成的平面图形的面积还缺少方法. 下面,我们先讨论一类比较简单的,又有代表性的图形——**单曲边梯形**的面积的求法. 所谓单曲边梯形是指将直角梯形的斜腰换成连续曲线段后的图形[图 5-1(1),图 5-1(2),其中图 5-1(2)中梯形的一条直角边蜕化成一个点]. 不少由其他曲线围成的图形,常可以用两组互相垂直的平行线将其分割成若干个矩形与单曲边梯形之和[图 5-1(3)],因此掌握了求单曲边梯形面积的方法后,将大大提高求面积问题的能力.

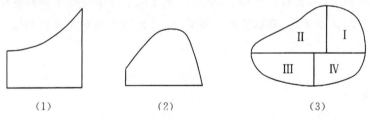

图 5-1

适当选择直角坐标系,将单曲边梯形的一直腰放在 x 轴上,两底边为 $x=a, x=b$,设曲边的方程为 $y=f(x)$. 先设 $f(x)$ 在 $[a,b]$ 上连续,且 $f(x) \geqslant 0$,如图 5-2(1)所示. 记 A 为图示曲边梯形的面积.

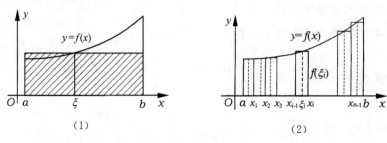

图 5-2

由于曲边梯形有一条曲边 $y=f(x)$,所以不能简单地利用梯形或矩形的面积公式来计算 A.为此我们先求 A 的近似值.显然,可以用以区间$[a,b]$的长度为宽,高为 $f(\xi)$($a<\xi<b$)的矩形面积来作为 A 的近似值.但实际的"高" $f(x)$ 随 x 而变,这种近似的误差可能会很大.为了使近似值接近准确值 A,应当使宽变短一些.为此,我们把原来的曲边梯形分割成若干个(比如说 n 个)小曲边梯形,如图 5-2(2),$[a,b]$ 也因此被分成 n 段:$a=x_0<x_1<x_2<\cdots<x_{n-1}<x_n=b$.在每一小段内以不变代变,即

$$f(x)\approx f(\xi_i), x_{i-1}\leqslant \xi_i \leqslant x_i, x\in[x_{i-1},x_i], i=1,2,\cdots,n.$$

即第 i 个小曲边梯形以一个高为 $f(\xi_i)$、底为区间 $[x_{i-1},x_i]$ 长度的小矩形近似替代.当 x_i-x_{i-1} 很小时,各对小矩形面积与小曲边梯形面积相差不大.这样,可将 n 个小矩形面积加起来,作为原曲边梯形面积 A 的近似值.当分割小曲边梯形的个数越来越多、每个小曲边梯形的底边长越来越小时,近似值就越来越接近于准确值 A.很自然地,A 是这 n 个矩形面积之和当所有小曲边梯形的底边长趋向于 0 时的极限.将上面的分析用比较准确的数学语言表达如下:

(1) **分割** 任取一组分点 $a=x_0<x_1<x_2<\cdots<x_{i-1}<x_i<\cdots<x_{n-1}<x_n=b$,将区间 $[a,b]$ 分成 n 个小区间

$$[a,b]=[x_0,x_1]\cup[x_1,x_2]\cup\cdots\cup[x_{i-1},x_i]\cup\cdots\cup[x_{n-1},x_n],$$

第 i 个小区间的长度为 $\Delta x_i=x_i-x_{i-1}(i=1,2,\cdots,n)$.过各分点作 x 轴的垂线,将原来的曲边梯形分成 n 个小曲边梯形,第 i 个小曲边梯形的面积为 ΔA_i.

(2) **小范围内以不变代变取近似** 在每一个小区间 $[x_{i-1},x_i]$ 上任取一点 $\xi_i(i=1,2,\cdots,n)$,认为 $f(x)\approx f(\xi_i)(x_{i-1}\leqslant \xi_i \leqslant x_i)$,以这些小区间为底、$f(\xi_i)$ 为高的小矩形面积作为第 i 个小曲边梯形面积的近似值

$$\Delta A_i \approx f(\xi_i)\Delta x_i (i=1,2,\cdots,n).$$

(3) **求和得近似** 将 n 个小矩形面积相加,作为原曲边梯形面积的近似值

$$A=\sum_{i=1}^{n}\Delta A_i \approx \sum_{i=1}^{n}f(\xi_i)\Delta x_i. \tag{1}$$

(4) **取极限达到精确** 以 $\|\Delta x\|$ 表示所有小区间长度的最大者,

$$\|\Delta x\|=\max\{\Delta x_1,\Delta x_2,\cdots,\Delta x_n\},$$

当 $\|\Delta x\|\to 0$ 时,和式(1)的极限就是原曲边梯形的面积 A,即

$$A=\lim_{\|\Delta x\|\to 0}\sum_{i=1}^{n}f(\xi_i)\Delta x_i.$$

2. 变速直线运动的路程

设一物体沿一直线运动,已知速度 $v=v(t)$ 是时间区间 $[t_0,T]$ 上 t 的连续函数,且 $v(t)\geqslant 0$,求该物体在这段时间内所经过的路程 s.

我们知道,对于匀速直线运动,有公式:路程＝速度×时间.现在速度是变量,因此所求路程 s 不能直接按匀速直线运动的路程公式计算.因为在很短的一段时间内,速度的变化很小,近似于等速,所以可以用匀速直线运动的路程作为这段很短时间里路程的近似值.由此,我们也可采用下面的四个步骤来计算路程 s.

(1) **分割** 任取分点 $t_0<t_1<t_2<\cdots<t_{i-1}<t_i<\cdots<t_{n-1}<t_n=T$,把时间区间 $[t_0,T]$ 分成 n 个小区间

$$[t_0,T]=[t_0,t_1]\cup[t_1,t_2]\cup\cdots\cup[t_{i-1},t_i]\cup\cdots\cup[t_{n-1},t_n],$$

记第 i 个小区间 $[t_{i-1},t_i]$ 的长度为 $\Delta t_i=t_i-t_{i-1}$,物体在第 i 个时间段内所走过的路程为 $\Delta s_i (i=1,2,\cdots,n)$.

(2) **在小范围内以不变代变取近似** 在小区间 $[t_{i-1},t_i]$ 上认为运动是匀速的,用其中任一时刻 τ_i 的速度 $v(\tau_i)$ 来近似代替变化的速度 $v(t)$,即 $v(t)\approx v(\tau_i),\tau_i\in[t_{i-1},t_i]$,得到 Δs_i 的近似值

$$\Delta s_i \approx v(\tau_i)\Delta t_i.$$

(3) **求和得近似** 把 n 段时间上的路程近似值相加,得到总路程的近似值

$$s\approx\sum_{i=1}^{n}v(\tau_i)\Delta t_i. \tag{2}$$

(4) **取极限达到精确** 当最大的小区间长度 $\|\Delta t\|=\max\{\Delta t_1,\Delta t_2,\cdots,\Delta t_n\}$ 趋近于零时,和式(2)的极限就是路程 s 的精确值,即

$$s=\lim_{\|\Delta t\|\to 0}\sum_{i=1}^{n}v(\tau_i)\Delta t_i.$$

若 $s=s(t),t_0\leqslant t\leqslant T$ 表示路程函数,则 $v(t)=s'(t)$.可见问题实质也是已知路程函数的变化率,求 $s(t)$ 在时间段 $[t_0,T]$ 内的累积量 $s(T)-s(t_0)$.

二、定积分的定义

上面两个问题,一个是几何问题,一个是物理问题,其具体意义虽然不同,但本质相同,都是已知函数的变化率,求函数的累积量.解决问题的方法也相同,都是区间分割、在小范围内以不变代变取近似、求和得近似、取极限达到精确.从数量关系上看,最后都归结为计算同一类和式的极限.其实在自然科学、工程技术和人文科学中,已知函数的变化率求函数累积量问题,不论函数、自变量的具体含义是什么,最后也都可归结为求这种类型的极限.因此,从数学上对这种类型的极限问题进行一般性的研究,具有重要意义.抓住它们共同的本质的东西进行科学的抽象,便引出了定积分的概念.

定义 设函数 $f(x)$ 在区间 $[a,b]$ 上有定义且有界,任取一组分点 $a=x_0<x_1<x_2<\cdots<x_n=b$,把区间 $[a,b]$ 分成 n 个小区间,即 $[a,b]=\bigcup_{i=1}^{n}[x_{i-1},x_i]$,第 i 个小区间的长度记为 $\Delta x_i=x_i-x_{i-1}(i=1,2,\cdots,n)$.在每个小区间 $[x_{i-1},x_i]$ 上任取一点 $\xi_i (i=1,$

$2,\cdots,n$),作和式 $\sum_{i=1}^{n}f(\xi_i)\Delta x_i$,称此和式为 $f(x)$ 在 $[a,b]$ 上的积分和. 记 $\|\Delta x\| = \max_{1\leqslant i\leqslant n}\{\Delta x_i\}$,如果当 $\|\Delta x\|\to 0$ 时,积分和的极限存在且相同,那么称函数 $f(x)$ 在区间 $[a,b]$ 上可积,并称此极限为函数 $f(x)$ 在区间 $[a,b]$ 上的**定积分**,记作 $\int_a^b f(x)\mathrm{d}x$,即

$$\int_a^b f(x)\mathrm{d}x = \lim_{\|\Delta x\|\to 0}\sum_{i=1}^{n}f(\xi_i)\Delta x_i.$$

其中符号"$\int$"称为**积分号**,$[a,b]$ 称为**积分区间**,积分号下方的 a 称为**积分下限**,上方的 b 称为**积分上限**,x 称为**积分变量**,$f(x)$ 称为**被积函数**,$f(x)\mathrm{d}x$ 称为**被积表达式**.

由定积分的定义,前面两个实例可分别表述如下:

由曲线 $y=f(x)$,直线 $x=a,x=b$ 和 x 轴围成的曲边梯形的面积为

$$A=\int_a^b f(x)\mathrm{d}x;$$

以速度 $v(t)$ 做变速直线运动的物体,从时刻 t_0 到 T 通过的路程为

$$s=\int_{t_0}^{T}v(t)\mathrm{d}t.$$

关于定积分的定义,作以下三点说明:

(1) $f(x)$ 在 $[a,b]$ 上可积只是要求 $f(x)$ 在 $[a,b]$ 上有界,当 $\|\Delta x\|\to 0$ 时和式 $\sum_{i=1}^{n}f(\xi_i)\Delta x_i$ 存在极限,并未要求 $f(x)$ 在 $[a,b]$ 上连续.可以证明,若 $f(x)$ 在积分区间上连续或仅有有限个第一类间断点,则 $f(x)$ 在 $[a,b]$ 上必定是可积的.

(2) 如果已知 $f(x)$ 在 $[a,b]$ 上可积,那么对 $[a,b]$ 的任意分法及 ξ_i 在 $[x_{i-1},x_i]$ 中任意的取法,极限 $\lim_{\|\Delta x\|\to 0}\sum_{i=1}^{n}f(\xi_i)\Delta x_i$ 总存在且相同.因此,用定积分的定义求 $\int_a^b f(x)\mathrm{d}x$ 时,为了简化计算,对 $[a,b]$ 可采用特殊的分法以及 ξ_i 的特殊取法.

(3) 定积分 $\int_a^b f(x)\mathrm{d}x$ 是一个数,这个数仅与被积函数 $f(x)$ 和积分区间 $[a,b]$ 有关,而与积分变量的选择无关,因此 $\int_a^b f(x)\mathrm{d}x = \int_a^b f(t)\mathrm{d}t = \int_a^b f(u)\mathrm{d}u$.

三、定积分的几何意义

在实例 1 中已经知道,当 $[a,b]$ 上的连续函数 $f(x)\geqslant 0$ 时,定积分 $\int_a^b f(x)\mathrm{d}x$ 表示由 $y=f(x),x=a,x=b$ 和 x 轴界定的单曲边梯形的面积.现若改 $f(x)\geqslant 0$ 为 $f(x)\leqslant 0$,则 $-f(x)\geqslant 0$(图 5-3),此时界定的单曲边梯形的面积是

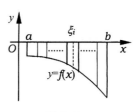

图 5-3

$$A = \lim_{\|\Delta x\| \to 0} \sum_{i=1}^{n} [-f(\xi_i)] \Delta x_i = -\lim_{\|\Delta x\| \to 0} \sum_{i=1}^{n} f(\xi_i) \Delta x_i$$
$$= -\int_a^b f(x) \mathrm{d}x,$$

从而有
$$\int_a^b f(x) \mathrm{d}x = -A.$$

这就是说,当 $f(x) \leqslant 0$ 时,定积分 $\int_a^b f(x) \mathrm{d}x$ 是曲边梯形面积的相反数. 习惯上,此时把 $\int_a^b f(x) \mathrm{d}x$ 称为图 5-3 所示的单曲边梯形的代数面积,以示与几何上正值面积相区分. 若 $[a,b]$ 上的连续函数 $f(x)$ 的符号不定,如图 5-4 所示,则积分 $\int_a^b f(x) \mathrm{d}x$ 的几何意义表示由 $y = f(x), x = a, x = b$ 和 x 轴界定的图形的代数面积. 读者可以想象,所谓代数面积,是正、负面积相消后的结果.

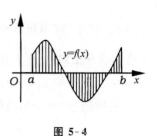

图 5-4

据定积分的几何意义,有些定积分直接可以从几何中的面积公式得到. 例如,
$$\int_a^b \mathrm{d}x = \int_a^b 1 \cdot \mathrm{d}x = 高为 1、底为 b-a 的矩形的面积 = b-a;$$
$$\int_0^a x \mathrm{d}x = 高为 a、底为 a 的直角三角形的面积 = \frac{1}{2}a^2;$$
$$\int_{-R}^R \sqrt{R^2 - x^2} \mathrm{d}x = 半径为 R 的上半圆的面积 = \frac{1}{2}\pi R^2;$$
$$\int_0^{2\pi} \sin x \mathrm{d}x = 0(正负面积相消后的代数面积为 0).$$

四、定积分的性质

定积分有一些重要性质,了解这些性质有助于加深对定积分概念的理解,并且这些性质在后面定积分计算中也有重要应用. 这些性质大体上可以分成两类:一类是用等式表示的性质;另一类是用不等式表示的性质,其中所涉及的积分总默认是存在的.

性质 1(绝对值可积性) 若 $f(x)$ 在 $[a,b]$ 上可积,则 $|f(x)|$ 也在 $[a,b]$ 上可积.

性质 2(常数性质)
$$\int_a^a f(x) \mathrm{d}x = 0, \int_a^b \mathrm{d}x = b-a.$$

性质 3(反积分区间性质)
$$\int_a^b f(x) \mathrm{d}x = -\int_b^a f(x) \mathrm{d}x.$$

性质 4(线性性质)

$$\int_a^b [f(x)\pm g(x)]\mathrm{d}x = \int_a^b f(x)\mathrm{d}x \pm \int_a^b g(x)\mathrm{d}x,$$

$$\int_a^b [kf(x)]\mathrm{d}x = k\int_a^b f(x)\mathrm{d}x(\text{任意 } k\in \mathbf{R}).$$

联合这两个等式得到定积分的线性性质:

$$\int_a^b [af(x)+bg(x)]\mathrm{d}x = a\int_a^b f(x)\mathrm{d}x + b\int_a^b g(x)\mathrm{d}x(a,b\in \mathbf{R}).$$

性质 2、性质 3、性质 4 可以直接从定积分的定义得到,读者可以自证.

性质 5(定积分对积分区间的可加性)

$$\int_a^b f(x)\mathrm{d}x = \int_a^c f(x)\mathrm{d}x + \int_c^b f(x)\mathrm{d}x(a,b,c \text{ 为常数}).$$

如果 $f(x)$ 连续,当 $a<c<b$ 时,积分对积分区间的可加性其实就是几何上面积的分块相加;当 c 在 $[a,b]$ 之外时,则是反积分区间性质的应用.事实上,当 $a<b<c$ 时,

$$\int_a^c f(x)\mathrm{d}x = \int_a^b f(x) + \int_b^c f(x)\mathrm{d}x,$$

$$\int_a^b f(x)\mathrm{d}x = \int_a^c f(x)\mathrm{d}x - \int_b^c f(x)\mathrm{d}x = \int_a^c f(x)\mathrm{d}x + \left[-\int_b^c f(x)\mathrm{d}x\right]$$

$$= \int_a^c f(x)\mathrm{d}x + \int_c^b f(x)\mathrm{d}x.$$

下面的性质 6 也可以直接从定积分的定义得到.

性质 6 若在区间 $[a,b]$ 上有 $f(x)\leqslant g(x)$,则

$$\int_a^b f(x)\mathrm{d}x \leqslant \int_a^b g(x)\mathrm{d}x.$$

由性质 6 和性质 1 可得:

性质 7(积分估值定理) 设函数 $m\leqslant f(x)\leqslant M, x\in [a,b]$,则

$$m(b-a)\leqslant \int_a^b f(x)\mathrm{d}x \leqslant M(b-a).$$

性质 8(积分中值定理) 设函数 $f(x)$ 在以 a,b 分别为上、下限的积分区间上连续,则在 a,b 之间至少存在一个 ξ(中值),使

$$\int_a^b f(x)\mathrm{d}x = f(\xi)(b-a).$$

证明 先设 $a<b$. 因为函数 $f(x)$ 在区间 $[a,b]$ 上连续,所以 $f(x)$ 在区间 $[a,b]$ 上存在最大值 M 和最小值 m. 由性质 7 得

$$m(b-a)\leqslant \int_a^b f(x)\mathrm{d}x \leqslant M(b-a),$$

即

$$m\leqslant \frac{1}{b-a}\int_a^b f(x)\mathrm{d}x \leqslant M.$$

由闭区间上连续函数的介值定理知,存在 $\xi\in[a,b]$,使 $f(\xi)=\dfrac{1}{b-a}\int_a^b f(x)\mathrm{d}x$,即
$$\int_a^b f(x)\mathrm{d}x=f(\xi)(b-a).$$

当 $b<a$ 时,类似可证.

如同拉格朗日微分中值定理一样,积分中值定理也是不通过极限,直接在函数与其积分之间建立了联系,因此可以直接利用函数的性质来估计积分,在理论论证时也经常用到.

积分中值定理有以下的几何解释:若 $f(x)$ 在 $[a,b]$ 上连续且非负,定理表明在 $[a,b]$ 上至少存在一点 ξ,使得以 $[a,b]$ 为底边、曲线 $y=f(x)$ 为曲边的曲边梯形的面积,与同底且高为 $f(\xi)$ 的矩形的面积相等,如图 5-5 所示. 因此,从几何角度看,$f(\xi)$ 可以看作曲边梯形的曲顶的平均高度. 从函数值角度来看,$f(\xi)$ 理所当然地应该是 $f(x)$ 在 $[a,b]$ 上的平均值. 因此,积分中值定理解决了如何求一个连续变化量的平均值问题.

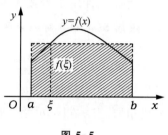

图 5-5

例 1 试比较下列积分的大小:

(1) $\int_0^1 x^2 \mathrm{d}x$ 与 $\int_0^1 x^3 \mathrm{d}x$;

(2) $\int_1^2 x^2 \mathrm{d}x$ 与 $\int_1^2 x^3 \mathrm{d}x$.

解 (1) 因为 $0\leqslant x\leqslant 1$ 时,$x^2\geqslant x^3$,所以
$$\int_0^1 x^2 \mathrm{d}x \geqslant \int_0^1 x^3 \mathrm{d}x;$$

(2) 因为 $1\leqslant x\leqslant 2$ 时,$x^2\leqslant x^3$,所以
$$\int_1^2 x^2 \mathrm{d}x \leqslant \int_1^2 x^3 \mathrm{d}x.$$

例 2 证明不等式 $2\mathrm{e}^{-\frac{1}{4}}\leqslant \int_0^2 \mathrm{e}^{x^2-x}\mathrm{d}x \leqslant 2\mathrm{e}^2$.

证明 这类问题往往是求出被积函数在积分区间上的最大值和最小值,然后利用积分估值定理证明.

易求得 x^2-x 在区间 $[0,2]$ 上的最大值、最小值分别为 2 和 $-\dfrac{1}{4}$,所以
$$\mathrm{e}^{-\frac{1}{4}}\leqslant \mathrm{e}^{x^2-x}\leqslant \mathrm{e}^2.$$

再用积分估值定理证明,即得结论.

随堂练习 5-1

1. 下列结论是否正确？

(1) 若 $f(x)$ 在 $[a,b]$ 上可积，则必存在 $\xi \in [a,b]$，使 $\int_a^b f(x)dx = f(\xi)(b-a)$；

(2) 若 $\int_a^b f(x)dx = 0$，则在 $[a,b]$ 上 $f(x) \equiv 0$；

(3) 若 $f(x)$ 在 $[a,b]$ 上连续，则 $\int_a^b [f(x)]^2 dx \geq 0$.

2. 估计下列定积分：

(1) $\int_{\frac{\pi}{4}}^{\frac{\pi}{2}} \frac{1}{1+\sin^2 x} dx$；

(2) $\int_{-1}^{2} e^{-x^2} dx$.

习 题 5-1

1. 填空题：

(1) 由曲线 $y = x^2 + 1$ 与直线 $x = 1, x = 3$ 及 x 轴所围成的曲边梯形的面积，用定积分表示为_____；

(2) 已知变速直线运动的速度为 $v(t) = 3 + gt$，其中 g 表示重力加速度，物体从第 1 s 开始，经过 2 s 后所经过的路程用定积分表示为_____；

(3) 在定积分 $\int_{-3}^{4} \sin 2t \, dt$ 中，积分上限是_____，积分下限是_____，积分区间是_____；

(4) 定积分 $\int_2^2 x^2 dx = $_____.

2. 利用定积分的几何意义，判断下列定积分值的正负（不必计算）：

(1) $\int_0^{\frac{\pi}{2}} \sin x \, dx$；

(2) $\int_{-\frac{\pi}{2}}^{0} \frac{\pi}{2} \sin x \cos x \, dx$；

(3) $\int_{-1}^{2} x^2 dx$.

3. 利用定积分表示下列各图中阴影部分的面积：

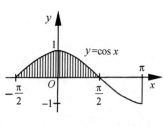 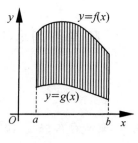 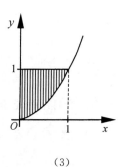

(1)   (2)   (3)

第 3 题图

4. 利用定积分的几何意义，求下列各定积分：

(1) $\int_1^3 (2x+1)\,dx$；   (2) $\int_0^2 4\,dx$.

5. 比较下列定积分的大小：

(1) $\int_1^2 \ln x\,dx$ 与 $\int_1^2 \ln^3 x\,dx$；   (2) $\int_3^4 \ln x\,dx$ 与 $\int_3^4 \ln^3 x\,dx$.

6. 利用估值定理估计下列各积分：

(1) $\int_1^4 (x^2+1)\,dx$；   (2) $\int_{\frac{\pi}{4}}^{\frac{5\pi}{4}} (1+\sin^2 x)\,dx$；

(3) $\int_{\frac{\sqrt{3}}{3}}^{\sqrt{3}} x\arctan x\,dx$.

7. 证明下列各不等式：

(1) $\dfrac{2}{5} \leqslant \int_1^2 \dfrac{x}{x^2+1}\,dx \leqslant \dfrac{1}{2}$；   (2) $1 \leqslant \int_0^1 e^{x^2}\,dx \leqslant e$.

§5-2 微积分基本公式

根据定积分的定义用求极限的方法来计算定积分是很烦琐的. 本节将介绍计算定积分的有效方法——牛顿-莱布尼茨公式,只要能求出被积函数的原函数,利用此公式就能求出定积分.

回忆§5-1引出定积分时的实例2,以速度 $v(t)$ 做变速直线运动的物体,在时间间隔 $[t_0, T]$ 内行进的路程为

$$s = \int_{t_0}^{T} v(t)\,dt = s(T) - s(t_0).$$

注意 $s'(t) = v(t)$,所以定积分是被积函数的原函数在积分上、下限之差. 再回忆§5-1实例1,以非负连续函数 $y = f(x)$ 为曲顶、底为区间 $[a,b]$ 长度的单曲边梯形的面积

$$S = \int_{a}^{b} f(x)\,dx = S(b) - S(a),$$

其中 $S(x)$ 为曲边梯形在 $[a,x]$ 段的面积. 注意 $S'(x) = f(x)$,即 $S(x)$ 是 $f(x)$ 的一个原函数,所以定积分也是被积函数的原函数在积分上、下限之差.

再深入一步分析实例1. 事实上,根据定积分的几何意义,有

$$S(x) = \int_{a}^{x} f(t)\,dt,$$

即变动上限的定积分所确定的函数,正好就是被积函数的一个原函数.

下面将这一结果推广到一般情形,得到微积分基本定理和牛顿-莱布尼茨公式.

一、微积分基本定理

设函数 $f(t)$ 在 $[a,b]$ 上可积,则对每个 $x \in [a,b]$,都有一个确定的值 $\int_{a}^{x} f(t)\,dt$ 与之对应,因此可以按对应规律 $x \in [a,b] \to \int_{a}^{x} f(t)\,dt$ 定义一个函数

$$\Phi(x) = \int_{a}^{x} f(t)\,dt, x \in [a,b].$$

称如此定义的函数 $\Phi(x)$ 为**积分上限函数**,或称**变上限函数**.

注意 积分上限函数 $\Phi(x)$ 是 x 的函数,与积分变量是 t 还是 u 等无关. 积分上限函数的几何意义正是实例1中所述的面积函数 $S(x)$.

定理1(微积分基本定理) 设函数 $f(x)$ 在 $[a,b]$ 上连续,则以(1)式定义的积分上限函数 $\Phi(x)$ 在 $[a,b]$ 上可导,且

$$\Phi'(x) = \left[\int_a^x f(t)\,dt\right]' = f(x), x \in [a,b].$$

即连续函数的积分上限函数对上限求导等于被积函数.

因为微积分基本定理证明了当被积函数连续时,积分上限函数就是被积函数的一个原函数,因此也就证明了下面的定理.

定理 2(原函数存在定理) 如果 $f(x)$ 在区间 $[a,b]$ 上连续,那么 $f(x)$ 在 $[a,b]$ 上的原函数一定存在,且其中的一个原函数为 $\Phi(x) = \int_a^x f(t)\,dt$.

这正是在 §4-1 中给出而未加证明的那个结论.

例 1 求 $\dfrac{d}{dx}\int_0^x e^t \sin t\,dt$.

解 由定理 1,$\dfrac{d}{dx}\int_0^x e^t \sin t\,dt = e^x \sin x$.

例 2 求 $\dfrac{d}{dx}\int_x^0 \ln(1+t^2)\,dt$.

解 此时积分下限是变量,可以将积分上、下限交换后再求导.

$$\frac{d}{dx}\int_x^0 \ln(1+t^2)\,dt = \frac{d}{dx}\left[-\int_0^x \ln(1+t^2)\,dt\right] = -\ln(1+x^2).$$

例 3 求 $\dfrac{d}{dx}\int_a^{x^2} \sin t^2\,dt$.

解 记 $\Phi(u) = \int_a^u \sin t^2\,dt$,则 $\int_a^{x^2} \sin t^2\,dt = \Phi(x^2)$. 根据复合函数求导法则,有

$$\frac{d}{dx}\int_a^{x^2}\sin t^2\,dt = \left(\frac{d}{du}\int_a^u \sin t^2\,dt\right)\cdot \frac{du}{dx} = \sin u^2 \cdot 2x = 2x\sin x^4.$$

二、牛顿-莱布尼茨公式

下面将给出定理说明定积分等于被积函数的原函数在积分上、下限的差.

定理 3(牛顿-莱布尼茨公式) 设 $f(x)$ 在区间 $[a,b]$ 上连续,$F(x)$ 是 $f(x)$ 在 $[a,b]$ 上的一个原函数,则

$$\int_a^b f(x)\,dx = F(x)\big|_a^b = F(b) - F(a). \tag{1}$$

其中记号 $F(x)\big|_a^b$ 也记为 $[F(x)]_a^b$,称为 $F(x)$ 在 a,b 的双重代换,它是(1)式右端的简写.

公式(1)称为**牛顿-莱布尼茨**(Newton-Leibniz)**公式**,简称 N-L 公式. 它把求定积分问题转化为求原函数问题,给出了一个不必求积分和的极限就能得到定积分的方法,成为人们求定积分的主要手段,因此也称它为**微积分基本公式**.

例 4 求下列定积分:

(1) $\int_0^1 x^3 \mathrm{d}x$; (2) $\int_0^{\frac{\pi}{4}} \tan x \mathrm{d}x$.

解 (1) 因为 $\frac{1}{4}x^4$ 是 x^3 的一个原函数,所以由牛顿-莱布尼茨公式,有

$$\int_0^1 x^3 \mathrm{d}x = \frac{x^4}{4}\bigg|_0^1 = \frac{1}{4}.$$

(2) 因为 $-\ln|\cos x|$ 是 $\tan x$ 的一个原函数,所以由牛顿-莱布尼茨公式,有

$$\int_0^{\frac{\pi}{4}} \tan x \mathrm{d}x = -\ln|\cos x|\bigg|_0^{\frac{\pi}{4}} = -\left(\ln\frac{\sqrt{2}}{2} - \ln 1\right) = \frac{1}{2}\ln 2.$$

有时在积分区间的不同区段有不同的被积函数,此时必须先应用积分对区间的可加性把积分拆成在几个区段上的积分.

例 5 求定积分:

(1) $\int_0^2 |1-x| \mathrm{d}x$; (2) $\int_{-1}^1 f(x) \mathrm{d}x$,其中 $f(x) = \begin{cases} 1+x, & 0 < x \leqslant 2, \\ 1, & x \leqslant 0. \end{cases}$

解 (1) 因为 $|1-x| = \begin{cases} 1-x, & 0 \leqslant x < 1, \\ x-1, & 1 \leqslant x \leqslant 2, \end{cases}$ 所以

$$\int_0^2 |1-x| \mathrm{d}x = \int_0^1 (1-x) \mathrm{d}x + \int_1^2 (x-1) \mathrm{d}x = -\frac{1}{2}(1-x)^2 \bigg|_0^1 + \frac{1}{2}(x-1)^2 \bigg|_1^2 = 1.$$

(2) $\int_{-1}^1 f(x) \mathrm{d}x = \int_{-1}^0 f(x) \mathrm{d}x + \int_0^1 f(x) \mathrm{d}x = \int_{-1}^0 1 \cdot \mathrm{d}x + \int_0^1 (1+x) \mathrm{d}x$

$$= x \bigg|_{-1}^0 + \frac{1}{2}(1+x)^2 \bigg|_0^1 = \frac{5}{2}.$$

例 6 火车以 72 km/h 的速度行驶,在到达某车站前以等加速度 $a = -2.5$ m/s² 刹车,问火车需要在到站前多少距离开始刹车,才可使火车到站时停稳?

解 首先计算开始刹车到火车停稳所需的时间,即速度从 $v_0 = 72$ km/h $= 20$ m/s 减到 $v = 0$ 的时间.因为开始刹车后火车的加速度为 -2.5 m/s²,所以由匀加速运动公式得

$$v(t) = v_0 + at = 20 - 2.5t,$$

令 $v(t) = 0$,得 $t = 8(\mathrm{s})$.

以开始刹车作为计时开始,即 $t = 0$,则在 $t = 0$ 到 $t = 8$ 之间火车行进的路程

$$s = \int_0^8 v(t) \mathrm{d}t = \int_0^8 (20 - 2.5t) \mathrm{d}t = \left(20t - \frac{5}{4}t^2\right)\bigg|_0^8 = 80(\mathrm{m}).$$

所以火车需要在到站前 80 m 开始刹车,才可使火车到站时停稳.

随堂练习 5-2

1. 回答下列问题：

(1) 运算"$\dfrac{d}{dx}\int_a^b f(x)dx = 0$"是否正确？为什么？

(2) 运算"$\int_{-1}^{1}\dfrac{1}{x^2}dx = -\left[\dfrac{1}{x}\right]_{-1}^{1} = -[1-(-1)] = -2$"是否正确？为什么？

(3) 运算"$\dfrac{d}{dx}\int_0^{x^2}\dfrac{\sqrt{1-t^3}}{\cos t}dt = \dfrac{\sqrt{1-(x^2)^3}}{\cos x^2} = \dfrac{\sqrt{1-x^6}}{\cos x^2}$"是否正确？为什么？

2. 计算下列各导数：

(1) $\dfrac{d}{dx}\int_0^x \sqrt{1+t}\,dt$；

(2) $\dfrac{d}{dx}\int_0^{\cos x}\cos(\pi t^2)dt$.

3. 计算下列各定积分：

(1) $\int_{-1}^0 \dfrac{3x^4+3x^2+1}{x^2+1}dx$；

(2) $\int_0^3 |2-x|\,dx$；

(3) $\int_0^2 f(x)dx$，其中 $f(x)=\begin{cases} x+1, & x\leqslant 1, \\ \dfrac{1}{2}x^2, & x>1. \end{cases}$

习 题 5-2

1. 求下列各定积分：

(1) $\int_1^3 x^3\,dx$；

(2) $\int_0^{\frac{1}{2}}\dfrac{1}{\sqrt{1-x^2}}dx$；

(3) $\int_4^9 \sqrt{x}(1+\sqrt{x})dx$；

(4) $\int_0^{2\pi}|\sin x|\,dx$.

2. 求下列导数：

(1) $\dfrac{d}{dx}\int_0^x \sqrt{1+t^3}\,dt$；

(2) $\dfrac{d}{dx}\int_a^{x^2}\dfrac{\sin t}{t}dt$；

(3) $\dfrac{d}{dx}\int_{x^2}^{x^3}\dfrac{dt}{\sqrt{1+t^4}}$.

3. 求由参数方程 $\begin{cases} x=\int_0^t \sin u\,du, \\ y=\int_0^t \cos u\,du \end{cases}$ 所给出的函数 $y=y(x)$ 的导数.

4. 求由方程 $\int_0^y e^t dt + \int_0^x \cos t^2 dt = 0$ 所确定的隐函数 $y=y(x)$ 的导数.

5. 求 $\lim\limits_{x \to 0} \dfrac{\int_0^x \cos t^2 dt}{x}$.

6. 设 $f(x) = \begin{cases} x^2+1, & -1 \leqslant x \leqslant 0, \\ x+1, & 0 < x < 1, \end{cases}$ 求 $\int_{-\frac{1}{2}}^{\frac{1}{2}} f(x) dx$.

7. 已知质点做直线运动,其速度 $v(t) = 2t+3 (\text{m/s})$,求在前 10 s 内质点所经过的路程.

8. 已知通过导线上的电流为 $I(t) = 2t + t^2 (\text{A})$,求在 3 s 内通过导线的电荷量.

§5-3 定积分的换元积分法和分部积分法

本节学习求定积分的常用方法——换元积分法和分部积分法.根据牛顿-莱布尼茨公式,只要求出被积函数的原函数,就能求出定积分.上一章已经学习了求原函数(不定积分)的换元积分法,其中变量的回代过程往往相当复杂.把求原函数的换元积分法应用到定积分上来,在实施换元时相应地改变积分限,就可以避免复杂的变量回代,这就是定积分的换元积分法.而定积分的分部积分法是求原函数(不定积分)分部积分法的直接应用.

一、定积分的换元积分法

我们先看一个具体的例子.

例 1 计算 $\int_0^{\frac{\pi}{2}} \sin^2 x \cos x \, dx$.

解 先求被积函数的不定积分(原函数):

$$\int \sin^2 x \cos x \, dx \xrightarrow{\text{令 } \sin x = u} \int u^2 \, du = \frac{1}{3} u^3 + C \xrightarrow{u = \sin x \text{ 回代}} \frac{1}{3} \sin^3 x + C. \quad (1)$$

于是
$$\int_0^{\frac{\pi}{2}} \sin^2 x \cos x \, dx = \frac{1}{3} \sin^3 x \Big|_0^{\frac{\pi}{2}} = \frac{1}{3}(1-0) = \frac{1}{3}. \quad (2)$$

分析解题过程:(1)式先求出 u^2 的原函数 $\frac{1}{3} u^3$,然后作变量回代得到原函数 $\frac{1}{3} \sin^3 x$,最后在(2)式中作双重代换,在 $x = 0, x = \frac{\pi}{2}$ 时分别以 $\sin 0 = 0, \sin \frac{\pi}{2} = 1$ 代入得到定积分 $\frac{1}{3}$.

注意 当 $x = 0, x = \frac{\pi}{2}$ 时,分别有 $u = \sin 0 = 0, u = \sin \frac{\pi}{2} = 1$,直接对 u^2 的原函数 $\frac{1}{3} u^3$ 作 u 从 0 到 1 的双重代换,与变量回代后对 $\sin x$ 作从 0 到 $\frac{\pi}{2}$ 的双重代换完全是等效的,可见在求定积分时变量回代可以省略.其实,在实施换元 $u = \sin x$ 的同时,也改变原 x 的积分限,$0, \frac{\pi}{2}$ 分别对应 u 的积分限 $0, 1$,即

$$\int_0^{\frac{\pi}{2}} \sin^2 x \cos x \, dx \xrightarrow{\text{令 } \sin x = u} \int_0^1 u^2 \, du = \frac{1}{3} u^3 \Big|_0^1 = \frac{1}{3},$$

能得到同样结果.

上面的分析表明:在一定条件下,由"换元⇒新元的原函数⇒回代⇒作双重代换"得到定积分的过程,可改为"换元、换积分限⇒新元的原函数⇒在新积分限上作双重代换",可以得到相同的结果.下面以定理表述这个事实.

定理 1 设

(1) $f(x)$在$[a,b]$上连续;

(2) $\varphi'(x)$在$[a,b]$上连续,且$\varphi'(x)\neq 0, x\in(a,b)$;

(3) $\varphi(a)=\alpha, \varphi(b)=\beta$.

则 $$\int_a^b f[\varphi(x)]\mathrm{d}[\varphi(x)] \xlongequal{\substack{\diamondsuit u=\varphi(x), x=a\leftrightarrow u=\alpha \\ x=b\leftrightarrow u=\beta}} \int_\alpha^\beta f(u)\mathrm{d}u.$$

定理 2 设

(1) $f(x)$在$[a,b]$上连续;

(2) $\varphi'(t)$在$[\alpha,\beta]$上连续,且$\varphi'(t)\neq 0, t\in(\alpha,\beta)$;

(3) $\varphi(\alpha)=a, \varphi(\beta)=b$.

则 $$\int_a^b f(x)\mathrm{d}x \xlongequal{\substack{\diamondsuit x=\varphi(t), t=\alpha\leftrightarrow x=a \\ t=\beta\leftrightarrow x=b}} \int_\alpha^\beta f[\varphi(t)]\varphi'(t)\mathrm{d}t.$$

定理 1 和定理 2 给出的两个公式都称为定积分的换元公式.显然定理 1 是由不定积分的第一类换元法演化来的,定理 2 则是不定积分第二类换元法的演化结果.

注意 两个定理中$\varphi'\neq 0$的条件是新、老积分区间一一对应的保障,不可忽视,缺少这个条件可能会出现错误的结果.例如,

$$\int_{-1}^1 x^4 \mathrm{d}x \xlongequal{\diamondsuit u=x^2, x=\pm 1, u=1} \frac{1}{2}\int_1^1 u^{\frac{3}{2}}\mathrm{d}u=0.$$

实际上,$\int_{-1}^1 x^4 \mathrm{d}x = \frac{1}{5}x^5 \Big|_{-1}^1 = \frac{2}{5}$. $\varphi(x)=x^2, \varphi'(x)=2x, \varphi'(x)$在$(-1,1)$上有零点$x=0$是产生错误的原因.

下面用换元积分法计算几个定积分.

例 2 计算下列定积分:

(1) $\int_0^1 x\mathrm{e}^{-x^2}\mathrm{d}x$;

(2) $\int_0^2 \dfrac{x}{1+x^2}\mathrm{d}x$;

(3) $\int_0^{\frac{\pi}{2}} \cos^2 x \sin x \mathrm{d}x$;

(4) $\int_1^{\mathrm{e}} \dfrac{\ln x}{x}\mathrm{d}x$;

(5) $\int_1^4 \dfrac{1}{x+\sqrt{x}}\mathrm{d}x$;

(6) $\int_0^a \sqrt{a^2-x^2}\mathrm{d}x$.

解 (1) $\int_0^1 x\mathrm{e}^{-x^2}\mathrm{d}x = \dfrac{1}{2}\int_0^1 \mathrm{e}^{-x^2}\mathrm{d}(x^2) \xlongequal{\diamondsuit u=x^2, x=0, u=0; x=1, u=1} \dfrac{1}{2}\int_0^1 \mathrm{e}^{-u}\mathrm{d}u$

$= -\dfrac{1}{2}\mathrm{e}^{-u}\Big|_0^1 = \dfrac{\mathrm{e}-1}{2\mathrm{e}}$.

(2) $\int_0^2 \dfrac{x}{1+x^2}\mathrm{d}x = \dfrac{1}{2}\int_0^2 \dfrac{\mathrm{d}(1+x^2)}{1+x^2} \xrightarrow{\diamondsuit\ u=1+x^2,x=0,u=1;x=2,u=5} \dfrac{1}{2}\int_1^5 \dfrac{\mathrm{d}u}{u}$

$= \dfrac{1}{2}\ln u \Big|_1^5 = \dfrac{1}{2}\ln 5.$

如果读者对不定积分换元法很熟悉,那么未必非要写出换元 $u=1+x^2$,可以直接写成

$$\int_0^2 \dfrac{x}{1+x^2}\mathrm{d}x = \dfrac{1}{2}\int_0^2 \dfrac{\mathrm{d}(1+x^2)}{1+x^2} = \dfrac{1}{2}\ln(1+x^2)\Big|_0^2 = \dfrac{1}{2}\ln 5.$$

因为没有换元,当然也不存在换积分限问题.

(3) $\int_0^{\frac{\pi}{2}} \cos^2 x \sin x\, \mathrm{d}x = -\int_0^{\frac{\pi}{2}} \cos^2 x\, \mathrm{d}(\cos x) \xrightarrow{\diamondsuit\ u=\cos x,x=0,u=1;x=\frac{\pi}{2},u=0} -\int_1^0 u^2\, \mathrm{d}u$

$= \dfrac{1}{3}u^3 \Big|_0^1 = \dfrac{1}{3}.$

与(2)相同,熟悉不定积分换元法后,可以省略换元和换积分限的过程,写成

$$\int_0^{\frac{\pi}{2}} \cos^2 x \sin x\, \mathrm{d}x = -\int_0^{\frac{\pi}{2}} \cos^2 x\, \mathrm{d}(\cos x) = -\dfrac{1}{3}\cos^3 x \Big|_0^{\frac{\pi}{2}} = \dfrac{1}{3}.$$

小结:(2)和(3)两种求法说明在应用凑微分法时,回代过程相当简单,未必非要按定理1那样在定积分中换元,可以直接以原变量、原积分限求解.需要记住的是"换元变限,不换元限不变"的原则.

(4) $\int_1^e \dfrac{\ln x}{x}\mathrm{d}x = \int_1^e \ln x\, \mathrm{d}(\ln x) = \dfrac{1}{2}(\ln x)^2 \Big|_1^e = \dfrac{1}{2}.$

(5) 令 $t=\sqrt{x}$,则 $x=t^2$, $\mathrm{d}x=2t\mathrm{d}t$. 当 $x=1$ 时,$t=1$;当 $x=4$ 时,$t=2$. x 从 $1\to 4 \Leftrightarrow t$ 从 $1\to 2$.

应用定理2得

$$\int_1^4 \dfrac{1}{x+\sqrt{x}}\mathrm{d}x = \int_1^2 \dfrac{2t\mathrm{d}t}{t^2+t} = 2\int_1^2 \dfrac{\mathrm{d}t}{t+1} = 2\ln(t+1)\Big|_1^2 = 2\ln\dfrac{3}{2}.$$

(6) 令 $x=a\sin t$,则 $\mathrm{d}x = a\cos t\mathrm{d}t$. 当 $x=0$ 时,$t=0$;当 $x=a$ 时,$t=\dfrac{\pi}{2}$. x 从 $0\to a \Leftrightarrow t$ 从 $0\to \dfrac{\pi}{2}$.

应用定理2得

$$\int_0^a \sqrt{a^2-x^2}\,\mathrm{d}x = \int_0^{\frac{\pi}{2}} a\cos t \cdot a\cos t\, \mathrm{d}t = \dfrac{a^2}{2}\int_0^{\frac{\pi}{2}}(1+\cos 2t)\mathrm{d}t = \dfrac{a^2}{2}\left(t+\dfrac{1}{2}\sin 2t\right)\Big|_0^{\frac{\pi}{2}} = \dfrac{1}{4}\pi a^2.$$

如果注意到 $y=\sqrt{a^2-x^2}$ 表示圆 $x^2+y^2=a^2$ 在第一象限的部分,那么根据定积分的几何意义可以直接得到结果.善于思考的读者还可以想一下,t 的积分区间可以取成 $\left[2\pi, 2\pi+\dfrac{\pi}{2}\right]$ 吗?取成 $\left[\pi, 2\pi+\dfrac{\pi}{2}\right]$ 会怎么样?

例3 设函数 $f(x)$ 在闭区间 $[-a,a]$ 上连续,证明:

(1) 当 $f(x)$ 为奇函数时,$\int_{-a}^{a} f(x)dx = 0$;

(2) 当 $f(x)$ 为偶函数时,$\int_{-a}^{a} f(x)dx = 2\int_{0}^{a} f(x)dx$.

证明 $\int_{-a}^{a} f(x)dx = \int_{-a}^{0} f(x)dx + \int_{0}^{a} f(x)dx.$

对 $\int_{-a}^{0} f(x)dx$ 换元:令 $x=-t$,则 $dx=-dt$,x 从 $-a \to 0 \Leftrightarrow t$ 从 $a \to 0$. 于是

$$\int_{-a}^{0} f(x)dx = \int_{a}^{0} f(-t)d(-t) = \int_{0}^{a} f(-t)dt,$$

从而 $\int_{-a}^{a} f(x)dx = \int_{0}^{a} f(-t)dt + \int_{0}^{a} f(x)dx = \int_{0}^{a} [f(-x)+f(x)]dx.$

(1) 当 $f(x)$ 为奇函数时,有 $f(-x)+f(x)=0$,所以

$$\int_{-a}^{a} f(x)dx = 0.$$

(2) 当 $f(x)$ 为偶函数时,有 $f(-x)+f(x)=2f(x)$,所以

$$\int_{-a}^{a} f(x)dx = 2\int_{0}^{a} f(x)dx.$$

本例所证明的等式称为奇、偶函数在对称区间上的积分性质. 在理论和计算中经常会用到这个结论. 从直观上看,如图 5-6(1)、图 5-6(2) 所示,这一性质反映了在对称区间上,奇函数的图象与 x 轴围成的图形的面积正、负相消,偶函数的图象与 x 轴围成的图形的面积是半区间上面积的两倍这样一个事实.

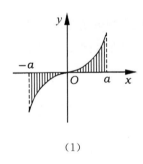

(1)　　　　　　　　(2)

图 5-6

例4 计算下列定积分:

(1) $\int_{-\frac{\pi}{4}}^{\frac{\pi}{4}} \frac{1+x^3}{\cos^2 x} dx$; 　　　　(2) $\int_{-1}^{1} x^2 |x| dx.$

解 (1) 由于 $\frac{1}{\cos^2 x}$ 是 $\left[-\frac{\pi}{4}, \frac{\pi}{4}\right]$ 上的偶函数,$\frac{x^3}{\cos^2 x}$ 是 $\left[-\frac{\pi}{4}, \frac{\pi}{4}\right]$ 上的奇函数,所以

$$\int_{-\frac{\pi}{4}}^{\frac{\pi}{4}} \frac{1+x^3}{\cos^2 x} dx = \int_{-\frac{\pi}{4}}^{\frac{\pi}{4}} \frac{1}{\cos^2 x} dx + \int_{-\frac{\pi}{4}}^{\frac{\pi}{4}} \frac{x^3}{\cos^2 x} dx = 2\int_{0}^{\frac{\pi}{4}} \frac{1}{\cos^2 x} dx + 0$$

$$= 2\tan x \Big|_0^{\frac{\pi}{4}} = 2.$$

(2) 由于 $x^2|x|$ 是 $[-1,1]$ 上的偶函数,所以

$$\int_{-1}^{1} x^2|x|\mathrm{d}x = 2\int_0^1 x^3\mathrm{d}x = 2 \cdot \frac{1}{4}x^4 \Big|_0^1 = \frac{1}{2}.$$

二、定积分的分部积分法

在求不定积分时,还有一个分部积分法,它也能"移植"到定积分中来. 先看下面的例子.

例 5 计算 $\int_0^\pi x\cos x\mathrm{d}x$.

解 先用分部积分法求 $x\cos x$ 的原函数:

$$\int x\cos x\mathrm{d}x = \int x\mathrm{d}(\sin x) = x\sin x - \int \sin x\mathrm{d}x = x\sin x + \cos x + C.$$

再用牛顿-莱布尼茨公式求定积分:

$$\int_0^\pi x\cos x\mathrm{d}x = [x\sin x + \cos x]_0^\pi = -1 - 1 = -2.$$

分析计算过程可以发现,原函数中两项 $x\sin x, \cos x$ 对积分限的双重代换其实是独立的,因此完全可以把不定积分改为定积分,分部与双重代换同时进行,即以下面的方式完成:

$$\int_0^\pi x\cos x\mathrm{d}x = [x\sin x]_0^\pi - \int_0^\pi \sin x\mathrm{d}x = 0 + \cos x \Big|_0^\pi = -2.$$

这样一改动,就把不定积分的分部积分公式变成定积分的分部积分公式了.

定理 3(定积分的分部积分公式) 设 $u'(x), v'(x)$ 在区间 $[a,b]$ 上连续,则

$$\int_a^b u(x)v'(x)\mathrm{d}x = [u(x)v(x)]_a^b - \int_a^b v(x)u'(x)\mathrm{d}x,$$

或简写为

$$\int_a^b u\mathrm{d}v = [uv]_a^b - \int_a^b v\mathrm{d}u.$$

因为定积分与不定积分的分部积分公式的差别仅在于作双重代换的时间上,所以定积分适用分部积分公式的被积函数类型及分部方法与不定积分中所总结的是一致的.

例 6 求下列定积分:

(1) $\int_0^{\frac{\pi}{2}} x^2\sin x\mathrm{d}x$; (2) $\int_0^{2\pi} \mathrm{e}^x\cos x\mathrm{d}x$.

解 (1) $\int_0^{\frac{\pi}{2}} x^2\sin x\mathrm{d}x = -\int_0^{\frac{\pi}{2}} x^2\mathrm{d}(\cos x) = -x^2\cos x \Big|_0^{\frac{\pi}{2}} + 2\int_0^{\frac{\pi}{2}} x\cos x\mathrm{d}x$

$$= 0 + 2\int_0^{\frac{\pi}{2}} x\mathrm{d}(\sin x) = 2x\sin x\Big|_0^{\frac{\pi}{2}} - 2\int_0^{\frac{\pi}{2}} \sin x\mathrm{d}x = \pi - 2.$$

(2) $\displaystyle\int_0^{2\pi} \mathrm{e}^x \cos x\mathrm{d}x = \int_0^{2\pi} \cos x\mathrm{d}(\mathrm{e}^x) = \mathrm{e}^x \cos x\Big|_0^{2\pi} - \int_0^{2\pi} \mathrm{e}^x \mathrm{d}(\cos x)$

$$= (\mathrm{e}^{2\pi} - 1) + \int_0^{2\pi} \sin x\mathrm{d}(\mathrm{e}^x)$$

$$= (\mathrm{e}^{2\pi} - 1) + \mathrm{e}^x \sin x\Big|_0^{2\pi} - \int_0^{2\pi} \mathrm{e}^x \mathrm{d}(\sin x)$$

$$= (\mathrm{e}^{2\pi} - 1) - \int_0^{2\pi} \mathrm{e}^x \cos x\mathrm{d}x,$$

移项得
$$2\int_0^{2\pi} \mathrm{e}^x \cos x\mathrm{d}x = \mathrm{e}^{2\pi} - 1,$$

所以
$$\int_0^{2\pi} \mathrm{e}^x \cos x\mathrm{d}x = \frac{1}{2}(\mathrm{e}^{2\pi} - 1).$$

纵观定积分的换元积分法和分部积分法,它的理论依据仍然是牛顿-莱布尼茨公式,只不过在用换元积分法或分部积分法求原函数的过程中,同步变动积分限或同步作双重代换省略了诸如变量回代等步骤,达到简化计算的目的.因此,会熟练地求原函数仍然是最基本的要求.

随堂练习 5-3

1. 思考并回答下列问题:

(1) 应用定积分的换元法时,强调要同步换积分限.把不定积分的凑微分法应用于定积分换元,是否一定要同步换积分限?

(2) 在定积分 $\displaystyle\int_{-1}^{1} \frac{\mathrm{d}x}{1+x^2}$ 中作如下换元:令 $x = \frac{1}{t}$,则 $\mathrm{d}x = -\frac{1}{t^2}\mathrm{d}t$,$x$ 从 $-1 \to 1 \Leftrightarrow t$ 从 $-1 \to 1$,所以 $\displaystyle\int_{-1}^{1} \frac{\mathrm{d}x}{1+x^2} = -\int_{-1}^{1} \frac{\mathrm{d}t}{1+t^2} = -\int_{-1}^{1} \frac{\mathrm{d}x}{1+x^2}$,移项得 $\displaystyle\int_{-1}^{1} \frac{\mathrm{d}x}{1+x^2} = 0$. 以上运算是否正确?为什么?

(3) 若 $\displaystyle\int_{-a}^{a} f(x)\mathrm{d}x = 0$,则 $f(x)$ 必定是奇函数.这个结论正确吗?

2. 计算下列定积分:

(1) $\displaystyle\int_1^{\mathrm{e}} \frac{\ln^4 x}{x}\mathrm{d}x$;

(2) $\displaystyle\int_4^9 \frac{\sqrt{x}}{\sqrt{x}-1}\mathrm{d}x$;

(3) $\displaystyle\int_1^{\mathrm{e}} x\ln x\mathrm{d}x$.

3. 求下列定积分：

(1) $\int_{-1.5}^{1.5} \dfrac{x^8 \tan x}{3-\sin x^4}\,\mathrm{d}x$；

(2) $\int_{-\frac{1}{2}}^{\frac{1}{2}} \dfrac{2+\sin^5 x}{\sqrt{1-x^2}}\,\mathrm{d}x$.

习 题 5-3

1. 计算下列定积分：

(1) $\int_0^1 \dfrac{x^2}{1+x^6}\,\mathrm{d}x$；

(2) $\int_1^{e^{\frac{1}{2}}} \dfrac{1}{x\sqrt{1-\ln^2 x}}\,\mathrm{d}x$；

(3) $\int_0^{\frac{\pi}{\omega}} \sin^2(\omega t+\varphi)\,\mathrm{d}t$；

(4) $\int_{-\frac{\pi}{2}}^{\frac{\pi}{2}} \cos x\cos 2x\,\mathrm{d}x$；

(5) $\int_0^3 \dfrac{1}{\sqrt{1+x}+1}\,\mathrm{d}x$.

2. 计算下列定积分：

(1) $\int_0^1 t^2 e^t\,\mathrm{d}t$；

(2) $\int_0^{\frac{1}{2}} \arcsin x\,\mathrm{d}x$；

(3) $\int_1^e \sqrt{x}\ln x\,\mathrm{d}x$；

(4) $\int_0^{\frac{\pi}{2}} e^x \sin x\,\mathrm{d}x$.

3. 求下列定积分：

(1) $\int_{-\pi}^{\pi} (2x^4+x)\sin x\,\mathrm{d}x$；

(2) $\int_{-1}^{1} \dfrac{x^2\sin^3 x+3}{1+x^2}\,\mathrm{d}x$.

4. 已知 $f(x)$ 的一个原函数为 $\sin x\ln x$，求 $\int_1^{\pi} x f'(x)\,\mathrm{d}x$.

5. 设 $f(x)$ 在 $[0,1]$ 上连续，试利用代换 $x=\pi-t$ 证明：

$$\int_0^{\pi} x f(\sin x)\,\mathrm{d}x = \dfrac{\pi}{2}\int_0^{\pi} f(\sin x)\,\mathrm{d}x.$$

§5-4 广义积分

定积分定义中的基本假设是被积函数在积分区间上有界、积分区间有限. 从定积分的实际含义来看,定积分处理的是已知变量在有限范围内的变化率,且变化率是有界的,求变量在此范围内的累积量. 但在实际问题中,也会遇到求累积量问题,它的累积范围是无限的,或者变化率是无界的. 在数学上,我们以本节学习的广义积分来处理这类问题.

一、无穷区间上的广义积分

例 1 如图 5-7 所示,求以 $y=\dfrac{1}{x^2}$ 为曲顶、$\left[\dfrac{1}{2},A\right]$ 为底的单曲边梯形的面积 $S(A)$. 这是一个典型的定积分问题:

$$S(A)=\int_{\frac{1}{2}}^{A}\frac{1}{x^2}\mathrm{d}x=2-\frac{1}{A}.$$

现在若要求由 $x=\dfrac{1}{2}$,$y=\dfrac{1}{x^2}$ 和 x 轴所"界定"的区域的"面积"S,因为面积累积区域是 $\left[\dfrac{1}{2},+\infty\right)$,所以它已经不

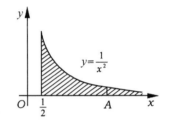

图 5-7

是定积分问题了. 也就是说,它不能再通过区间分割、局部近似、无限加细求极限的步骤来处理. 读者应该会想到,可以通过求 $S(A)$,即定积分的极限来求得 S:

$$S=\lim_{A\to+\infty}\int_{\frac{1}{2}}^{A}\frac{1}{x^2}\mathrm{d}x=\lim_{A\to+\infty}S(A)=\lim_{A\to+\infty}\left(2-\frac{1}{A}\right)=2.$$

求在无限区域上的量的变化率的累积问题,都可以用先截断区间为有限区间,求出有限区间上的定积分后再求极限的方法来处理. 现在对这个过程给予明确的定义.

定义 1 设函数 $f(x)$ 在 $[a,+\infty)$ 内有定义,对任意 $A\in[a,+\infty)$,$f(x)$ 在 $[a,A]$ 上可积,称极限 $\lim\limits_{A\to+\infty}\int_{a}^{A}f(x)\mathrm{d}x$ 为函数 $f(x)$ 在 $[a,+\infty)$ 上的**无穷区间广义积分**(简称**无穷积分**),记作 $\int_{a}^{+\infty}f(x)\mathrm{d}x$,即

$$\int_{a}^{+\infty}f(x)\mathrm{d}x=\lim_{A\to+\infty}\int_{a}^{A}f(x)\mathrm{d}x. \tag{1}$$

若(1)式右边的极限存在,则称无穷积分 $\int_{a}^{+\infty}f(x)\mathrm{d}x$ **收敛**,否则就称为**发散**.

例 1 中的问题可以用无穷积分表示为 $S=\int_{\frac{1}{2}}^{+\infty}\frac{1}{x^2}\mathrm{d}x$,而且这个无穷积分是收敛的.

同样可以定义:

$$\int_{-\infty}^{b} f(x)\mathrm{d}x = \lim_{A\to+\infty}\int_{-A}^{b} f(x)\mathrm{d}x \text{(极限号后的积分存在)};$$

$$\int_{-\infty}^{+\infty} f(x)\mathrm{d}x = \lim_{A\to+\infty}\int_{-A}^{a} f(x)\mathrm{d}x + \lim_{B\to+\infty}\int_{a}^{B} f(x)\mathrm{d}x \tag{2}$$

(两个极限号后的积分都存在,$a\in(-\infty,+\infty)$).

它们也称为无穷积分. $\int_{-\infty}^{+\infty} f(x)\mathrm{d}x$ 收敛表示(2)式右边的极限都存在,否则 $\int_{-\infty}^{+\infty} f(x)\mathrm{d}x$ 发散.

对无穷积分首先要判定它的敛散性,然后才能求其值. 但若能求出被积函数的一个原函数,则可以通过求极限同时解决敛散问题和求值问题.

例 2 计算下列广义积分:

(1) $\int_{0}^{+\infty} x\mathrm{e}^{-x^2}\mathrm{d}x$;   (2) $\int_{-\infty}^{-1}\frac{1}{x^3}\mathrm{d}x$;

(3) $\int_{-\infty}^{+\infty}\frac{1}{1+x^2}\mathrm{d}x$.

解 (1) $\int_{0}^{A} x\mathrm{e}^{-x^2}\mathrm{d}x = -\frac{1}{2}\int_{0}^{A}\mathrm{e}^{-x^2}\mathrm{d}(-x^2) = -\frac{1}{2}\mathrm{e}^{-x^2}\Big|_{0}^{A} = -\frac{1}{2}(\mathrm{e}^{-A^2}-1)$,

$$\int_{0}^{+\infty} x\mathrm{e}^{-x^2}\mathrm{d}x = \lim_{A\to+\infty}\int_{0}^{A} x\mathrm{e}^{-x^2}\mathrm{d}x = -\frac{1}{2}\lim_{A\to+\infty}(\mathrm{e}^{-A^2}-1) = \frac{1}{2}.$$

(2) $\int_{-A}^{-1}\frac{1}{x^3}\mathrm{d}x = -\frac{1}{2x^2}\Big|_{-A}^{-1} = -\frac{1}{2}+\frac{1}{2A^2}$,

$$\int_{-\infty}^{-1}\frac{1}{x^3}\mathrm{d}x = \lim_{A\to+\infty}\int_{-A}^{-1}\frac{1}{x^3}\mathrm{d}x = \lim_{A\to+\infty}\left(-\frac{1}{2}+\frac{1}{2A^2}\right) = -\frac{1}{2}.$$

(3) $\int_{-A}^{B}\frac{1}{1+x^2}\mathrm{d}x = \int_{-A}^{0}\frac{1}{1+x^2}\mathrm{d}x + \int_{0}^{B}\frac{1}{1+x^2}\mathrm{d}x = \arctan A + \arctan B$,

$$\int_{-\infty}^{+\infty}\frac{1}{1+x^2}\mathrm{d}x = \lim_{A\to+\infty}\int_{-A}^{0}\frac{1}{1+x^2}\mathrm{d}x + \lim_{B\to+\infty}\int_{0}^{B}\frac{1}{1+x^2}\mathrm{d}x$$

$$= \lim_{A\to+\infty}\arctan A + \lim_{B\to+\infty}\arctan B = \frac{\pi}{2}+\frac{\pi}{2} = \pi.$$

在(3)中我们是取 0 来分割积分区间,从而将 $\int_{-A}^{B}\frac{1}{1+x^2}$ 分割为两个积分. 读者可以思考一下,取任意 $a\in(-\infty,+\infty)$ 分割会改变结果吗?

例 3 证明:无穷积分 $\int_{1}^{+\infty}\frac{\mathrm{d}x}{x^p}(p>0)$ 当 $p>1$ 时收敛,当 $0<p\leqslant 1$ 时发散.

证明 当 $p=1$ 时,

$$\int_{1}^{A}\frac{\mathrm{d}x}{x^p} = \int_{1}^{A}\frac{\mathrm{d}x}{x} = \ln x\Big|_{1}^{A} = \ln A,$$

$$\int_1^{+\infty} \frac{\mathrm{d}x}{x} = \lim_{A \to +\infty} \int_1^A \frac{\mathrm{d}x}{x} = \lim_{A \to +\infty} \ln A = +\infty,$$

所以 $\int_1^{+\infty} \frac{\mathrm{d}x}{x}$ 发散.

当 $p>0, p \neq 1$ 时,

$$\int_1^A \frac{\mathrm{d}x}{x^p} = \left(\frac{x^{1-p}}{1-p}\right)\bigg|_1^A = \frac{1}{1-p}(A^{1-p}-1).$$

若 $0<p<1$,则 $1-p>0$,所以

$$\lim_{A \to +\infty} \int_1^A \frac{\mathrm{d}x}{x^p} = \frac{1}{1-p} \lim_{A \to +\infty} (A^{1-p}-1) = +\infty,$$

即 $\int_1^{+\infty} \frac{\mathrm{d}x}{x^p}$ 发散;

若 $p>1$,则 $1-p<0$,所以

$$\lim_{A \to +\infty} \int_1^A \frac{\mathrm{d}x}{x^p} = \frac{1}{1-p} \lim_{A \to +\infty} (A^{1-p}-1) = \frac{1}{p-1},$$

即 $\int_1^{+\infty} \frac{\mathrm{d}x}{x^p}$ 收敛,且 $\int_1^{+\infty} \frac{\mathrm{d}x}{x^p} = \frac{1}{p-1}$.

综上可知,$\int_1^{+\infty} \frac{\mathrm{d}x}{x^p}$ 当 $p>1$ 时收敛于 $\frac{1}{p-1}$,当 $0<p \leqslant 1$ 时发散.

二、无界函数的广义积分

例 4 如图 5-8 所示,求以 $y=\frac{1}{\sqrt{x}}$ 为曲顶、$[\varepsilon,2]$($\varepsilon>0$)为底的单曲边梯形的面积 $S(\varepsilon)$. 这是一个典型的定积分问题:

$$S(\varepsilon) = \int_\varepsilon^2 \frac{1}{\sqrt{x}} \mathrm{d}x = (2\sqrt{x})\bigg|_\varepsilon^2 = 2(\sqrt{2}-\sqrt{\varepsilon}).$$

现在若要求由 $x=2, y=\frac{1}{\sqrt{x}}$,$x$ 轴和 y 轴所"界定"的区域的"面积"S,因为函数 $y=\frac{1}{\sqrt{x}}$ 在 $x=0$ 处无定义,且在 $(0,2]$ 上无

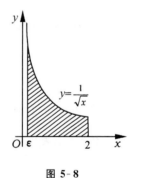

图 5-8

界,与例 1 类似,它已经不是定积分问题了. 读者应该会想到,可以通过求 $S(\varepsilon)$,即定积分的极限来得到 S:

$$S = \lim_{\varepsilon \to 0^+} \int_\varepsilon^2 \frac{1}{\sqrt{x}} \mathrm{d}x = \lim_{\varepsilon \to 0^+} S(\varepsilon) = \lim_{\varepsilon \to 0^+} 2(\sqrt{2}-\sqrt{\varepsilon}) = 2\sqrt{2}.$$

把例 4 一般化,则是如下的问题:已知一个量在区间 $(a,b]$ 上的变化率,且随着自变量靠近端点 a,变化率趋于无穷,求在该区间上的累积量. 对这种类型的问题,都可以像例 4 那样处理:先截去区间端点 a 成为 $[a+\varepsilon,b]$($\varepsilon>0$),求出在 $[a+\varepsilon,b]$ 上的定积分后

再求极限. 现在对这个过程给予明确的定义.

定义 2 设函数 $f(x)$ 在 $(a,b]$ 上有定义,且 $\lim\limits_{x \to a^+} f(x) = \infty$. 对任意 $\varepsilon (b-a > \varepsilon > 0)$, $f(x)$ 在 $[a+\varepsilon, b]$ 上可积,即 $\int_{a+\varepsilon}^{b} f(x) dx$ 存在,则称极限 $\lim\limits_{\varepsilon \to 0^+} \int_{a+\varepsilon}^{b} f(x) dx$ 为**无界函数** $f(x)$ 在 $(a,b]$ 上的**广义积分**,即

$$\int_{a}^{b} f(x) dx = \lim_{\varepsilon \to 0^+} \int_{a+\varepsilon}^{b} f(x) dx. \tag{3}$$

若(3)式右边的极限存在,则称无界函数广义积分 $\int_{a}^{b} f(x) dx$ 收敛,否则称为发散.

按照无界函数广义积分的定义,例 4 的"面积"S 可以表示成 $S = \int_{0}^{2} \frac{1}{\sqrt{x^2}} dx$,而且无界函数广义积分收敛于 $2\sqrt{2}$.

我们也称无界函数广义积分 $\int_{a}^{b} f(x) dx$ 为**瑕积分**,且称使 $f(x)$ 的极限为无穷的那个点 a 为**瑕点**.

瑕点也可以是区间的右端点 b 或 $[a,b]$ 内部的点,并且可以类似于(3)定义下面的瑕积分:

$$\int_{a}^{b} f(x) dx = \lim_{\varepsilon \to 0^+} \int_{a}^{b-\varepsilon} f(x) dx \, (b \text{ 为瑕点,极限号后的积分存在}),$$

$$\int_{a}^{b} f(x) dx = \lim_{\varepsilon_1 \to 0^+} \int_{a}^{c-\varepsilon_1} f(x) dx + \lim_{\varepsilon_2 \to 0^+} \int_{c+\varepsilon_2}^{b} f(x) dx \tag{4}$$

($c \in (a,b)$ 为瑕点,两个极限号后的积分都存在).

瑕积分 $\int_{a}^{b} f(x) dx$ 收敛表示(4)式右边的极限都存在,否则就是发散.

对瑕积分首先要判定它的敛散性,然后才能求其值. 但若能求出被积函数的一个原函数,则可以通过求极限同时解决敛散问题和求值问题.

例 5 求无界函数广义积分(瑕积分) $\int_{0}^{1} \frac{dx}{\sqrt{1-x^2}}$.

解 这是一个以 $x=1$ 为瑕点的瑕积分.

$$\int_{0}^{1-\varepsilon} \frac{dx}{\sqrt{1-x^2}} = \arcsin x \Big|_{0}^{1-\varepsilon} = \arcsin(1-\varepsilon),$$

$$\int_{0}^{1} \frac{dx}{\sqrt{1-x^2}} = \lim_{\varepsilon \to 0^+} \int_{0}^{1-\varepsilon} \frac{dx}{\sqrt{1-x^2}} = \lim_{\varepsilon \to 0^+} \arcsin(1-\varepsilon) = \frac{\pi}{2}.$$

例 6 当 $p>0$ 时,$\int_{0}^{1} \frac{dx}{x^p}$ 是以 $x=0$ 为瑕点的瑕积分. 证明它在 $0<p<1$ 时收敛,在 $p \geq 1$ 时发散.

证明 当 $p=1$ 时,

$$\int_\varepsilon^1 \frac{dx}{x^p} = \int_\varepsilon^1 \frac{dx}{x} = \ln x \Big|_\varepsilon^1 = -\ln \varepsilon \quad (\varepsilon > 0),$$

$$\int_0^1 \frac{dx}{x} = \lim_{\varepsilon \to 0^+} \int_\varepsilon^1 \frac{dx}{x} = \lim_{\varepsilon \to 0^+} (-\ln \varepsilon) = +\infty.$$

当 $p > 0, p \neq 1$ 时,

$$\int_\varepsilon^1 \frac{dx}{x^p} = \frac{x^{1-p}}{1-p} \Big|_\varepsilon^1 = \frac{1}{1-p}(1 - \varepsilon^{1-p}).$$

若 $p < 1$,则 $1 - p > 0$,

$$\int_0^1 \frac{dx}{x^p} = \lim_{\varepsilon \to 0^+} \int_\varepsilon^1 \frac{dx}{x^p} = \lim_{\varepsilon \to 0^+} \frac{1}{1-p}(1 - \varepsilon^{1-p}) = \frac{1}{1-p};$$

若 $p > 1$,则 $1 - p < 0$,

$$\int_0^1 \frac{dx}{x^p} = \lim_{\varepsilon \to 0^+} \int_\varepsilon^1 \frac{dx}{x^p} = \lim_{\varepsilon \to 0^+} \frac{1}{1-p}(1 - \varepsilon^{1-p}) = +\infty.$$

所以 $\int_0^1 \frac{dx}{x^p}$ 当 $0 < p < 1$ 时收敛于 $\frac{1}{1-p}$,当 $p \geq 1$ 时发散.

无穷区间广义积分、无界函数广义积分统称**广义积分**. 注意它们虽然都冠以"积分"之名,使用积分的记号,而且也称 $f(x)$ 为被积函数等,但绝不能理解成无穷区间上的定积分或无界函数的定积分,它们仅是定积分的极限.

随堂练习 5-4

1. 下面的运算对吗?

(1) 因为 $f(x) = \frac{x}{\sqrt{1+x^2}}$ 是 $(-\infty, +\infty)$ 内的奇函数,所以 $\int_{-\infty}^{+\infty} \frac{x}{\sqrt{1+x^2}} = 0$;

(2) $\int_1^{+\infty} \left(\frac{1}{x} - \frac{x}{1+x^2}\right) dx = \int_1^{+\infty} \frac{1}{x} dx - \int_1^{+\infty} \frac{x}{1+x^2} dx = \lim_{A \to +\infty} \ln A - \lim_{B \to +\infty} \frac{1}{2}[\ln(1+B^2) - \ln 2]$,由于 $\int_1^{+\infty} \frac{1}{x} dx, \int_1^{+\infty} \frac{x}{1+x^2} dx$ 均发散,所以 $\int_1^{+\infty} \left(\frac{1}{x} - \frac{x}{1+x^2}\right) dx$ 发散;

(3) $\int_0^2 \frac{dx}{\sqrt[3]{x-1}} = \frac{3}{2}(x-1)^{\frac{2}{3}} \Big|_0^2 = \frac{3}{2}(1-1) = 0$.

2. 计算下列广义积分:

(1) $\int_1^{+\infty} \frac{1}{x^2} dx$;

(2) $\int_{-\infty}^0 \frac{1}{1-x} dx$;

(3) $\int_{-\infty}^{+\infty} \frac{1}{x^2 + 2x + 2} dx$.

习题 5-4

判断下列广义积分是否收敛，若收敛，求出它的值：

(1) $\int_1^{+\infty} \dfrac{1}{x^4} dx$;

(2) $\int_{\frac{1}{e}}^{+\infty} \dfrac{\ln x}{x} dx$;

(3) $\int_{-\infty}^{0} \dfrac{2x}{x^2+1} dx$;

(4) $\int_{-\infty}^{+\infty} x e^{-\frac{x^2}{2}} dx$;

(5) $\int_1^{e} \dfrac{dx}{x\sqrt{1-(\ln x)^2}}$;

(6) $\int_1^{2} \dfrac{x\, dx}{\sqrt{x-1}}$.

总结·拓展

一、知识小结

本章介绍了定积分的概念、性质,牛顿-莱布尼茨公式,定积分的换元积分法和分部积分法,简单介绍了广义积分.

1. 定积分的概念及重要结论

(1) 定积分的实际背景是解决已知变量的变化率,求它在某范围内的累积问题,从这类问题的典型——求曲边梯形的面积、变速直线运动的路程,得到了通过"分割、局部以不变代变得微量近似、求和得总量近似、取极限得精确总量"的一般解决过程,最后抽象得到定积分的概念,即

$$\int_a^b f(x)\mathrm{d}x = \lim_{\|\Delta x\|\to 0} \sum_{i=1}^n f(\xi_i)\Delta x_i.$$

(2) 据定积分的定义,在 $[a,b]$ 上连续非负函数的定积分总表示为由 $y=f(x)$,$x=a$,$x=b$ 与 x 轴围成的单曲边梯形的面积,得到定积分 $\int_a^b f(x)\mathrm{d}x$ 的几何意义是由 $y=f(x)$,$x=a$,$x=b$ 与 x 轴所围成区域的代数面积.

(3) 定积分是一个数,不定积分是一个函数的原函数的全体,因此,定积分和不定积分是两个完全不同的概念. 但据定积分的实际背景,定积分是被积函数的原函数在积分限的函数值差,因此定积分与原函数之间又存在内在的联系. 这种内在联系被微积分学基本定理所证实:若 $f(x)$ 在 $[a,b]$ 上连续,则

$$\left[\int_a^x f(t)\mathrm{d}t\right]' = f(x),$$

即积分上限函数是连续被积函数的一个原函数,并由此导出牛顿-莱布尼茨公式:

$$\int_a^b f(x)\mathrm{d}x = F(x)\Big|_a^b = F(b) - F(a), F(x) 为 f(x) 的任一原函数.$$

2. 定积分的计算

(1) 直接积分法:求出被积函数的一个原函数后,使用牛顿-莱布尼茨公式计算积分.

(2) 定积分的换元积分法:若 f, φ, φ' 在相关区间内连续,则

第一类 $\int_a^b f(x)\mathrm{d}x = \int_a^b g[\varphi(x)]\mathrm{d}\varphi(x) \xrightarrow[\varphi'(x)\neq 0, x\in(a,b)]{u=\varphi(x), \varphi(a)=\alpha, \varphi(b)=\beta,} \int_\alpha^\beta g(u)\mathrm{d}u;$

第二类 $\int_a^b f(x)\mathrm{d}x \xlongequal{\substack{x=\varphi(t),\varphi(\alpha)=a,\varphi(\beta)=b,\\ \varphi'(t)\neq 0, t\in(\alpha,\beta)}} \int_\alpha^\beta f[\varphi(t)]\varphi'(t)\mathrm{d}t.$

(3) 定积分的分部积分法：若 u', v' 在 $[a,b]$ 上连续，则

$$\int_a^b u\mathrm{d}v = uv\Big|_a^b - \int_a^b v\mathrm{d}u.$$

3. 广义积分

(1) 无穷区间广义积分（无穷积分）：

$$\int_a^{+\infty} f(x)\mathrm{d}x = \lim_{A\to+\infty}\int_a^A f(x)\mathrm{d}x;$$

$$\int_{-\infty}^b f(x)\mathrm{d}x = \lim_{A\to+\infty}\int_{-A}^b f(x)\mathrm{d}x;$$

$$\int_{-\infty}^{+\infty} f(x)\mathrm{d}x = \int_{-\infty}^c f(x)\mathrm{d}x + \int_c^{+\infty} f(x)\mathrm{d}x\,(\text{其中}\,c\in(-\infty,+\infty)\text{为常数}).$$

(2) 无界函数广义积分（瑕积分）：

$$\int_a^b f(x)\mathrm{d}x = \lim_{\varepsilon\to 0^+}\int_{a+\varepsilon}^b f(x)\mathrm{d}x\,(a\,\text{为瑕点});$$

$$\int_a^b f(x)\mathrm{d}x = \lim_{\varepsilon\to 0^+}\int_a^{b-\varepsilon} f(x)\mathrm{d}x\,(b\,\text{为瑕点});$$

$$\int_a^b f(x)\mathrm{d}x = \int_a^c f(x)\mathrm{d}x + \int_c^b f(x)\mathrm{d}x\,(c\in(a,b)\,\text{为瑕点}).$$

二、要点回顾

1. 定积分定义的理解

定积分定义的文字叙述很长，比较抽象，往往不容易得其要领。要充分利用曲边梯形面积的直观性，对定义中的每段话的几何含义解释清楚，这对理解定积分概念和应用定积分解决实际问题都有益处。下面对定积分的定义作一些概括和归纳，以便掌握其本质。

(1) 实际背景：

已知某量 F 关于另一个量 x 的变化率 $\dfrac{\mathrm{d}F}{\mathrm{d}x}=f(x)$，求当 x 从 a 变到 b 时 F 的累积量 S.

(2) 解决过程：

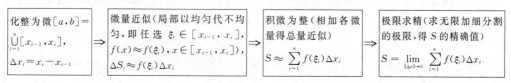

(3) 抽象归纳：设函数 $f(x)$ 在 $[a,b]$ 上有界，

```
[区间分割         [构成积分和(局部以不变代      [考察极限(求无限加            若存在    [f(x)在[a,b]
 [a,b]=∪[x_{i-1},x_i]]  变,即任选ξ_i∈[x_{i-1},x_i]),  细分割的极限)        ────→    上可积]
                   f(x)≈f(ξ_i),x∈[x_{i-1},x_i]),   lim Σf(ξ_i)Δx_i]
                   ΔS_i≈f(ξ_i)Δx_i]               ‖Δx‖→0 i=1              若不存在  [f(x)在[a,b]
                                                                         ────→    上不可积]
```

(4) 定积分定义的简洁叙述：

对 $[a,b]$ 上的有界函数 $f(x)$，若存在极限 $\lim\limits_{\|\Delta x\|\to 0}\sum\limits_{i=1}^{n}f(\xi_i)\Delta x_i$，则称 $f(x)$ 在 $[a,b]$ 上可积，称极限为 $f(x)$ 在 $[a,b]$ 上的定积分，记作 $\int_a^b f(x)\mathrm{d}x$.

教材中对定积分定义的叙述，主要是解释积分和 $\sum\limits_{i=1}^{n}f(\xi_i)\Delta x_i$ 的构成方法和极限 $\lim\limits_{\|\Delta x\|\to 0}$ 的含义. 至于为什么要构成如此复杂的和，为什么要求此类极限，则是由问题的背景决定的. 了解了构成积分和的原理及极限 $\lim\limits_{\|\Delta x\|\to 0}$ 的含义，也就知道了定积分的应用范畴和方法.

例 1 估计定积分 $\int_0^{2\pi}\sqrt{\dfrac{1}{2}(5+3\sin x)}\,\mathrm{d}x$ 的取值范围.

分析 先确定被积函数在积分区间上的变化范围，再应用定积分的估值定理.

解 因为 $-1\leqslant \sin x\leqslant 1, x\in[0,2\pi]$，所以

$$1\leqslant \sqrt{\dfrac{1}{2}(5+3\sin x)}\leqslant 2.$$

由定积分的估值定理得

$$1\times 2\pi\leqslant \int_0^{2\pi}\sqrt{\dfrac{1}{2}(5+3\sin x)}\,\mathrm{d}x\leqslant 2\times 2\pi,$$

即

$$2\pi\leqslant \int_0^{2\pi}\sqrt{\dfrac{1}{2}(5+3\sin x)}\,\mathrm{d}x\leqslant 4\pi.$$

例 2 设 $f(x)=\int_0^{\sin x}t^2\mathrm{d}t$, $g(x)=x^3+x^4$，证明：当 $x\to 0$ 时，$f(x)$ 与 $g(x)$ 是同阶无穷小.

分析 要比较两个无穷小的阶，关键是看这两个函数商的极限. 在求这个商的极限时，要用到罗必塔法则和变上限函数的求导等知识.

证明 因为

$$\lim_{x\to 0}\dfrac{f(x)}{g(x)}=\lim_{x\to 0}\dfrac{\int_0^{\sin x}t^2\mathrm{d}t}{x^3+x^4}\xlongequal{\text{罗必塔法则}}\lim_{x\to 0}\dfrac{\sin^2 x\cos x}{3x^2+4x^3}$$

$$=\lim_{x\to 0}\dfrac{\sin^2 x}{x^2}\cdot\lim_{x\to 0}\dfrac{\cos x}{3+4x}=1\times\dfrac{1}{3}=\dfrac{1}{3},$$

所以当 $x \to 0$ 时,$f(x)$ 与 $g(x)$ 是同阶无穷小.

2. 定积分的计算

(1) 直接法(先求出被积函数的原函数,再应用牛顿-莱布尼茨公式). 直接法是定积分计算中简便而有效的基本方法. 在使用牛顿-莱布尼茨公式时,要注意公式适用的条件:被积函数 $f(x)$ 在区间 $[a,b]$ 上连续,否则可能导致错误的结果. 若被积函数在积分区间上仅有有限个第一类间断点,或被积函数在积分区间上是分段函数,则可以以间断点或分段点把积分区间分成几段,逐段计算后相加;被积函数带有绝对值符号的情形,一般也可以化为分段函数来处理.

(2) 利用换元法计算定积分时要注意以下三点:

① 在设代换 $x=\varphi(t)$ 或 $u=\varphi(x)$ 时,函数 $\varphi(x)$ 在相应区间上必须单调,且具有连续的导数;

② 换元的同时换限;

③ 在新的变量下求出原函数后,不必再还原到原来的积分变量,只要把新变量的上、下限直接代入计算就可以了.

(3) 在不定积分中要用分部积分法求解的被积函数的类型,在定积分中用分部积分法求一般也比较有效. 利用分部积分法计算定积分时,积分的上、下限不用改变.

例3 计算下列定积分:

(1) $\int_0^\pi \dfrac{\sin x \, dx}{1+\cos^2 x}$;

(2) $\int_0^4 \cos(\sqrt{x}-1) \, dx$;

(3) $\int_{-2}^{-\sqrt{2}} \dfrac{dx}{x\sqrt{x^2-1}}$;

(4) $\int_0^\pi \sqrt{1-\sin x} \, dx$;

(5) $\int_{-1}^1 \dfrac{2+\sin x}{\sqrt{4-x^2}} \, dx$.

分析 在计算定积分时除注意适时采用两类换元积分法及分部积分法外,当被积函数中出现 $\sqrt{f^2(x)}=|f(x)|$ 时,应根据积分区间中 $f(x)$ 的符号去掉绝对值符号. 遇到对称区间 $[-a,a]$ 上的积分时,要注意观察被积函数是否是奇函数或偶函数,以便及时使用对称区间上的奇函数和偶函数的积分性质.

解 (1) $\int_0^\pi \dfrac{\sin x \, dx}{1+\cos^2 x} = -\int_0^\pi \dfrac{d(\cos x)}{1+\cos^2 x} = -\arctan(\cos x) \Big|_0^\pi$

$= -\arctan(-1) + \arctan 1 = \dfrac{\pi}{4} + \dfrac{\pi}{4} = \dfrac{\pi}{2}$.

(2) 令 $\sqrt{x}-1=t$,则 $x=(t+1)^2$,$dx=2(t+1)dt$;当 x 从 $0 \to 4$ 时,t 从 $-1 \to 1$. 于是

$$\int_0^4 \cos(\sqrt{x}-1)\mathrm{d}x = 2\int_{-1}^1 (t+1)\cos t\mathrm{d}t = 2\int_{-1}^1 t\cos t\mathrm{d}t + 2\int_{-1}^1 \cos t\mathrm{d}t$$
$$= 0 + 2\times 2\int_0^1 \cos t\mathrm{d}t = 4\sin 1.$$

以上计算中应用了 $t\cos t, \cos t$ 分别是 $[-1,1]$ 上的奇函数、偶函数的积分性质. 本题也可以用分部积分法计算(读者自己练习).

(3) 令 $x = -\sec t$,则 $\mathrm{d}x = -\sec t\tan t\mathrm{d}t$;当 x 从 $-2 \to -\sqrt{2}$ 时,t 从 $\dfrac{\pi}{3} \to \dfrac{\pi}{4}$,因此 $\sqrt{x^2-1} = \tan t$. 于是

$$\int_{-2}^{-\sqrt{2}} \frac{\mathrm{d}x}{x\sqrt{x^2-1}} = \int_{\frac{\pi}{3}}^{\frac{\pi}{4}} \frac{-\sec t\tan t\mathrm{d}t}{-\sec t\tan t} = -\frac{\pi}{12}.$$

(4) $\displaystyle\int_0^\pi \sqrt{1-\sin x}\mathrm{d}x = \int_0^\pi \sqrt{\left(\sin\frac{x}{2}-\cos\frac{x}{2}\right)^2}\mathrm{d}x = \int_0^\pi \left|\sin\frac{x}{2}-\cos\frac{x}{2}\right|\mathrm{d}x$
$$= \int_0^{\frac{\pi}{2}} \left(\cos\frac{x}{2}-\sin\frac{x}{2}\right)\mathrm{d}x + \int_{\frac{\pi}{2}}^\pi \left(\sin\frac{x}{2}-\cos\frac{x}{2}\right)\mathrm{d}x$$
$$= 2\left(\sin\frac{x}{2}+\cos\frac{x}{2}\right)\Big|_0^{\frac{\pi}{2}} - 2\left(\cos\frac{x}{2}+\sin\frac{x}{2}\right)\Big|_{\frac{\pi}{2}}^\pi$$
$$= 4(\sqrt{2}-1).$$

(5) 因为 $\dfrac{2}{\sqrt{4-x^2}}, \dfrac{\sin x}{\sqrt{4-x^2}}$ 分别是 $[-1,1]$ 上的偶函数和奇函数,所以

$$\int_{-1}^1 \frac{2+\sin x}{\sqrt{4-x^2}}\mathrm{d}x = 2\int_0^1 \frac{2\mathrm{d}x}{\sqrt{4-x^2}} = 2\int_0^1 \frac{2\mathrm{d}\left(\frac{x}{2}\right)}{\sqrt{1-\left(\frac{x}{2}\right)^2}} = 4\arcsin\frac{x}{2}\Big|_0^1 = \frac{2\pi}{3}.$$

例 4 设函数 $f(x)$ 在 $[0,2]$ 上有二阶连续导数,$f(0)=f(2)$,$f'(2)=1$,求 $\displaystyle\int_0^1 2xf''(2x)\mathrm{d}x$.

分析 本题只要将 $2f''(2x)\mathrm{d}x$ 凑成 $\mathrm{d}[f'(2x)]$,然后采用分部积分法计算即可.

解 $\displaystyle\int_0^1 2xf''(2x)\mathrm{d}x = \int_0^1 x\mathrm{d}[f'(2x)] = xf'(2x)\Big|_0^1 - \int_0^1 f'(2x)\mathrm{d}x$
$$= f'(2) - \frac{1}{2}f(2x)\Big|_0^1 = 1 - \frac{1}{2}[f(2)-f(0)] = 1.$$

复习题五

1. 填空题：

(1) 已知 $\int_0^5 f(x)\,dx = 4$, $\int_2^5 f(x)\,dx = -5$, 则 $\int_0^2 f(x)\,dx =$ _____；

(2) $\int_a^b f(x)\,dx + \int_b^a f(x)\,dx + \int_a^a f(x)\,dx =$ _____；

(3) 若 $\int_a^b \dfrac{f(x)}{f(x)+g(x)}\,dx = 1$, 则 $\int_a^b \dfrac{g(x)}{f(x)+g(x)}\,dx =$ _____；

(4) 设 $f(x)$ 为连续函数，则 $\int_{-1}^1 \dfrac{x^8[f(x)-f(-x)]}{1+\cos x}\,dx =$ _____；

(5) $\lim\limits_{x \to 0} \dfrac{\int_0^x \arctan t\,dt}{x^2} =$ _____；

(6) $\int_0^1 \dfrac{x\,dx}{1+x^2} =$ _____；

(7) $\int_0^\pi |\cos x|\,dx =$ _____；

(8) $\int_1^{+\infty} \dfrac{dx}{1+x^2} =$ _____．

2. 选择题：

(1) 若 $\int_0^k (1-3x^2)\,dx = 0$, 则 k 不能等于 （   ）

A. 2　　　　B. 0　　　　C. 1　　　　D. -1

(2) 下列各式可直接使用牛顿-莱布尼茨公式求值的是 （   ）

A. $\int_0^2 \dfrac{dx}{(x-1)^2}$　　B. $\int_{\frac{1}{e}}^e \dfrac{dx}{x\ln x}$　　C. $\int_{-1}^1 \dfrac{x\,dx}{\sqrt{1-x^2}}$　　D. $\int_{-1}^1 x|x|\,dx$

(3) 以下各式错误的是 （   ）

A. $\int_a^a f(x)\,dx = 0$　　　　　　B. $\int_a^b f(x)\,dx = \int_a^b f(y)\,dy$

C. $\int_a^b f'(x)\,dx = f(b) - f(a)$　　D. $\int_a^b f(x)\,dx = 2\int_a^b f(2t)\,dt$

(4) 已知 $\int_0^e \dfrac{\cos x\,dx}{x^2+\sin^2 x} = m$, 则 $\int_{-e}^e \dfrac{\cos x\,dx}{x^2+\sin^2 x}$ 等于 （   ）

A. 0　　　　B. $-2m$　　　　C. $2m$　　　　D. $a+2m$

(5) $\dfrac{\mathrm{d}}{\mathrm{d}x}\int_a^b \arctan x\,\mathrm{d}x$ 等于 ( )

A. $\arctan x$ B. $\dfrac{1}{1+x^2}$ C. $\arctan b - \arctan a$ D. 0

(6) 下列式子正确的是 ( )

A. $\int_0^1 \mathrm{e}^x\,\mathrm{d}x < \int_0^1 \mathrm{e}^{x^2}\,\mathrm{d}x$
B. $\int_0^1 \mathrm{e}^x\,\mathrm{d}x > \int_0^1 \mathrm{e}^{x^2}\,\mathrm{d}x$
C. $\int_0^1 \mathrm{e}^x\,\mathrm{d}x = \int_0^1 \mathrm{e}^{x^2}\,\mathrm{d}x$
D. 以上都不对

(7) 设 $f(x)=\begin{cases}-x+1, & x\geqslant 0,\\ x+1, & x<0,\end{cases}$ 则 $\int_{-1}^{1} f(x)\,\mathrm{d}x$ 等于 ( )

A. 0 B. -1 C. 2 D. 1

(8) 设 $P=\int_0^{\frac{\pi}{2}} \sin^2 x\,\mathrm{d}x$, $Q=\int_0^{\frac{\pi}{2}} \cos^2 x\,\mathrm{d}x$, $R=\dfrac{1}{2}\int_{-\frac{\pi}{2}}^{\frac{\pi}{2}} \sin^2 x\,\mathrm{d}x$, 则 ( )

A. $P=Q=R$ B. $P=Q<R$ C. $P<Q<R$ D. $P>Q>R$

3. 求下列定积分:

(1) $\int_0^1 \dfrac{x^3\,\mathrm{d}x}{x^2+1}$;

(2) $\int_1^{\mathrm{e}} \dfrac{x^2+\ln x}{x}\,\mathrm{d}x$;

(3) $\int_0^1 (\mathrm{e}^x-1)^4 \mathrm{e}^x\,\mathrm{d}x$;

(4) $\int_0^1 x\sqrt{1+x^2}\,\mathrm{d}x$;

(5) $\int_0^{\pi} x\cos x\,\mathrm{d}x$;

(6) $\int_2^4 |x-3|\,\mathrm{d}x$;

(7) $\int_1^2 \dfrac{\sqrt{x^2-1}}{x}\,\mathrm{d}x$;

(8) $\int_0^1 x\sqrt{4+5x}\,\mathrm{d}x$;

(9) $\int_{\frac{\sqrt{2}}{2}}^1 \dfrac{\sqrt{1-x^2}}{x^2}\,\mathrm{d}x$;

(10) $\int_0^{\mathrm{e}-1} \ln(x+1)\,\mathrm{d}x$;

(11) $\int_{-1}^1 (2x^4+x)\arctan x\,\mathrm{d}x$;

(12) $\int_0^{+\infty} \dfrac{\mathrm{d}x}{2+x^2}$.

4. 设 $f(x)$ 是定义在 $(-\infty,+\infty)$ 内的连续函数, $F(x)=\int_0^x f(t)\,\mathrm{d}t$, 证明:

(1) 若 $f(x)$ 为奇函数, 则 $F(x)$ 为偶函数;

(2) 若 $f(x)$ 为偶函数, 则 $F(x)$ 为奇函数.

5. 求函数 $F(x)=\int_0^x \dfrac{2t+1}{1+t^2}\,\mathrm{d}t$ 在 $[0,1]$ 上的最大值和最小值.

第 6 章

定积分的应用

在学习定积分的概念和计算的基础上,我们来集中讨论定积分的应用.定积分的应用范围是:已知变化率,求总量.应用过程是:化整为微,微量近似,积微为整,极限求精.其中关键是微量近似这一步,这一步要运用已学的知识,使当认为变化是均匀时,能得到微量的近似表示式,余下的各步都是固定的模式.

·学习目标·

1. 理解微元法的思想.
2. 会用微元法求平面图形的面积、旋转体的体积.

·重点、难点·

重点:求平面图形的面积、旋转体的体积.
难点:微元法的思想.

§6-1 定积分的微元法

简要回忆用定积分解决已知变化率求总量问题的过程:
若某量在$[a,b]$上的变化率为$f(x)$,求它在$[a,b]$上的总累积量S.

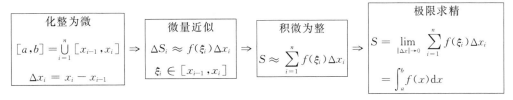

因为分割区间、取 ξ_i 都要求有任意性，求和、求极限又是固定模式，故可简述过程：

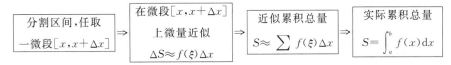

在微段 $[x, x+\Delta x]$ 上，S 累积的微量为 ΔS，代之以微分 $dS = f(x)dx(dx = \Delta x)$，则还可简化成

| 在 $[a,b]$ 上任取微段 $[x, x+dx]$ | ⇒ | 在微段 $[x, x+dx]$ 上 S 的累积微量 $dS = f(x)dx$ | ⇒ | 累积总量 $S = \int_a^b f(x)dx$ |

把前面两句话再简化一下，则变成

| 若在 $[a,b]$ 的微段 $[x, x+dx]$ 上，S 累积的微量是 $dS = f(x)dx$ | ⇒ | $S = \int_a^b f(x)dx$ |

用上面的形式来解决求累积总量的方法，称为**微元法**，dS 称为**微元**.

注意 微元法并没有给求总量问题带来什么实质性的贡献，它只是摒弃了诸如区间划分、ξ 选取、微量求和、求极限等烦琐的叙述，固定了解题的过程，概括为最关键的两句话.在实际问题中，累积量的变化率 $f(x)$ 一般并不知晓，因此微元的表示式是需要我们去探求的.如果能求出在微段 $[x, x+dx]$ 上 S 累积的微量，即微元表示式 $dS = f(x)dx$，那么 $\Delta S_i \approx f(\xi_i)\Delta x_i$，$S \approx \sum_{i=1}^{n} f(\xi_i)\Delta x_i$，$S = \lim_{\|\Delta x\|\to 0}\sum_{i=1}^{n} f(\xi_i)\Delta x_i = \int_a^b f(x)dx$ 等是顺理成章的事情.但是，因为已经把求总量问题归结到如此简单的形式，所以我们的目标就变得十分明确，只要找到 $f(x)$，把微元表示成 $dS = f(x)dx$ 的形式，问题就能解决.因此，在实际应用中，特别是在物理、工程技术领域里，微元法仍被广泛采用，成为最常用的方法.

如图 6-1 所示，以求曲边梯形的面积 A 为例，用微元法就可以简写成这样：任取微段 $[x, x+dx]$，曲边梯形在此微段部分的面积微元 $dA = f(x)dx$，所以 $A = \int_a^b f(x)dx$. 这比以前我们的证明要简便多了.

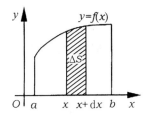

图 6-1

§6-2 定积分在几何中的应用

几何中求面积、体积、长度问题,最终差不多都归结为求某种形式的积分,本节将介绍用定积分解决这类问题的方法及相关结论.

一、平面图形的面积

1. 直角坐标系下平面图形的面积

前面已经学过求单曲边梯形的面积问题,以此为基础,我们解决求更一般的平面图形的面积问题.

通常把由直线 $x=a, x=b(a<b)$ 及两条连续曲线 $y=f_1(x), y=f_2(x)(f_1(x)\leqslant f_2(x))$ 所围成的平面图形称为 **X 型图形**(图 6-2),而把由直线 $y=c, y=d(c<d)$ 及两条连续曲线 $x=g_1(y), x=g_2(y)(g_1(y)\leqslant g_2(y))$ 所围成的平面图形称为 **Y 型图形**(图 6-3).注意构成图形的两条直线,有时也可能蜕化为点.也有人形象地把 X 型图形称为 X 型双曲边梯形,把 Y 型图形称为 Y 型双曲边梯形.

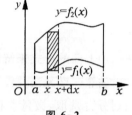

图 6-2

下面用微元法分析 X 型平面图形的面积.

取横坐标 x 为积分变量,$x\in[a,b]$.在区间 $[a,b]$ 上任取一微段 $[x, x+\mathrm{d}x]$,该微段上的图形的面积 $\mathrm{d}A$ 可以用高为 $f_2(x)-f_1(x)$、底为 $\mathrm{d}x$ 的矩形的面积近似代替(图 6-2).因此

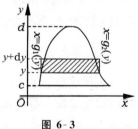

图 6-3

$$\mathrm{d}A=[f_2(x)-f_1(x)]\mathrm{d}x,$$

从而
$$A=\int_a^b [f_2(x)-f_1(x)]\mathrm{d}x. \tag{1}$$

类似地,利用微元法分析 Y 型图形,可以得到它的面积为

$$A=\int_c^d [g_2(y)-g_1(y)]\mathrm{d}y. \tag{2}$$

对于非 X 型、非 Y 型平面图形,我们可以进行适当的分割,划分成若干个 X 型图形和 Y 型图形,然后利用前面介绍的方法去求面积.

例1 求由两条抛物线 $y^2=x, y=x^2$ 所围成的图形的面积 A(图6-4).

解 解方程组 $\begin{cases} y^2=x, \\ y=x^2, \end{cases}$ 得交点 $(0,0),(1,1)$.

将该平面图形视为 X 型图形,确定积分变量为 x,积分区间为 $[0,1]$.

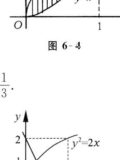

图6-4

由(1)式,所求图形的面积为

$$A=\int_0^1 (\sqrt{x}-x^2)dx=\left(\frac{2}{3}x^{\frac{3}{2}}-\frac{1}{3}x^3\right)\bigg|_0^1=\frac{1}{3}.$$

例2 求由曲线 $y^2=2x$ 与直线 $y=-2x+2$ 所围成图形的面积 A(图6-5).

解 解方程组 $\begin{cases} y^2=2x, \\ y=-2x+2, \end{cases}$ 得交点 $\left(\frac{1}{2},1\right),(2,-2)$.

该图形为 Y 型平面图形,积分变量选择 y,积分区间为 $[-2,1]$.

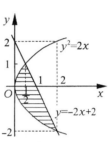

图6-5

由(2)式,所求图形的面积为

$$A=\int_{-2}^1 \left[\left(1-\frac{1}{2}y\right)-\frac{1}{2}y^2\right]dy=\left(y-\frac{1}{4}y^2-\frac{1}{6}y^3\right)\bigg|_{-2}^1=\frac{9}{4}.$$

例3 求由曲线 $y=\sin x, y=\cos x$ 和直线 $x=2\pi$ 及 y 轴所围成图形的面积 A(图6-6).

解 在 $x=0$ 与 $x=2\pi$ 之间,两条曲线有两个交点: $B\left(\frac{\pi}{4},\frac{\sqrt{2}}{2}\right), C\left(\frac{5\pi}{4},-\frac{\sqrt{2}}{2}\right)$. 由图易知,整个图形可以划分为 $\left[0,\frac{\pi}{4}\right], \left[\frac{\pi}{4},\frac{5\pi}{4}\right], \left[\frac{5\pi}{4},2\pi\right]$ 三段,在每一段上都是 X 型图形.

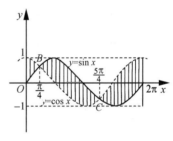

图6-6

应用(1)式,所求平面图形的面积为

$$A=\int_0^{\frac{\pi}{4}} (\cos x-\sin x)dx+\int_{\frac{\pi}{4}}^{\frac{5\pi}{4}} (\sin x-\cos x)dx+\int_{\frac{5\pi}{4}}^{2\pi} (\cos x-\sin x)dx=4\sqrt{2}.$$

2. 曲边以参数方程给出的平面图形的面积

如果 X 型或 Y 型的平面图形的曲线边界是由参数方程 $\begin{cases} x=\varphi(t), \\ y=\psi(t) \end{cases}$ 给出的,仍可以使用(1)式或(2)式来计算它的面积,只是在计算过程中要以曲边方程作换元.

例4 求摆线一拱 $\begin{cases} x=a(t-\sin t), \\ y=a(1-\cos t) \end{cases} (a>0), t\in[0,2\pi]$ 与 x 轴所围图形的面积 A

(图 6-7).

解 所围图形为 X 型,曲边方程为 $y=f(x)$, $x\in[0,2\pi a]$,则据(1)式得

$$A=\int_0^{2\pi a} f(x)\mathrm{d}x.$$

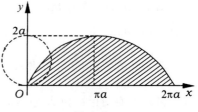

图 6-7

因为 $x=a(t-\sin t)$,则 $\mathrm{d}x=a(1-\cos t)\mathrm{d}t$,$x$ 从 $0\to 2\pi a \Leftrightarrow t$ 从 $0\to 2\pi$,$y=f[a(t-\sin t)]=a(1-\cos t)$,所以

$$A=\int_0^{2\pi} a^2(1-\cos t)^2\mathrm{d}t=a^2\int_0^{2\pi}(1-2\cos t+\cos^2 t)\mathrm{d}t$$

$$=a^2\int_0^{2\pi}\left[1-2\cos t+\frac{1}{2}(1+\cos 2t)\right]\mathrm{d}t=3\pi a^2.$$

3. 极坐标系中曲边扇形的面积

对于极坐标系中的图形,我们将从极角 θ 的变化特点来考虑求其面积问题. 在极坐标系中,称由连续曲线 $r=r(\theta)$ 及两条射线 $\theta=\alpha,\theta=\beta(\alpha<\beta)$ 所围成的平面图形为曲边扇形(图 6-8). 下面我们利用微元法来求它的面积公式.

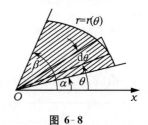

图 6-8

在 $[\alpha,\beta]$ 上任取一微段 $[\theta,\theta+\mathrm{d}\theta]$,面积微元 $\mathrm{d}A$ 表示这个角内的小曲边扇形的面积,$\mathrm{d}A=\frac{1}{2}[r(\theta)]^2\mathrm{d}\theta$,等式右边表示以 $r(\theta)$ 为半径、中心角为 $\mathrm{d}\theta$ 的扇形面积,所以

$$A=\frac{1}{2}\int_\alpha^\beta [r(\theta)]^2 \mathrm{d}\theta. \tag{3}$$

例 5 求心形线 $r=a(1+\cos\theta)(a>0)$ 所围成图形的面积 A(图 6-9).

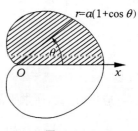

图 6-9

解 因为心形线关于极轴对称,所以所求图形的面积 A 是极轴上方图形面积 A_1 的两倍.

极轴上方部分所对应的极角变化范围为 $\theta\in[0,\pi]$,由(3)式,所求图形的面积为

$$A=2\times\frac{1}{2}\int_\alpha^\beta [r(\theta)]^2\mathrm{d}\theta=\int_0^\pi [a(1+\cos\theta)]^2\mathrm{d}\theta$$

$$=a^2\int_0^\pi(1+2\cos\theta+\cos^2\theta)\mathrm{d}\theta$$

$$=a^2\left(\frac{3}{2}\theta+2\sin\theta+\frac{1}{4}\sin 2\theta\right)\bigg|_0^\pi=\frac{3}{2}\pi a^2.$$

二、空间立体的体积

应用定积分,还能求出具有某些特征的立体的体积.

1. 一般情形

设有一立体,它夹在垂直于 x 轴的两个平面 $x=a$,$x=b$ 之间(包括只与平面交于一点的情况),其中 $a<b$,如图 6-10 所示.如果用任意垂直于 x 轴的平面去截它,所得的截交面面积 $A=A(x)$,则用微元法可以得到立体的体积 V 的计算公式.

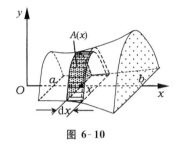

图 6-10

过微段 $[x,x+\mathrm{d}x]$ 两端作垂直于 x 轴的平面,截得一立体微片,对应体积微元 $\mathrm{d}V=A(x)\mathrm{d}x$(等式右边表示以 x 处截面为底、高为 $\mathrm{d}x$ 的柱体的体积),因此立体的体积

$$V=\int_a^b A(x)\mathrm{d}x. \tag{4}$$

(4)式并不计较立体的具体形状,因此有较强的通用性.例如,在立体几何中无法证明的祖暅原理,应用(4)式轻而易举地就能予以验证.

例 6 经过如图 6-11 所示的椭圆柱体的底面的短轴、与底面所成角为 α 的一平面截椭圆柱体得一楔形块,求此楔形块的体积 V.

解 据图知椭圆方程为

$$\frac{x^2}{4}+\frac{y^2}{64}=1.$$

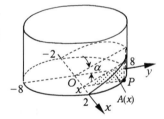

图 6-11

过任意 $x\in[-2,2]$ 处作垂直于 x 轴的平面,与楔形块的截交面为图示直角三角形,其面积为

$$A(x)=\frac{1}{2}y\cdot y\tan\alpha=\frac{1}{2}y^2\tan\alpha=32\left(1-\frac{x^2}{4}\right)\tan\alpha=8(4-x^2)\tan\alpha.$$

应用(4)式,得

$$V=\int_{-2}^2 8\tan\alpha(4-x^2)\mathrm{d}x=16\tan\alpha\int_0^2(4-x^2)\mathrm{d}x=\frac{256}{3}\tan\alpha.$$

2. 旋转体的体积

旋转体就是由一个平面图形绕这个平面内的一条直线 l 旋转一周而成的空间立体,其中直线 l 称为该旋转体的旋转轴.旋转体在日常生活中随处可见,如我们在中学学过的圆柱、圆锥、圆台、球体等都是旋转体.

把 X 型图形的单曲边梯形绕 x 轴旋转得到旋转体,则 (4)式中的截面面积 $A(x)$ 是很容易得到的. 如图 6-12 所示,设曲边方程为 $y=f(x), x\in[a,b](a<b)$,旋转体的体积记作 V_x.

过任意 $x\in[a,b]$ 处作垂直于 x 轴的截面,所得截面是半径为 $|f(x)|$ 的圆,因此截面面积
$$A(x)=\pi|f(x)|^2.$$

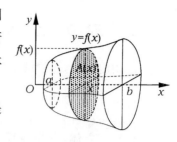

图 6-12

应用(4)式,即得
$$V_x=\pi\int_a^b[f(x)]^2\mathrm{d}x. \tag{5}$$

类似可得 Y 型图形(图 6-13)的单曲边梯形绕 y 轴旋转得到的旋转体的体积 V_y 的计算公式
$$V_y=\pi\int_c^d[g(y)]^2\mathrm{d}y, \tag{6}$$
其中 $x=g(y)$ 是曲边方程,$c,d(c<d)$ 为曲边梯形的上、下界.

例7 求曲线 $y=\sin x(0\leqslant x\leqslant \pi)$ 绕 x 轴旋转一周所得的旋转体的体积 V_x(图 6-14).

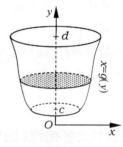

图 6-13

解 $V_x=\pi\int_a^b[f(x)]^2\mathrm{d}x=\pi\int_0^\pi(\sin x)^2\mathrm{d}x$
$=\dfrac{\pi}{2}\int_0^\pi(1-\cos 2x)\mathrm{d}x=\dfrac{\pi}{2}\left(x-\dfrac{\sin 2x}{2}\right)\bigg|_0^\pi=\dfrac{\pi^2}{2}.$

例8 计算椭圆 $\dfrac{x^2}{a^2}+\dfrac{y^2}{b^2}=1(a>b>0)$ 分别绕 x 轴、y 轴旋转而成的椭球体的体积 V_x, V_y.

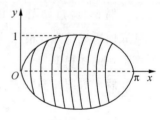

图 6-14

解 绕 x 轴旋转,旋转椭球体如图 6-15 所示,可看作上半椭圆 $y=\dfrac{b}{a}\sqrt{a^2-x^2}$ 及 x 轴围成的单曲边梯形绕 x 轴旋转而成的,由(5)式得

$V_x=\pi\int_{-a}^a\left(\dfrac{b}{a}\sqrt{a^2-x^2}\right)^2\mathrm{d}x=\dfrac{2\pi b^2}{a^2}\int_0^a(a^2-x^2)\mathrm{d}x$
$=\dfrac{2\pi b^2}{a^2}\left(a^2 x-\dfrac{x^3}{3}\right)\bigg|_0^a=\dfrac{4}{3}\pi ab^2.$

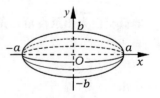

图 6-15

绕 y 轴旋转,旋转椭球体如图 6-16 所示,可看作右半椭圆 $x=\dfrac{a}{b}\sqrt{b^2-y^2}$ 及 y 轴围成的单曲边梯形绕 y 轴旋转而成的,由(6)式得

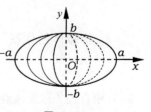

图 6-16

$$V_y = \pi \int_{-b}^{b} \left(\frac{a}{b}\sqrt{b^2-y^2}\right)^2 dy = \frac{2\pi a^2}{b^2} \int_0^b (b^2-y^2) dy$$

$$= \frac{2\pi a^2}{b^2}\left(b^2 y - \frac{y^3}{3}\right)\bigg|_0^b = \frac{4}{3}\pi a^2 b.$$

当 $a=b=R$ 时,即得球体的体积公式 $V=\frac{4}{3}\pi R^3$.

例 9 求由抛物线 $y=\sqrt{x}$,直线 $y=0,y=1$ 及 y 轴围成的平面图形,绕 y 轴旋转而成的旋转体的体积 V_y.

解 旋转体的图形如图 6-17 所示.因为是绕 y 轴旋转,故把抛物线方程改写为 $x=y^2, y\in[0,1]$.

由(6)式可得所求旋转体的体积为

$$V_y = \pi \int_0^1 (y^2)^2 dy = \pi \int_0^1 y^4 dy = \frac{\pi}{5} y^5 \bigg|_0^1 = \frac{\pi}{5}.$$

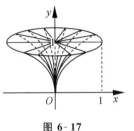

图 6-17

三、平面曲线的弧长

1. 表示为直角坐标方程的曲线的长度计算公式

若曲线上每一点处都有切线,且切线随切点的移动而连续转动,称这样的曲线为光滑曲线.若光滑曲线 C 由直角坐标方程 $y=f(x)(a\leqslant x\leqslant b)$ 表示,则意味着导数 $f'(x)$ 在 $[a,b]$ 上连续.下面我们用微元法来导出计算这段曲线弧长 s 的公式.

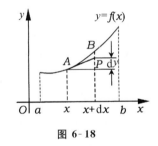

图 6-18

如图 6-18 所示,在 $[a,b]$ 上任意取一微段 $[x,x+dx]$,对应的曲线微段为 $\overparen{AB}$,C 在点 A 处的切线也有对应微段 AP.以 AP 替代 $\overparen{AB}$,注意切线改变量是微分,即得曲线长度微元 ds 的计算公式

$$ds = \sqrt{(dx)^2+(dy)^2}, \quad (7)$$

得到的公式称为**弧微分公式**.以 C 的方程 $y=f(x)$ 代入,得

$$ds = \sqrt{1+[f'(x)]^2}dx.$$

据微元法,即得直角坐标方程表示的曲线长度的一般计算公式

$$s = \int_a^b ds = \int_a^b \sqrt{1+[f'(x)]^2}dx. \quad (8)$$

若光滑曲线 C 由方程 $x=g(y)(c\leqslant y\leqslant d)$ 给出,则 $g'(y)$ 在 $[c,d]$ 上连续.根据弧微分公式(7)及微元法,同样可得曲线 C 的弧长计算公式为

$$s = \int_c^d \sqrt{1+[g'(y)]^2}dy. \quad (9)$$

2. 表示为参数式或极坐标方程的曲线的长度计算公式

若光滑曲线 C 由参数方程 $\begin{cases} x=\varphi(t), \\ y=\psi(t), \end{cases} t\in[\alpha,\beta]$ 给出，其中 $\varphi'(t),\psi'(t)$ 在 $[\alpha,\beta]$ 上连续且不同时为零(想一想为什么)，代入弧微分公式后得到此时对应于参数微段 $[t,t+\mathrm{d}t]$ 的长度微元

$$\mathrm{d}s = \sqrt{[\varphi'(t)]^2+[\psi'(t)]^2}\,\mathrm{d}t.$$

由微元法即得曲线 C 的长度计算公式

$$s = \int_\alpha^\beta \sqrt{[\varphi'(t)]^2+[\psi'(t)]^2}\,\mathrm{d}t. \tag{10}$$

若光滑曲线 C 以极坐标方程 $r=r(\theta),\theta\in[\alpha,\beta]$ 给出，其中 $r'(\theta)$ 在 $[\alpha,\beta]$ 上连续. 根据直角坐标与极坐标之间的关系，相当于 C 以参数式

$$\begin{cases} x=\varphi(\theta)=r(\theta)\cos\theta, \\ y=\psi(\theta)=r(\theta)\sin\theta, \end{cases}\theta\in[\alpha,\beta]$$

给出. 求出

$$\sqrt{[\varphi'(\theta)]^2+[\psi'(\theta)]^2}=\sqrt{(r'\cos\theta-r\sin\theta)^2+(r'\sin\theta+r\cos\theta)^2}=\sqrt{[r'(\theta)]^2+[r(\theta)]^2},$$

即得对应于参数微段 $[\theta,\theta+\mathrm{d}\theta]$ 的长度微元

$$\mathrm{d}s=\sqrt{[r'(\theta)]^2+[r(\theta)]^2}\,\mathrm{d}\theta.$$

仍然应用微元法，得到弧长的计算公式为

$$s=\int_\alpha^\beta \sqrt{[r'(\theta)]^2+[r(\theta)]^2}\,\mathrm{d}\theta. \tag{11}$$

对求曲线长度而言，其实不必记忆众多公式，只要记住了弧微分公(7)和微元法 $s=\int_a^b \mathrm{d}s$，(8)—(11)式就自然得到了.

例 10 求曲线 $y=\dfrac{1}{4}x^2-\dfrac{1}{2}\ln x(1\leqslant x\leqslant \mathrm{e})$ 的弧长 s.

解 曲线以直角坐标方程表示.

$$y'=\frac{1}{2}x-\frac{1}{2x}=\frac{1}{2}\left(x-\frac{1}{x}\right),$$

$$\mathrm{d}s=\sqrt{1+[f'(x)]^2}\,\mathrm{d}x=\sqrt{1+\frac{1}{4}\left(x-\frac{1}{x}\right)^2}\,\mathrm{d}x=\frac{1}{2}\left(x+\frac{1}{x}\right)\mathrm{d}x,$$

所求弧长为

$$s=\int_a^b \mathrm{d}s=\frac{1}{2}\int_1^\mathrm{e}\left(x+\frac{1}{x}\right)\mathrm{d}x=\frac{1}{2}\left(\frac{1}{2}x^2+\ln x\right)\Big|_1^\mathrm{e}=\frac{1}{4}(\mathrm{e}^2+1).$$

例 11 求摆线一拱 $\begin{cases} x=a(t-\sin t), \\ y=a(1-\cos t) \end{cases}(a>0,t\in[0,2\pi])$ 的长 s.

解 曲线以参数式给出.

$$ds=\sqrt{[\varphi'(t)]^2+[\psi'(t)]^2}dt=a\sqrt{2(1-\cos t)}dt=2a\sin\frac{t}{2}dt,$$

所以
$$s=2a\int_0^{2\pi}\sin\frac{t}{2}dt=8a.$$

例 12 求心形线 $r=a(1+\cos\theta)$ $(a>0)$ 的全长.

解 曲线以极坐标方程给出,因为求曲线全长,所以 $\theta\in[0,2\pi]$.又因为心形线关于极轴对称,全长是其半长的两倍,所以 $\theta\in[0,\pi]$.

$$ds=\sqrt{[r'(\theta)]^2+[r(\theta)]^2}d\theta=a\sqrt{2(1+\cos\theta)}d\theta=2a\cos\frac{\theta}{2}d\theta,$$

所以
$$s=2\int_0^\pi 2a\cos\frac{\theta}{2}d\theta=8a.$$

随堂练习 6-2

1. 判断下列说法是否正确:

(1) 利用定积分解决问题时,微元的取法是唯一的;

(2) 椭圆 $\dfrac{x^2}{a^2}+\dfrac{y^2}{b^2}=1$ 绕 x 轴与绕 y 轴旋转所得旋转体的体积相等;

(3) 曲线 $y=\ln(1-x^2)$ 对应于 $0\leqslant x\leqslant\dfrac{1}{2}$ 的一段长度 $s=\int_0^{\frac{1}{2}}\dfrac{1+x^2}{1-x^2}dx$.

2. 求下列平面图形的面积:

(1) 求由直线 $y=x,y=2x,y=2$ 所围成的平面图形的面积;

(2) 求抛物线 $y^2=2x$ 与直线 $y=x-4$ 所围成的平面图形的面积;

(3) 求由曲线 $y=\cos x$,直线 $y=\dfrac{3\pi}{2}-x$ 及 y 轴所围成的平面图形的面积.

3. 求下列旋转体的体积:

(1) $y=x^2(0\leqslant x\leqslant 2)$ 与 $x=2$ 所围成的平面图形分别绕 x 轴及 y 轴旋转;

(2) $y=x^2,x=y^2$ 所围成的平面图形分别绕 x 轴及 y 轴旋转.

4. 求下列平面曲线的弧长:

(1) 求曲线 $y=1-\ln\cos x$ 在 $x=0$ 到 $x=\dfrac{\pi}{4}$ 一段的弧长;

(2) 以直角坐标方程、参数方程和极坐标方程表示圆,证明半径为 R 的圆的周长为 $2\pi R$.

习 题 6-2

1. 求下列平面图形的面积:

(1) 曲线 $y=a-x^2(a>0)$ 与 x 轴所围成的图形;

(2) 以 $y=x^2+3$ 为曲边,底在区间 $[0,1]$ 上的曲边梯形;

(3) 曲线 $y=x^2$ 与 $y=2-x^2$ 所围成的图形;

(4) 曲线 $y=x^3$ 与直线 $x=0, y=1$ 所围成的图形;

(5) 曲线段 $y=\sin x (x\in[0,\frac{\pi}{2}])$ 与直线 $x=0, y=1$ 所围成的图形;

(6) 曲线 $y=\frac{1}{x}$ 与直线 $y=x, x=2$ 所围成的图形;

(7) 抛物线 $y=2-x^2$ 和直线 $y=2x+2$ 所围成的平面图形;

(8) 介于抛物线 $y^2=2x$ 与圆 $y^2=4x-x^2$ 之间的三块图形.

2. 如图,求星形线 $\begin{cases} x=a\cos^3 t, \\ y=a\sin^3 t \end{cases} (a>0)$ 所围成的图形的面积.

3. 如图,求双纽线 $r^2=a^2\sin 2\theta$ 所围成的图形的面积.

4. 如图,半径为 a 的直圆柱体被通过其底面的直径而与底面交成角 α 的平面所截,得一圆柱楔,求此圆柱楔的体积.

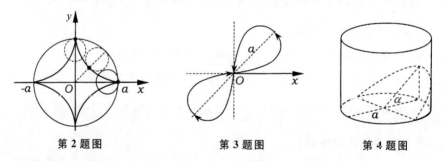

第 2 题图　　　　　第 3 题图　　　　　第 4 题图

5. 求下列平面图形绕指定坐标轴旋转所产生的立体的体积:

(1) 曲线 $y=\sqrt{x}$ 与直线 $x=1, x=4, y=0$ 所围成的图形,绕 x 轴旋转所产生的立体;

(2) 曲线段 $y=\cos x (x\in[0,\pi])$ 与直线 $x=0, y=0$ 所围成的图形,绕 x 轴旋转所产生的立体;

(3) 曲线 $y=x^3$ 与直线 $x=2, y=0$ 所围成的图形,绕 y 轴旋转所产生的立体;

(4) 圆 $x^2+y^2=4$ 被 $y^2=3x$ 割成两部分中较小的一块,分别绕 x 轴和绕 y 轴旋转所产生的立体.

6. 求下列已知曲线上指定两点间一段曲线的弧长：

(1) $y^2 = x^3$ 上相应于 $x=0$ 到 $x=1$ 的一段；

(2) $y = \ln x$ 上相应于 $x = \sqrt{3}$ 到 $x = \sqrt{8}$ 的一段.

7. 求阿基米德螺线 $r = a\theta$ 一圈 ($\theta \in [0, 2\pi]$) 的长.

§6-3 定积分在工程中的应用

实际问题 1：悬索大桥悬索的长度

数学家约翰·伯努利早在 1691 年证明了悬索大桥的悬索和输电高压线都是悬链线. 研究悬链线 $f(x)=\dfrac{a}{2}(\mathrm{e}^{\frac{x}{a}}+\mathrm{e}^{-\frac{x}{a}})(x\in[0,a])$ 的长的问题很有实际意义，如可在高压输电线施工之前预算高压输电线的长度等.

解 由 $f(x)=\dfrac{a}{2}(\mathrm{e}^{\frac{x}{a}}+\mathrm{e}^{-\frac{x}{a}})$ 得

$$f'(x)=\frac{1}{2}(\mathrm{e}^{\frac{x}{a}}-\mathrm{e}^{-\frac{x}{a}}),$$

从而

$$\sqrt{1+f'(x)^2}=\frac{1}{2}(\mathrm{e}^{\frac{x}{a}}+\mathrm{e}^{-\frac{x}{a}}),$$

于是高压输电线的长度为

$$s=\frac{1}{2}\int_0^a(\mathrm{e}^{\frac{x}{a}}+\mathrm{e}^{-\frac{x}{a}})\mathrm{d}x=\frac{a}{2}(\mathrm{e}^{\frac{x}{a}}-\mathrm{e}^{-\frac{x}{a}})\Big|_0^a=\frac{a}{2}\Big(\mathrm{e}-\frac{1}{\mathrm{e}}\Big).$$

实际问题 2：抽水所做的功

修建大桥的桥墩时先要下围图，并且抽尽其中的水以便施工. 已知围图的直径为 20 m，水深 27 m，围图高出水面 3 m，求抽尽水所做的功.

解 如图 6-19 所示，设 x 为积分变量，积分区间为 $[3,30]$，则抽尽水所做的功

$$W=\int_3^{30}9.8\times10^5\pi x\mathrm{d}x=9.8\times10^5\pi\Big(\frac{x^2}{2}\Big)\Big|_3^{30}$$
$$\approx1.37\times10^9(\mathrm{J}).$$

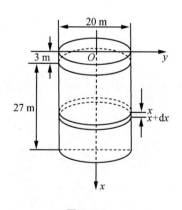

图 6-19

实际问题 3：打桩所做的功

为建设高楼大厦，要根据地质条件用打桩机向地下打桩，设大地对桩的阻力与桩打入地底的深度成正比. 在桩机第一次击打桩时，桩被打入地底 1 m，如果桩机每次击打桩所做的功相等，问桩机第二次击打桩，桩进入地底多少米？

解 设桩被打入的深度为 x,阻力 $F=kx$,则桩机第一次打击所做的功

$$W_1 = \int_0^1 F\,dx = \int_0^1 kx\,dx = \frac{1}{2}k,$$

第二次打击所做的功

$$W_2 = \int_1^l F\,dx = \int_1^l kx\,dx = \frac{1}{2}k(l^2-1).$$

由两次打击做功相等,所以

$$\frac{1}{2}k = \frac{1}{2}k(l^2-1),$$

解得 $l = \sqrt{2}$.

故桩机第二次击打桩,桩进入地底 $\sqrt{2}$ m.

总结·拓展

一、知识小结

本章从定积分的定义和实际背景出发,归结出实用性较强的微元法,并应用微元法讨论了定积分在几何、工程中的应用.

简化定积分定义中区间分割、求和、求极限,突出累积量的微量(微元)近似,是微元法的基本思想.在实际问题中,只要能求出微元的准确表示式,再累积区间积分就能得到累积总量,所以微元法在工程技术、自然科学等各领域被广泛应用.这些量具有以下特点:

(1) 所求总量 F 的变化率表示为已知函数 $f(x)$,总量累积区间为 $[a,b]$;

(2) 所求的总量对区间具有可加性,即若将区间 $[a,b]$ 分成若干微段,相应量 F 亦被分成若干微量 ΔF,且 $F = \sum \Delta F$;

(3) 每个微量 ΔF 能求出近似表达式 $\Delta F \approx f(x)dx$ 或 $dF = f(x)dx$,就是所求总量的微元.

用微元法求总量 F 的步骤:

(1) 把总量表示为微量累积 $F = \sum \Delta F$;

(2) 局部以不变代变、以均匀代不均匀,应用已知几何、物理等公式,求出微元 dF 的表示式,从而归结出 $f(x)$,使 $dF = f(x)dx$;

(3) 将总量 F 的微元从 a 到 b 无限累加得总量的积分表达式

$$F = \int_a^b \mathrm{d}F = \int_a^b f(x)\,\mathrm{d}x.$$

利用微元法解决实际问题时关键是找出微元,计算公式不必死记.

二、要点回顾

1. 利用定积分的微元法解决实际问题时,微元的取法是不唯一的

利用定积分的微元法解决实际问题时,求出所求总量的微元的表示公式是关键. 微元可以有多种选择,选择的原则就是使微元表示式尽量简单,且积分易求. 例如,用微元法求半径为 R 的半圆(图 6-20)的面积 A.

若按纵向微条累积,则应取微元如图 6-20(1)所示,

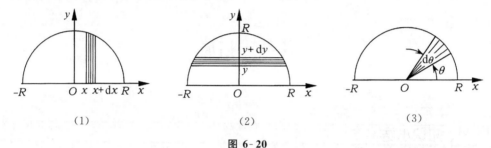

图 6-20

此时微元表示式 $\mathrm{d}A = \sqrt{R^2 - x^2}\,\mathrm{d}x$, x 的累积区间为 $[-R, R]$,所以

$$A = \int_{-R}^{R} \sqrt{R^2 - x^2}\,\mathrm{d}x = \frac{\pi}{2} R^2.$$

若按横向微条累积,则应取微元如图 6-20(2)所示,此时微元表示式

$$\mathrm{d}A = [\sqrt{R^2 - y^2} - (-\sqrt{R^2 - y^2})]\,\mathrm{d}y = 2\sqrt{R^2 - y^2}\,\mathrm{d}y,$$

y 的累积区间为 $[0, R]$,所以

$$A = \int_0^R 2\sqrt{R^2 - y^2}\,\mathrm{d}y = \frac{\pi}{2} R^2.$$

若按扇形微条累积,则应取微元如图 6-20(3)所示,此时应以极坐标表示圆: $r(\theta) = R$,微元表示式 $\mathrm{d}A = \frac{1}{2} R^2\,\mathrm{d}\theta$,而 θ 的累积区间是 $[0, \pi]$,所以

$$A = \frac{1}{2} \int_0^\pi R^2\,\mathrm{d}\theta = \frac{\pi}{2} R^2.$$

从此例可以看出,微元的不同选取实际上取决于累积方式,因而累积区间会随之改变,于是积分也就有复杂、简单之分,但累积的最终结果是相同的.

2. 应用定积分解决问题时,应注意把握如何确定积分的上、下限

微元表示式取决于总量累积方式,而积分限则是累积范围. 如果微元是 $\mathrm{d}F =$

$f(x)dx$,那么只要确定当 x 从哪里变到哪里,各微元就能累积成总量,积分限也就得到了.

例1 求由曲线 $y=2x-x^2$ 及直线 $y=0, y=x$ 所围成的图形的面积 A.

分析 首先应作出草图,求出交点,分析图形的特点.本题介绍了两种方法,所给曲线与直线围成图形的面积如图 6-21 所示.

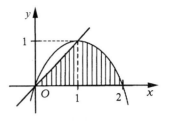

图 6-21

解法1 解方程组 $\begin{cases} y=2x-x^2, \\ y=x, \end{cases}$ 得交点 $(0,0), (1,1)$.

将该平面图形以 $x=1$ 划分成两个 X 型图形,左边一块 $f_上(x)$ 为 $y=x$, $f_下(x)$ 为 $y=0, 0 \leqslant x \leqslant 1$;右边一块 $f_上(x)$ 为 $y=2x-x^2$, $f_下(x)$ 也为 $y=0, 1 \leqslant x \leqslant 2$. 所以

$$A=\int_0^1 x\,dx+\int_1^2 (2x-x^2)dx=\left(\frac{x^2}{2}\right)\Big|_0^1+\left(x^2-\frac{x^3}{3}\right)\Big|_1^2=\frac{7}{6}.$$

解法2 该平面图形是 Y 型图形, $g_右(y)$ 为 $x=1+\sqrt{1-y}$, $g_左(y)$ 为 $x=y, 0 \leqslant y \leqslant 1$. 所以

$$A=\int_0^1 [(1+\sqrt{1-y})-y]dy=\left[y-\frac{2}{3}(1-y)^{\frac{3}{2}}-\frac{1}{2}y^2\right]_0^1=\frac{7}{6}.$$

例2 已知曲线 $y=\sqrt{2x-4}$,求:

(1) 过曲线上点 $(4,2)$ 处的切线方程;

(2) 此切线与曲线及 x 轴所围成的平面图形的面积 A;

(3) 该平面图形绕 x 轴和 y 轴旋转所得的旋转体的体积 V_x, V_y.

分析 作出所围图形,分析其特点,确定图形类型及范围.该图形绕 x 轴和 y 轴旋转所得的旋转体都是组合体.

解 作出已知曲线的图形,如图 6-22 所示.

(1) $y'|_{x=4}=\frac{1}{\sqrt{2x-4}}\Big|_{x=4}=\frac{1}{2}$,

所以曲线在 $(4,2)$ 处的切线为

$$y=2+\frac{1}{2}(x-4), \text{即 } y=\frac{1}{2}x.$$

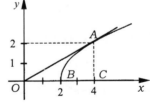

图 6-22

(2) 切线与 x 轴交于点 $(0,0)$. 为避免分块,视由切线、曲线及 x 轴围成的图形为 Y 型,于是

$$x=g_右(y)=\frac{1}{2}y^2+2, x=g_左(y)=2y, 0 \leqslant y \leqslant 2.$$

所以

$$A=\int_0^2 \left[\left(\frac{1}{2}y^2+2\right)-2y\right]dy=\frac{4}{3}.$$

注意 也可将该平面图形面积看成 △OAC 的面积减去曲边三角形 BAC 的面积,于是

$$A = \frac{1}{2} \times 4 \times 2 - \int_2^4 \sqrt{2x-4}\,dx = \frac{4}{3}.$$

(3) 该平面图形绕 x 轴旋转所得的是 △OAC 绕 x 轴旋转所形成的正圆锥,挖去由曲边三角形 BAC 绕 x 轴旋转所形成的立体(图 6-23). 注意正圆锥的底面半径 $r=2$, 高 $h=4$, 所以

$$V_x = \frac{1}{3}\pi \times 2^2 \times 4 - \pi \int_2^4 (\sqrt{2x-4})^2\,dx = \frac{4}{3}\pi.$$

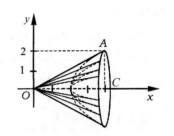

图 6-23

该平面图形绕 y 轴旋转所得的是由 $y=2$, x 轴, y 轴和曲线 $x=\frac{1}{2}y^2+2$ 围成的曲边梯形绕 y 轴旋转所得的立体,挖去由 $y=2$, $x=2y$ 和 y 轴绕 y 轴旋转所得的正圆锥(图 6-24). 注意正圆锥的底圆半径 $r=4$, 高 $h=2$, 所以

$$V_y = \pi \int_0^2 \left(\frac{1}{2}y^2+2\right)^2 dy - \frac{1}{3}\pi \times 4^2 \times 2 = \frac{64}{15}\pi.$$

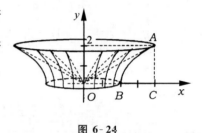

图 6-24

复习题六

1. 求曲线 $y=\sin x$, $y=\sin 2x$ 与直线 $x=0$, $x=\pi$ 所围成的图形的面积.

2. 求由曲线 $xy=2$, $y=\frac{x^2}{4}$ 及 $x=4$ 所围成的图形的面积,并求此平面图形绕 x 轴旋转所得的旋转体的体积.

3. 求由 $x=\sqrt{2y-y^2}$ 及 $x=y^2$ 所围成的图形的面积,并求此图形绕 y 轴旋转所得的旋转体的体积.

4. 飞机副油箱的头部是旋转抛物面(抛物线绕对称轴旋转所成的曲面称为抛物面),中部是圆柱面,尾部是圆锥面,设油箱的尺寸(单位:cm)如图所示,求它的体积 V.

5. 求曲线 $y=\ln(1-x^2)$ 上自 $O(0,0)$ 至 $A\left(\frac{1}{2}, \ln\frac{3}{4}\right)$ 一段的长度 l.

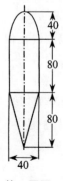

第 4 题图

第 7 章

MATLAB 使用简介

§7-1 MATLAB 概述

MATLAB 是 Matrix Laboratory(矩阵实验室)的缩写,是一款集数值计算、符号计算和图形可视化三大基本功能于一体的功能强大、操作简单的优秀数学应用软件之一.

现在,MATLAB 已经发展成为适合多学科的大型软件,是线性代数、数值分析、数理统计、优化方法、自动控制、数字信号处理、动态系统仿真等高级课程的基本教学工具.

概括地讲,整个 MATLAB 系统由两部分组成,即 MATLAB 内核及辅助工具箱,两者的调用构成了 MATLAB 的强大功能. MATLAB 语言以数组为基本数据单位,包括控制流语句、函数、数据结构、输入输出及面向对象等特点的高级语言,它具有以下主要特点:

(1) 运算符和库函数极其丰富,语言简洁,编程效率高,MATLAB 除了提供和 C 语言一样的运算符号外,还提供广泛的矩阵和向量运算符. 利用其运算符号和库函数可使其程序相当简短.

(2) 既具有结构化的控制语句(如 for 循环、while 循环、break 语句、if 语句和 switch 语句),又有面向对象的编程特性.

(3) 图形功能强大. 它既包括对二维和三维数据可视化、图形处理、动画制作等高层次的绘图命令,也包括可以修改图形及编制完整图形界面的、低层次的绘图命令.

(4) 具有功能强大的工具箱. 工具箱可分为两类:功能性工具箱和学科性工具箱. 功能性工具箱主要用来扩充其符号计算功能、图示建模仿真功能、文字处理功能以及与硬件实时交互的功能. 而学科性工具箱是专业性比较强的,如优化工具箱、统计工具箱、控制工具箱、小波工具箱、图形处理工具箱、通信工具箱等.

(5) 易于扩充. 除内部函数外，所有 MATLAB 的核心文件和工具箱文件都是可读可改的源文件，用户可修改源文件和加入自己的文件，它们可以与库函数一样被调用.

§7-2　MATLAB 数值计算功能

MATLAB 强大的数值计算功能使其在诸多数学计算软件中"傲视群雄"，是 MATLAB 软件的基础. 本节将简要介绍 MATLAB 的数据类型、矩阵的建立及运算.

一、MATLAB 数据类型

MATLAB 的数据类型主要包括：数字、字符串、矩阵、单元型数据及结构型数据等，限于篇幅我们将重点介绍其中几个常用类型.

1. 变量与常量

变量是任何程序设计语言的基本要素之一，MATLAB 语言当然也不例外. 与常规的程序设计语言不同的是：MATLAB 并不要求事先对所使用的变量进行声明，也不需要指定变量类型，MATLAB 语言会自动依据所赋予变量的值或对变量所进行的操作来识别变量的类型. 在赋值过程中，赋值变量已存在时，MATLAB 语言将使用新值代替旧值，并以新值类型代替旧值类型.

在 MATLAB 语言中变量的命名应遵循如下规则：

(1) 变量名区分大小写.

(2) 变量名长度不超 31 位，第 31 个字符之后的字符将被 MATLAB 语言所忽略.

(3) 变量名以字母开头，可以由字母、数字、下画线组成，但不能使用标点.

与其他的程序设计语言相同，在 MATLAB 语言中也存在变量作用域的问题. 在未加特殊说明的情况下，MATLAB 语言将所识别的一切变量视为局部变量，即仅在其使用的 M 文件内有效. 若要将变量定义为全局变量，则应当对变量进行说明，即在该变量前加关键字"global". 一般来说，全局变量均用大写的英文字符表示.

MATLAB 语言本身也具有一些预先定义的变量，这些特殊的变量称为常量. 表 7-1 给出了 MATLAB 语言中经常使用的一些常量值.

表 7-1 MATLAB 语言中常用的一些常量值

常量	表示数值	常量	表示数值
pi	圆周率	NaN	表示不定值
eps	浮点运算的相对精度	realmax	最大的浮点数
inf	正无穷大	i,j	虚数单位

在 MATLAB 语言中,定义变量时应避免与常量名重复,以防改变这些常量的值. 如果已改变了某个常量的值,可以通过"clear＋常量名"命令恢复该常量的初始设定值 (当然,也可通过重新启动 MATLAB 系统来恢复这些常量值).

2. 数字变量的运算及显示格式

MATLAB 是以矩阵为基本运算单元的,而构成数值矩阵的基本单元是数字. 为了更好地学习和掌握矩阵的运算,首先对数字的基本知识作简单的介绍.

对于简单的数字运算,可以直接在命令窗口中以平常惯用的形式输入,如计算 2 和 3 的乘积再加 1 时,可以直接输入:

$\gg 1+2*3$

ans＝7

这里"ans"是指当前的计算结果. 若计算时用户没有对表达式设定变量,系统就自动赋当前结果给"ans"变量. 用户也可以输入:

$\gg a=1+2*3$

a＝7

此时系统就把计算结果赋给指定的变量 a 了.

MATLAB 语言中数值有多种显示形式,在缺省情况下,若数据为整数,则以整数表示;若数据为实数,则以保留小数点后 4 位的精度近似表示. MATLAB 语言提供了 10 种数据显示格式,常用的有下述几种格式:

format short   小数点后 4 位(系统默认值)

format long   小数点后 14 位

format short e   5 位指数形式

format long e   15 位指数形式

MATLAB 语言还提供了复数的表达和运算功能. 在 MATLAB 语言中,复数的基本单位表示为 i 或 j. 在表达简单数值时虚部的数值与 i,j 之间可以不使用乘号,但是如果是表达式,则必须使用乘号以识别虚部符号.

3. 字符串

字符和字符串运算是各种高级语言必不可少的部分,MATLAB 中的字符串是其进行符号运算表达式的基本构成单元.

在 MATLAB 中,字符串和字符数组基本上是等价的,所有的字符串都用单引号进行输入或赋值(当然也可以用函数 char 来生成).字符串的每个字符(包括空格)都是字符数组的一个元素.例如：

>> s='matrix laboratory';

s=matrix laboratory

>> size(s)   ％size 查看数组的维数

ans=1 17

另外,由于 MATLAB 对字符串的操作与 C 语言几乎完全相同,所以这里不再赘述.

二、矩阵及其运算

矩阵是 MATLAB 数据存储的基本单元,而矩阵的运算是 MATLAB 语言的核心,在 MATLAB 语言系统中几乎一切运算均是以对矩阵的操作为基础的.下面重点介绍矩阵的生成、基本运算和数组运算.

1. 矩阵的生成

(1) 直接输入法.

从键盘上直接输入矩阵是最方便、最常用的创建数值矩阵的方法,尤其适合较小的简单矩阵.在用此方法创建矩阵时,应当注意以下几点：

① 输入矩阵时要以"[ ]"为其标识符号,矩阵的所有元素必须都在括号内.

② 矩阵同行元素之间由空格或逗号分隔,行与行之间用分号或回车键分隔.

③ 矩阵大小不需要预先定义.

④ 矩阵元素可以是运算表达式.

⑤ 若"[ ]"中无元素,则表示空矩阵.

另外,在 MATLAB 语言中冒号的作用是最为丰富的.首先,可以用冒号来定义行向量.例如：

>> a=1:0.5:4   ％生成由 1 开始,步长为 0.5 的不超过 4 的数

a=Columns 1 through 7

1 1.5 2 2.5 3 3.5 4

其次,通过使用冒号,可以截取指定矩阵中的部分.例如：

>> A=[1 2 3;4 5 6;7 8 9]

A=

1 2 3

4 5 6

7 8 9

》B=A(1:2:)

B=

1 2 3

4 5 6

通过上例可以看到矩阵 **B** 是由矩阵 **A** 的第 1 行到第 2 行和相应的所有列的元素构成的一个新的矩阵. 在这里, 冒号代替了矩阵 **A** 的所有列.

(2) 外部文件读入法.

MATLAB 语言也允许用户调用在 MATLAB 环境之外定义的矩阵. 可以利用任意的文本编辑器编辑所要使用的矩阵, 矩阵元素之间以特定分断符分开, 并按行列布置. 另外也可以利用 Load 函数, 其调用方法为: Load+文件名[参数]. Load 函数将会从文件名所指定的文件中读取数据, 并将输入的数据赋给以文件名命名的变量, 如果不给定文件名, 系统将自动认为 MATLAB.mat 文件为操作对象. 如果该文件在 MATLAB 搜索路径中不存在, 系统将会报错.

例如, 事先在记事本中建立文件(并以 data1.txt 保存):

1 1 1

1 2 3

1 3 6

在 MATLAB 命令窗口中输入:

》load data1.txt

》data1

data1=

1 1 1

1 2 3

1 3 6

(3) 特殊矩阵的生成.

对于一些比较特殊的矩阵(单位阵、矩阵中含 1 或 0 较多), 由于其具有特殊的结构, MATLAB 提供了一些函数用于生成这些矩阵. 常用的有下面几个:

zeros(m)　生成 m 阶全 0 矩阵

eye(m)　生成 m 阶单位矩阵

ones(m)　生成 m 阶全 1 矩阵

rand(m)　生成 m 阶均匀分布的随机矩阵

randn(m)　生成 m 阶正态分布的随机矩阵

2. 矩阵的基本数学运算

矩阵的基本数学运算包括矩阵的四则运算、与常数的运算、逆运算、行列式运算、秩运算、特征值运算等基本函数运算,这里进行简单介绍.

(1) 四则运算.

矩阵的加、减、乘、除运算符分别为"＋""－""＊""/",用法与数字运算几乎相同,但计算时要满足其数学要求(如:同型矩阵才可以加、减).

在 MATLAB 中矩阵的除法有两种形式:左除" \ "和右除"/". 在传统的 MATLAB 算法中,右除是先计算矩阵的逆再相乘,而左除则不需要计算逆矩阵直接进行除运算.

通常右除要快一点,但左除可避免被除矩阵的奇异性所带来的麻烦. 在 MATLAB 6.0 中两者的区别不太大.

(2) 与常数的运算.

常数与矩阵的运算即是常数同该矩阵的每一元素进行运算. 但需注意进行数除时,常数通常只能作除数.

(3) 基本函数运算.

矩阵的函数运算是矩阵运算中最实用的部分,常用的主要有以下几个:

det(a)　　求矩阵 a 的行列式

eig(a)　　求矩阵 a 的特征值

inv(a)或 a^(－1)　　求矩阵 a 的逆矩阵

rank(a)　　求矩阵 a 的秩

trace(a)　　求矩阵 a 的迹(对角线元素之和)

例如:

　　≫a＝[2 1 －3 －1;3 1 0 7;－1 2 4 －2;1 0 －1 5];

　　≫a1＝det(a);

　　≫a2＝det(inv(a));

　　≫a1＊a2

　　ans＝1

注意　命令行后加";"表示该命令执行但不显示执行结果.

3. 矩阵的数组运算

我们在进行工程计算时常常遇到矩阵对应元素之间的运算. 这种运算不同于前面讲的数学运算,为有所区别,我们称之为数组运算.

(1) 基本数学运算.

数组的加减运算与矩阵的加减运算完全相同. 而二者的乘除法运算有相当大的区

别,数组的乘除法是指两同维数组对应元素之间的乘除法,它们的运算符为". * "和". /"(或". \"). 前面讲过常数与矩阵的除法运算中常数只能作除数. 在数组运算中有了"对应关系"的规定,数组与常数之间的除法运算没有任何限制.

另外,矩阵的数组运算中还有幂运算(运算符为". ^")、指数运算(exp)、对数运算(log)和开方运算(sqrt)等. 有了"对应元素"的规定,数组的运算实质上就是针对数组内部的每个元素进行的.

例如:

>> a=[2 1 -3 -1;3 1 0 7;-1 2 4 -2;1 0 -1 5];
>> a ^ 3
ans=
32 -28 -101 34
99 -12 -151 239
-1 49 193 8
51 -17 -98 139
>> a. ^ 3
ans=
8 1 -27 -1
27 1 0 343
-1 8 64 -8
1 0 -1 125

由上例可见矩阵的幂运算与数组的幂运算有很大的区别.

(2) 逻辑关系运算.

逻辑关系运算是 MATLAB 中数组运算所特有的一种运算形式,也是几乎所有的高级语言普遍适用的一种运算. 它们的具体符号、功能及用法见下表:

表 7-2 MATLAB 中的逻辑关系运算

符号运算符	功　能	函数名
==	等于	eq
~=	不等于	ne
<	小于	lt
>	大于	gt
<=	小于等于	le
>=	大于等于	ge
&	逻辑与	and
|	逻辑或	or
~	逻辑非	not

注:(1) 在关系比较中,若比较的双方为同维数组,则比较的结果也是同维数组,它的元素值由 0 和 1 组成. 当比较双方对应位置上的元素值满足比较关系时,它的对应值为 1,否则为 0.

(2) 若比较的双方中一方为常数,另一方为一数组,则比较的结果与数组同维.

(3) 在算术运算、比较运算和逻辑与或非运算中,优先级关系先后顺序为比较运算、算术运算、逻辑与或非运算.

例如:

>> a=[1 2 3;4 5 6;7 8 9];
>> x=5;
>> y=ones(3)*5;
>> xa=x<=a
xa=
0 0 0
0 1 1
1 1 1
>> b=[0 1 0;1 0 1;0 0 1];
>> ab=a&b
ab=
0 1 0
1 0 1
0 0 1

§7-3 MATLAB 图形功能

MATLAB 有很强的图形功能,可以方便地实现数据的视觉化. 强大的计算功能与图形功能相结合为 MATLAB 在科学技术和教学方面的应用提供了更加广阔的天地. 下面着重介绍二维图形的画法,对三维图形只作简单叙述.

一、二维图形的绘制

1. 基本形式

二维图形的绘制是 MATLAB 语言图形处理的基础,MATLAB 最常用的画二维

图形的命令是"plot",下面看两个简单的例子:

>> y=[0 0.58 0.70 0.95 0.83 0.25];

>> plot(y)

生成的图形如图 7-1 所示,它是以序号 1,2,…,6 为横坐标,数组 y 的数值为纵坐标画出的折线.

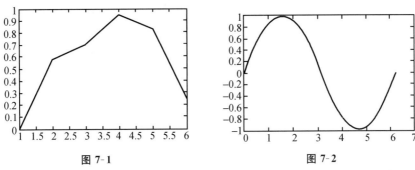

图 7-1　　　　　　　　　　　　图 7-2

>> x=linspace(0,2*pi,30); %在[0,2π]上生成 30 个等距的数值

>> y=sin(x);

>> plot(x,y)

生成的图形如图 7-2 所示,它是由[0,2π]上 30 个点连成的光滑的正弦曲线.

2. 多重线

在同一个画面上可以画许多条曲线,只需多给出几个数组. 例如,

>> x=0:pi/15:2*pi;

>> y1=sin(x);

>> y2=cos(x);

>> plot(x,y1,x,y2)

可以画出图 7-3. 多重线的另一种画法是利用"hold"命令. 在已经画好的图形上,若设置"hold on",MATLAB 将把新的"plot"命令产生的图形画在原来的图形上. 而命令"hold off"将结束这个过程. 例如:

>> x=linspace(0,2*pi, 30); y=sin(x);plot(x,y)

先画好图 7-2,然后用下述命令增加 cos(x)的图形,也可得到图 7-3.

>> hold on

>> z=cos(x);plot(x,z)

>> hold off

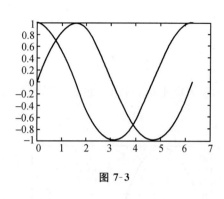

图 7-3

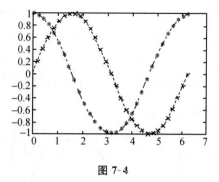

图 7-4

3. 线型和颜色

MATLAB 对曲线的线型和颜色有许多选择，标注的方法是在每一对数组后加一个字符串参数. 说明如下：

线型：线方式 -实线；:点线；-.虚点线；--波折线.

　　　 点方式 .圆点；＋加号；＊星号；x x形；o 小圆.

颜色：y 黄；r 红；g 绿；b 蓝；w 白；k 黑；m 紫；c 青.

以下面的例子说明用法：

　　》 x＝0:pi/15:2＊pi;

　　》 y1＝sin(x); y2＝cos(x);

　　》 plot(x,y1,'b:＋',x,y2,'g-.＊')

可得图形 7-4.

4. 网格和标记

在一个图形上可以加网格、标题、x 轴标记、y 轴标记，用下列命令完成这些工作.

　　》 x＝linspace(0,2＊pi,30); y＝sin(x); z＝cos(x);

　　》 plot(x,y,x,z)

　　》 grid

　　》 xlabel('Independent Variable X')

　　》 ylabel('Dependent Variables Y and Z')

　　》 title('Sine and Cosine Curves')

它们产生图 7-5.

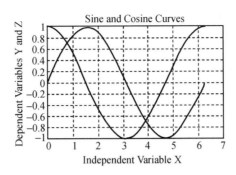

图 7-5

也可以在图形的任何位置加上一个字符串,如用:

>> text(2.5,0.7,'sinx')

表示在坐标 x=2.5,y=0.7 处加上字符串 sinx.更方便的是用鼠标来确定字符串的位置,方法是输入命令:

>> gtext('sinx')

在图形窗口十字线的交点是字符串的位置,用鼠标点一下就可以将字符串放在那里.

5. 坐标系的控制

在缺省情况下,MATLAB 自动选择图形的横、纵坐标的比例,如果你对这个比例不满意,可以用"axis"命令控制,常用的有:

  axis([xmin xmax ymin ymax]) []中分别给出 x 轴和 y 轴的最大值、最小值

  axis equal 或 axis('equal') x 轴和 y 轴的单位长度相同

  axis square 或 axis('square') 图框呈方形

  axis off 或 axis('off') 清除坐标刻度

还有 axis auto,axis image,axis xy,axis ij,axis normal,axis on,axis(axis)用法可参考在线帮助系统.

6. 多幅图形

可以在同一个画面上建立几个坐标系,用"subplot(m,n,p)"命令把一个画面分成 m×n 个图形区域,p 代表当前的区域号.在每个区域中分别画一个图,如

  >> x= Linspace(0,2 * pi,30); y=sin(x); z=cos(x);

  >> u=2 * sin(x). * cos(x); v= sin(x)./cos(x);

  >> subplot(2,2,1),plot(x,y),axis([0 2 * pi -1 1]),title('sin(x)')

  >> subplot(2,2,2),plot(x,z),axis([0 2 * pi -1 1]),title('cos(x)')

  >> subplot(2,2,3),plot(x,u),axis([0 2 * pi -1 1]),title('2sin(x)cos(x)')

》subplot(2,2,4),plot(x,v),axis([0 2 * pi －20 20]),title('sin(x)/cos(x)')

共得到 4 幅图形,如图 7-6 所示.

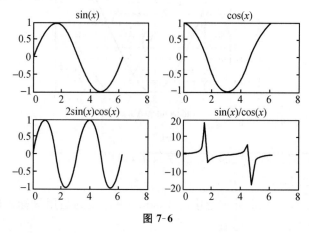

图 7-6

二、三维图形

限于篇幅这里只对几种常用的命令通过例子作简单介绍.

1. 带网格的曲面

例 1 作曲面 $z = f(x,y)$ 的图形:

$$z = \frac{\sin\sqrt{x^2+y^2}}{\sqrt{x^2+y^2}}, \quad -7.5 \leqslant x \leqslant 7.5, \quad -7.5 \leqslant y \leqslant 7.5.$$

用以下程序实现:

》x=－7.5:0.5:7.5;y=x;

》[X,Y]=meshgrid(x,y);(三维图形的 X,Y 数组)

》R= sqrt(X.^2+Y.^2)+eps;(加 eps 是防止出现 0/0)

》Z=sin(R)./R;

》mesh(X,Y,Z)(三维网格表面)

画出的图形如图 7-7 所示."mesh"命令也可以改为"surf",只是图形效果有所不同,读者可以上机查看结果.

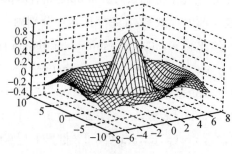

图 7-7

2. 空间曲线

例2 作螺旋线 $x=\sin t, y=\cos t, z=t$.

用以下程序实现:

>> t=0:pi/50:10*pi;

>> plot3(sin(t),cos(t),t)(空间曲线作图函数,用法类似于plot)

画出的图形如图7-8所示.

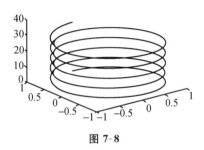

图7-8

3. 等高线

用"contour"或"contour 3"画曲面的等高线,如对图7-7的曲面,在上面的程序后接"contour(X,Y,Z,10)"即可得到10条等高线,如图7-9所示.

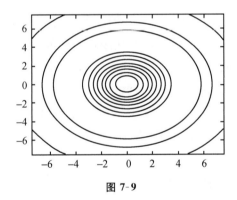

图7-9

4. 其他

较有用的是给三维图形指定观察点的命令"view(azi,ele)",其中azi是方位角,ele是仰角.缺省时azi=-37.5°,ele=30°.

三、图形的输出

在数学建模中,往往需要将产生的图形输出到Word文档中.通常可采用下述方法:

方法 1：在 MATLAB 图形窗口中打开"Edit"菜单,选择"Copy Figure"即把图形复制下来,然后再到 Word 文档中粘贴即可,当然通常还要对图形进行缩小、剪裁等操作.

方法 2：在 MATLAB 图形窗口中选择"File"菜单中的"Export"选项,将打开图形输出对话框,在该对话框中可以把图形以 emf,bmp,jpg,pgm 等格式保存.然后,再打开相应的文档,并在该文档中选择"插入"菜单中的"图片"选项插入相应的图片即可.

§7-4 MATLAB 程序设计

MATLAB 作为一种高级语言,它不仅可以如前几节所介绍的那样,以一种人机交互式的命令行的方式工作,还可以像 BASIC、FORTRAN、C 等其他高级计算机语言一样进行控制流的程序设计,即编制一种以".m"为扩展名的 MATLAB 程序(简称 M 文件).而且,由于 MATLAB 本身的一些特点,M 文件和 M 函数文件的编制同上述几种高级语言比较起来,有许多无法比拟的优点.

一、函数 M 文件

$\sin(x)$,$\text{sum}(A)$ 都是 MATLAB 内嵌的库函数,可以反复调用,十分方便.用户在实际工作中,往往需要编制自己的函数,以实现计算中的参数传递和函数的反复调用,建立函数文件的方法如下.

格式：function[y1,y2,…]＝ff(x1,x2,…)

说明 ff 是函数名,x1,x2 是输入变量,y1,y2 是输出变量.

例 1 已知一做匀速直线运动的物体的初速度为 v_0,加速度为 a,求该物体任意时刻 t 的速度和位移.

建立文件名为 ff.m 的函数文件：

function[v,s]＝ff(v_0,a,t)　　%定义函数名和输入、输出变量

v＝v0＋a*t;　　　　　　　　%给出输入、输出变量间关系

s＝v0*t＋a*t^2/2;

在命令窗口调用 ff 函数：

》[v,s]＝ff(2,4,5)

　　v＝

　　　　22

　　s＝

　　　　60

为了存储 M 函数,可以反复调用,通过编制一个 M 函数文件来实现,单击 MATLAB 中的"File"→"New"→"M-File"即进入文本编辑窗口,输入以上程序并保存(用自动给的文件名)即可.

注意 (1) 输入变量用"()"括起来,输出变量用"[ ]"括起来;

(2) 函数名和文件名必须相同,函数名开头必须用字母,区分大小写;

(3) 程序开头必须以 function 开头,第二行以后可加入注释行或运算语句;

(4) M 函数文件可以调用其他一般 M 文件,M 函数文件可以反复调用自己;

(5) 用内联函数命令 inline 也可实现 M 函数文件的大部分功能.

例 2

```
>> fu=inline('2*x^2+3*x+1')         %默认 x 是输入参量
>> fv=inline('v0+a*t','a','t','v0');%建立内联函数 fv,其中 v0,a,t 是变量
>> v=fv(4,5,2)                      %求 a=4,t=5,v0=2 时函数 fv 的值
fu=
    inline function:
        fu(x)=2*x^2+3*x+1
fv=
    inline function:
        fv(a,t,v0)=v0+a*t
v=
    22
```

二、脚本 M 文件

单击 MATLAB 中的"File"→"New"→"M-File"即进入文本编辑窗口(或用桌面快捷键),输入程序即可,开头可任意输入 MATLAB 话句.输完程序后,单击保存按钮,在对话框中输入文件名,文件名开头必须是字母.

运行 M 文件有以下几种方法:在命令窗口输入文件名并按回车键;单击"File"→"Open"→"*.m(文件名)",打开该文件编辑窗口,再单击"Tool"→"Run"(或"Debug"→"Run")即可运行;单击"File"→"Run Script",输入文件名,再单击"OK"按钮即可.

三、流程控制语句

1. if 条件语句

格式:

① if　表达式

　　　执行语句

　　end

② if　表达式

　　　执行语句 1

　　else

　　　执行语句 2

　　end

③ if　表达式 1

　　　执行语句 1

　　else if　表达式 2

　　　执行语句 2

　　else

　　　执行语句 3

　　end

注意　①中表达式值非 0 时,执行下面语句,否则跳过,执行 end 后面的语句;

②中表达式值非 0 时,执行语句 1,否则执行语句 2;

③中表达式 1 值非 0 时,执行语句 1 并终止 if 语句,否则计算表达式 2 的值,依此类推.

例 3　比较数的大小.

编一个 M 文件:

　　a＝3;b＝6;

　　if a＞b　　　　　　　　　%条件表达式 1

　　　max＝a;　　　　　　　%命令串 1

　　else if a＝＝b　　　　　　%条件表达式 2

　　　max＝'两数相等';　　　%命令串 2

　　else

　　　max＝b;　　　　　　　%命令串 3

　　disp(['最大值为:',num2str(max)]);

　　end

注意　if 和 end 必须成对出现使用,disp 的使用方法主要有 diap('…') 和 disp(['…'])两种.

2. for 循环语句

格式:

```
for i=表达式
    可执行语句1
    ……
    可执行语句n
end
```

注意 循环次数一般是给定的,除非用其他语句将循环提前结束(如 break). 表达式是一个向量,for 语句一定要有 end 作为结束标志,循环语句中的";"可防止中间结果输出,循环体中可以多次嵌套 for-end 结构体,但运算速度受影响.

例 4 利用 for-end 循环体求出 100—200 的所有素数.

编一个 M 文件:

```
for m=101:2:200
    k=fix(sqrt(m));
    for i=2:k+1
        if rem(m,i)==0;
            break;
        end
    end
    if i>=k+1
        disp(int2str(m))
    end
end
```

3. while 循环

格式:

```
while 表达式
    可执行语句1
    ……
    可执行语句n
end
```

注意 表达式一般是由逻辑运算和关系运算组成的表达式,表达式的值非 0,继续循环,表达式的值为 0,中止循环. while 语句一定要有 end 作为结束标志.

例 5 用 while-end 循环求 1—100 的和.

编一个 M 文件:

```
sum=0;
```

```
    i=1;
    while i<=100;
        sum=sum+i;
        i=i+1;
    end
    sum
```

运行结果为

```
    sum=
        5050
```

4. switch 分支选择语句

这种语句是多分支选择语句.虽然有时可以用 if 语句的多层嵌套来完成,但没有它显得简单明了.

格式:

```
switch   表达式
    case      常量表达式 1
              语句块 1
    case      常量表达式 2
              语句块 2
    ……
    case      常量表达式 n
              语句块 n
    otherwise
              语句块 n+1
end
```

注意 (1) switch 后面表达式可以为任何类型.

(2) 当表达式的值与 case 后面的常量表达式的值相等时,就执行 case 后面的语句块.

(3) case 后面的常量表达式可以有多个,也可以是不同类型.

(4) 每次只执行一个语句块,执行完一个语句块就退出 switch 语句.

例如:

```
switch var
    case{'abc','12'},disp('第一种情况')
    case{1,2,4,'www'},disp('第二种情况')
```

case{6,7,8,'MATLAB'},disp('第三种情况')
otherwise,disp('意外的情况')
end

注意 case 后面是{},而不是(),运行结果为

var＝4,显示第二种情况

var＝'abc',显示第一种情况

var＝13,显示意外的情况

§7-5 MATLAB 的应用

一、MATLAB 在数值分析中的应用

插值与拟合是来源于实际又广泛应用于实际的两种重要方法.随着计算机的不断发展及计算水平的不断提高,它们已在国民生产和科学研究等方面扮演着越来越重要的角色.下面对插值中分段线性插值以及拟合中最为重要的最小二乘法拟合加以介绍.

1. 分段线性插值

所谓分段线性插值就是通过插值点用折线段连接起来逼近原曲线,这也是计算机绘制图形的基本原理.实现分段线性插值不需编制函数程序,MATLAB 自身提供了内部函数interp 1,其主要用法如下:

interp 1(x,y,xi)一维插值.

① yi＝interp 1(x,y,xi)

对一组点(x,y)进行插值,计算插值点 xi 的函数值. x 为节点向量值,y 为对应的节点函数值.若 y 为矩阵,则插值对 y 的每一列进行.若 y 的维数超出 x 或 xi 的维数,则返回.

② yi＝interp 1(y,xi)

此格式默认 x＝1:n,n 为向量 y 的元素个数值,或等于矩阵 y 的 size(y,1).

③ yi＝interp 1(x,y,xi,'method')

method 用来指定插值的算法,默认为线性算法.其值常用的可以是如下的字符串:

nearest 线性最近项插值.

linear 线性插值.

spline 三次样条插值.

cubic 三次插值.

所有的插值方法要求 x 是单调的. x 也可能并非连续等距的.

正弦曲线的插值示例:

>> x=0:0.1:10;

>> y=sin(x);

>> xi=0:0.25:10;

>> yi=interp1(x,y,xi);

>> plot(x,y,'0',xi,yi)

则可以得到相应的插值曲线(读者可自己上机实验).

MATLAB 也能够完成二维插值的运算,相应的函数为 interp2,使用方法与 interp1 基本相同,只是输入和输出的参数为矩阵,对应于二维平面上的数据点,详细的用法见 MATLAB 联机帮助.

2. 最小二乘法拟合

在科学实验的统计方法研究中,往往要从一组实验数据 (x_i, y_i),$i=1,2,\cdots,n$ 中寻找出自变量 x 和因变量 y 之间的函数关系 $y=f(x)$. 由于观测数据往往不够准确,所以并不要求 $y=f(x)$ 经过所有的点 (x_i, y_i),$i=1,2,\cdots,n$,而只要求在给定点 x_i 上误差 $\delta_i = y_i - f(x_i)$ 按照某种标准达到最小,通常采用欧氏范数作为误差度量的标准. 这就是所谓的最小二乘法. 在 MATLAB 中实现最小二乘法拟合通常采用 polyfit 函数进行.

函数 polyfit 是指用一个多项式函数来对已知数据进行拟合,我们以下列数据为例介绍这个函数的用法:

>> x=0:0.1:1;

>> y=[-0.447 1.978 3.28 6.16 7.08 7.34 7.66 9.56 9.48 9.30 11.2]

为了使用 polyfit,首先必须指定我们希望以多少阶多项式对以上数据进行拟合,如果我们指定一阶多项式,那么结果为线性近似,通常称为线性回归. 我们选择二阶多项式进行拟合.

>> p=polyfit(x,y,2)

p=-9.8108 20.1293 -0.0317

函数返回的是一个多项式系数的行向量,写成多项式形式为

$$y = -9.8108x^2 + 20.1293x - 0.0317.$$

为了比较拟合结果,我们绘制两者的图形:

>> xi=linspace(0,1,100); %绘图的 x 轴数据

>> Z=polyval(p,xi); %得到多项式在数据点处的值

当然,我们也可以选择更高幂次的多项式进行拟合,如 10 阶:

>> p=polyfit(x,y,10);

>> xi=linspace(0,1,100);

>> z=ployval(p,xi);

读者可以上机绘图进行比较,曲线在数据点附近更加接近数据点的测量值了,但从整体上来说,曲线波动比较大,并不一定适合实际使用的需要,所以在进行高阶曲线拟合时,越高越好的观点是不一定对的.

二、符号工具箱及其应用

在数学应用中,常常需要做极限、微分、求导数等运算,MATLAB 称这些运算为符号运算. MATLAB 的符号运算功能通过调用符号运算工具箱(Symbolic Math Toolbox)内的工具实现,其内核是借用数学软件 Maple 的. MATLAB 的符号运算工具箱包含了微积分运算、化简和代换、解方程等几个方面的工具,其详细内容可通过 MATLAB 系统的联机帮助查阅,本节仅对它的常用功能作简单介绍.

1. 符号变量与符号表达式

MATLAB 符号运算工具箱处理的对象主要是符号变量与符号表达式. 要实现其符号运算,首先需要将处理对象定义为符号变量或符号表达式,其定义格式如下:

格式 1:sym(' 变量名 ')或 sym(' 表达式 ')

功能:定义一个符号变量或符号表达式.

例如:

>> sym('x')   %定义变量 x 为符号变量

>> sym('x+1')   %定义表达式 x+1 为符号表达式

格式 2:syms 变量名 1   变量名 2   ……   变量名 n

功能:定义变量名 1、变量名 2   ……   变量名 n 为符号变量.

例如:

>> syms a b x t   %定义 a,b,x,t 均为符号变量.

2. 微积分运算

(1) 极限.

格式:limit(f,t,a,'left' or 'right')

功能:求符号变量 t 趋近 a 时,函数 f 的(左或右)极限. 'left' 表示求左极限,'right' 表示求右极限,省略时表示求一般极限. a 省略时,变量 t 趋近 0;t 省略时,默认变量为 x. 若无 x,则寻找(字母表上)最接近字母 x 的变量.

例如：求极限 $\lim\limits_{x\to\infty}\left(1+\dfrac{2t}{x}\right)^{3x}$ 的命令及结果为

>> syms x t

>> limit((1+2*t/x)^(3*x),x,inf)

ans=exp(6*t)

再如，求函数 $\dfrac{x}{|x|}$ 当 x 趋近于 0 时的左极限和右极限，命令及结果为

>> syms x

>> limit(x/abs(x),x,0,'left')

ans=-1

>> limit(x/abs(x),x,0,'right')

ans=1

(2) 导数.

格式：diff(f,t,n)

功能：求函数 f 对变量 t 的 n 阶导数. 当 n 省略时，默认 n=1；当 t 省略时，默认变量为 x. 若无 x，则查找(字母表上)最接近字母 x 的字母.

例如：求函数 $f=ax^2+bx+c$ 对变量 x 的一阶导数，命令及结果为

>> syms a b c x

>> f=a*x^2+b*x+c;

>> diff(f)

ans=2*a*x+b

求函数 f 对变量 b 的一阶导数(可看作求偏导)，命令及结果为

>> diff(f,b)

ans=x

求函数 f 对变量 x 的二阶导数，命令及结果为

>> diff(f,2)

ans=2*a

(3) 积分.

格式：int(f,t,a,b)

功能：求函数 f 对变量 t 从 a 到 b 的定积分. 当 a 和 b 省略时，求不定积分；当 t 省略时，默认变量为(字母表上)最接近字母 x 的变量.

例如：求函数 $f=ax^2+bx+c$ 对变量 x 的不定积分，命令及结果为

>> syms a b c x

>> f=a*x^2+b*x+c;

>> int(f)

ans＝1/3*a*x^3+1/2*b*x^2+c*x

求函数 f 对变量 b 的不定积分,命令及结果为

>> int(f,b)

ans＝a*x^2*b+1/2*b^2*x+c*b

求函数 f 对变量 x 从 1 到 5 的定积分,命令及结果为

>> int(f,1,5)

ans＝124/3* a+12*b+4*c

(4) 级数求和.

格式:symsum(s,t,a,b)

功能:求表达式 s 中的符号变量 t 从第 a 项到第 b 项的级数和.

例如:求级数 $\sum_{k=1}^{100}\frac{1}{k}$ 的前三项的和,命令及结果为

>> symsum(1/x,1,3)

ans＝11/6

3. 化简和代换

MATLAB 符号运算工具箱中,包括了较多的代数式化简和代换功能,下面仅举出部分常见运算.

simplify　利用各种恒等式化简代数式

expand　将乘积展开为和式

factor　把多项式转换为乘积形式

collect　合并同类项

horner　把多项式转换为嵌套表示形式

例如:进行合并同类项执行

>> syms x

>> collect(3*x^3－0.5*x^3+3*x^2)

ans＝ 5/2*x^3+3*x^2

进行因式分解执行

>> factor(3*x^3－0.5*x^3+3*x^2)

ans＝1/2*x^2*(5*x+6)

4. 解方程

(1) 代数方程.

格式：solve(f,t)

功能:对变量 t 解方程 f=0,t 缺省时默认为 x 或最接近字母 x 的符号变量.

例如:求解一元二次方程 $f=ax^2+bx+c$ 的实根.

>> syms a b c x

>> f=a*x^2+b*x+c;

>> solve(f,x)

ans=

[1/2/a*(-b+(b^2-4*a*c)^(1/2))]

[1/2/a*(-b-(b^2-4*a*c)^(1/2))]

(2) 微分方程.

格式:dsolve('s','s1','s2',…,'x')

其中 s 为方程;s1,s2,…为初始条件,缺省时给出含任意常数 c1,c2,…的通解;x 为自变量,缺省时默认为 t.

例如:求微分方程 $y'=1+y^2$ 的通解.

>> dsolve('Dy=1+y^2')

ans=tan(t+c1)

三、优化工具箱及其应用

在工程设计、经济管理和科学研究等诸多领域中,人们常常会遇到这样的问题:如何从一切可能的方案中选择最好、最优的方案.在教学上把这类问题称为最优化问题.这类问题很多,如当设计一个机械零件时,如何在保证强度的前提下使质量最轻或用量最省(当然偷工减料除外),如何确定参数使其承载能力最高;在安排生产时,如何在现有的人力、设备条件下合理安排生产,使其产品的总产值最高;在确定库存时,如何在保证销售量的前提下,使库存成本最小;在物资调配时,如何组织运输使运输费用最少.这些都属于最优化问题所研究的对象.

MATLAB 的优化工具箱被放在 toolbox 目录下的 optim 子目录中,其中包括若干个常用的求解函数最优化问题的程序,本书只介绍几个常用的优化程序.

1. 线性规划问题

线性规划问题是目标函数和约束条件均为线性函数的问题,MATLAB 6.0 解决线性规划问题的标准形式为

$$\min \quad f'x \qquad x \in R^n$$

sub. to $A \cdot x \leqslant b$

$Aeq \cdot x = beq$

$lb \leqslant x \leqslant ub$

其中 f,x,b,beq,lb,ub 为向量,A,Aeq 为矩阵.其他形式的线性规划问题都可经过适当变换化为此标准形式.

在 MATLAB 6.0 版本中,线性规划问题(Linear Programming)已用函数 linprog 取代了 MATLAB 5.x 版本中的 lp 函数.当然,由于版本的向下兼容性,一般来说,低版本中的函数在高版本中仍可使用.

(1) 函数 linprog.

格式: x=linprog(f,A,b)   %求 min f'∗x   sub. to Ax≤b 线性规划的最优解

x=linprog(f,A,b,Aeq,beq)   %等式约束 Aeqx=beq,若没有不等式约束 A·x≤b,则 A=[ ],b=[ ]

x=linprog(f,A,b,Aeq,beq,lb,ub)   %指定 x 的范围 lb≤x≤ub,若没有等式约束 Aeq·x=beq,则 Aeq=[ ],beq=[ ]

x=linprog(f,A,b,Aeq,beq,lb,ub,x0)   %设置初值 x0

x=linprog(f,A,b,Aeq,beq,lb,ub,x0,options)   %options 为指定的优化参数

[x,fval]=linprog(…)   %返回目标函数最优值,即 fval=f'∗x

[x,lambda,exitflag]=linprog(…)   %lambda 为解 x 的 Lagrange 乘子

[x,lambda,fval,exitflag]=linprog(…)   %exitflag 为终止迭代的错误条件

[x,fval,lambda,exitflag,output]=linprog(…)   %output 为关于优化的一些信息

说明   exitflag>0 表示函数收敛于解 x,exitflag=0 表示超过函数估值或迭代的最大数字,exitflag<0 表示函数不收敛于解 x;lambda=lower 表示下界 lb,lambda=upper 表示上界 ub,lambda=ineqlin 表示不等式约束,lambda=eqlin 表示等式约束,lambda 中的非 0 元素表示对应的约束是有效约束;output=iterations 表示迭代次数,output=algorithm 表示使用的运算规则,output=cgiterations 表示 PCG 迭代次数.

例 1   求下面的优化问题:

$$\min \quad -5x_1-4x_2-6x_3$$
$$\text{sub. to} \quad x_1-x_2+x_3 \leq 20$$
$$3x_1+2x_2+4x_3 \leq 42$$
$$3x_1+2x_2 \leq 30$$
$$0 \leq x_1, 0 \leq x_2, 0 \leq x_3$$

解

〉〉 f=[−5;−4;−6];

〉〉 A=[1 −1 1;3 2 4;3 2 0];

》b=[20;42;30];

》lb=zeros(3,1);

》[x, fval, exitflag, output, lambda]=linprog(f, A, b,[],[],lb)

结果为

x=　　　%最优解

　　0.0000

　　15.0000

　　3.0000

fval=　　%最优值

　　−78.0000

exitflag=　　%收敛

　　1

output=

　　iterations:6　%迭代次数

　　cgiterations:0

　　algorithm:'lipsol'　%所使用规则

lambda=

　　ineqlin:[3x1 double]

　　eqlin:[0x1 double]

　　upper:[3x1 double]

　　lower:[3x1 double]

》lambda.ineqlin

ans=

　　0.0000

　　1.5000

　　0.5000

》lambda.lower

ans=

　　1.0000

　　0.0000

　　0.0000

这表明不等约束条件 2 和 3 以及第 1 个下界是有效的.

(2) foptions 函数.

对于优化控制,MATLAB 提供了 18 个参数,这些参数的具体意义为

options(1)——参数显示控制(默认值为0),等于1时显示一些结果.

options(2)——优化点 x 的精度控制(默认值为1e-4).

options(3)——优化函数 F 的精度控制(默认值为1e-4).

options(4)——违反约束的结束标准(默认值为 le-6).

options(5)——算法选择,不常用.

options(6)——优化程序方法选择,为0则为 BFCG 算法,为1则采用 DFP 算法.

options(7)——线性插值算法选择,为0则为混合插值算法,为1则采用立方插值算法.

options(8)——函数值显示(目标——达到问题中的 lambda)

options(9)——若需要检测用户提供的梯度,则设为1.

options(10)——函数和约束估值的数目.

options(11)——函数梯度估值的个数.

options(12)——约束估值的数目.

options(13)——等约束条件的个数.

options(14)——函数估值的最大次数(默认值是100×变量个数)

options(15)——用于目标——达到问题中的特殊目标.

options(16)——优化过程中变量的最小有限差分梯度值.

options(17)——优化过程中变量的最大有限差分梯度值.

options(18)——步长设置(默认为1或更小).

foptions 已经被 optimset 和 optimget 代替,详情请查函数 optimset 和 optimget.

2. 非线性规划问题

(1) 有约束的一元函数的最小值.

单变量函数求最小值的标准形式为

$$\min_{x} f(x) \quad \text{sub. to } x_1 < x < x_2$$

在 MATLAB 5.x 中使用 fmin 函数求其最小值.

函数　fminbnd

格式　x=fminbnd(fun,x1,x2)　　%返回自变量 x 在区间 $x_1 < x < x_2$ 上当函数 fun 取最小值时 x 值,fun 为目标函数的表达式字符串或 MATLAB 自定义函数的函数柄

x=fminbnd(fun,x1,x2,options)　　%options 为指定优化参数选项

[x,fval]=fminbnd(…)　　%fval 为目标函数的最小值

[x,fval,exitflag]=fminbnd(…)　　%exitflag 为终止迭代的条件

[x,fval,exitflag,output]=fminbnd(…)　　%output 为优化信息

说明　参数 exitflag>0 表示函数收敛于 x,exitflag=0 表示超过函数估计值或迭

代的最大数字,exitflag<0 表示函数不收敛于 x;参数 output=iterations 表示迭代次数,output=funccount 表示函数赋值次数,output=algorithm 表示所使用的算法.

例 2 计算函数 $f(x)=\dfrac{x^3+\cos x+x\log x}{e^x}$ 在区间 $(0,1)$ 内的最小值.

解
>> [x,fval,exitflag,output]=fminbnd('(x^3+cos(x)+x*log(x))/exp(x)' 0,1)
x=0.5223
fval=0.3974
exitflag=1
output=
  iterations:9
  funcCount:9
  algorithm:'golden section search,parabolic interpolation'

例 3 在区间 $[0,5]$ 上求函数 $f(x)=(x-3)^2-1$ 的最小值.

解 先自定义函数,在 MATLAB 编辑器中建立 M 文件为
function f=myfun(x)
f=(x-3)^2-1;

保存为 myfun.m,然后在命令窗口键入命令:
>> x=fminbnd(@myfun,0,5)

则结果显示为
x=3

(2) 无约束多元函数的最小值.

多元函数求最小值的标准形式为 $\min\limits_{x} f(x)$

其中,x 为向量,如 x=[x1,x2,…,xn].

在 MATLAB 5.x 中使用 fmins 求其最小值.

命令:利用函数 fminsearch 求无约束多元函数的最小值

函数:fminsearch

格式:x=fminsearch(fun, x0) %x0 为初始点,fun 为目标函数的表达式字符串
         或 MATLAB 自定义函数的函数柄
 x=fminsearch(fun,x0,options) %options 查 optimset
 [x,fval]=fminsearch(…) %最优点的函数值
 [x,fval,exitflag]=fminsearch(…) %exitflag 与单变量情形一致
 [x,fval,exitflag,output]=fminsearch(…) %output 与单变量情形一致

注意 fminsearch 采用了 Nelder-Mead 型简单搜寻法.

例 4 求 $y=2x_1^3+4x_1x_2^3-10x_1x_2+x_2^2$ 的最小值点.

解 》X=fminsearch('2*x(1)^3+4*x(1)*x(2)^3-10*x(1)*x(2)+x(2)^2',[0,0])

结果为

X=1.0016   0.8335

或在 MATLAB 编辑器中建立函数文件

　　function f=myfun(x)

　　f=2*x(1)^3+4*x(1)*x(2)^3-10*x(1)*x(2)+x(2)^2;

保存为 myfun.m,在命令窗口键入

　　》X=fminsearch('myfun',[0,0])或》X=fminsearch(@myfun,[0,0])

结果为

X=1.0016   0.8335

命令:利用函数 fminunc 求多变量无约束函数的最小值

函数:fminunc

格式:x=fminunc(fun,x0)   %返回给定初始点 x0 的最小函数值点

　　x=fminunc(fun,x0,options)   %options 为指定优化参数

　　[x,fval]=fminunc(…)   %fval 为最优点 x 处的函数值

　　[x,fval,exitflag]=fminunc(…)   %exitflag 为终止迭代的条件,与上同

　　[x,fval,exitflag,output]=fminunc(…)   %output 为输出优化信息

　　[x,fval,exitflag,output,grad]=fminunc(…)   %grad 为函数在解 x 处的
　　　　　　　　　　　　　　　　　　　　　　梯度值

　　[x,fval,exitflag,output,grad,hessian]=fminunc(…)   %目标函数在解 x 处的
　　　　　　　　　　　　　　　　　　　　　　　　　海赛(Hessian)值

注意 当函数的阶数大于 2 时,使用 fminunc 比 fminsearch 更有效,但当所选函数高度不连续时,使用 fminsearch 效果较好.

例 5 求 $f(x)=3x_1^2+2x_1x_2+x_2^2$ 的最小值.

解 》fun='3*x(1)^2+2*x(1)*x(2)+x(2)^2';

　　》x0=[1 1];

　　》[x,fval,exitflag,output,grad,hessian]=fminunc(fun,x0)

结果为

　　x=

　　　　1.0e-008*

　　　　　-0.7591   0.2665

　　fval=1.3953e-016

exitflag=1
output=iterations:3
　　　funcCount:16
　　　　stepsize:1.2353
　　　firstorderopt:1.6772e−007
　　　　algorithm:'medium-scale: Quasi-Newton line search'
grad=1.0e−006 *
　　−0.1677
　　 0.0114
hessian=6.0000　2.0000
　　　　2.0000　2.0000

或用下面的方法：

>> fun=inline('3 * x(1)^2+2 * x(1) * x(2)+x(2)^2')
fun=inline function:
fun(x)=3 * x(1)^2+2 * x(1) * x(2)+x(2)^2
>> x0=[1 1];
>> x=fminunc(fun,x0)
x=
　1.0e−008 *
　−0.7591　0.2665

(3) 有约束的多元函数的最小值.

求非线性有约束的多元函数的最小值的标准形式为

$\min\limits_{x}$ f(x)

sub. to　C(x)≤0
　　　　Ceq(x)=0
　　　　A·x≤b
　　　　Aeq·x=beq
　　　　lb≤x≤ub

其中，x,b,beq,lb,ub 是向量，A,Aeq 为矩阵，C(x),Ceq(x)是返回向量的函数，f(x)为目标函数，f(x),C(x),Ceq(x)可以是非线性函数.

在 MATLAB 5.x 中，它的求解由函数 constr 实现.

函数：fmincon

格式：x=fmincon(fun,x0,A,b)
　　　x=fmincon(fun,x0,A,b,Aeq,beq)

$$x = \text{fmincon}(fun, x0, A, b, Aeq, beq, lb, ub)$$
$$x = \text{fmincon}(fun, x0, A, b, Aeq, beq, lb, ub, nonlcon)$$
$$x = \text{fmincon}(fun, x0, A, b, Aeq, beq, lb, ub, nonlcon, options)$$
$$[x, fval] = \text{fmincon}(\cdots)$$
$$[x, fval, exitflag] = \text{fmincon}(\cdots)$$
$$[x, fval, exitflag, output] = \text{fmincon}(\cdots)$$
$$[x, fval, exitflag, output, lambda] = \text{fmincon}(\cdots)$$
$$[x, fval, exitflag, output, lambda, grad] = \text{fmincon}(\cdots)$$
$$[x, fval, exitflag, output, lambda, grad, hessian] = \text{fmincon}(\cdots)$$

参数说明：

fun 为目标函数，它可用前面的方法定义；

x0 为初始值；

A,b 满足线性不等式约束 $Ax \leq b$，若没有不等式约束，则取 A=[ ],b=[ ]；

Aeq,beq 满足等式约束 $Aeq \cdot x = beq$，若没有，则取 Aeq=[ ],beq=[ ]；

lb,ub 满足 $lb \leq x \leq ub$，若没有界，可设 lb=[ ],ub=[ ]；

nonlcon 的作用是通过接受的向量 x 来计算非线性不等约束 $C(x) \leq 0$ 和等式约束 $Ceq(x) = 0$ 分别在 x 处的估计 C 和 Ceq，通过指定函数柄来使用，如：>> x=fmincon(@myfun,x0,A,b,Aeq,beq,lb,ub,@mycon)，先建立非线性约束函数，并保存为 mycon.m：function[C,Ceq]=mycon(x)；

C=⋯   %计算 x 处的非线性不等约束 $C(x) \leq 0$ 的函数值；

Ceq=⋯ %计算 x 处的非线性等式约束 $Ceq(x) = 0$ 的函数值；

lambda 是 Lagrange 乘子，它体现哪一个约束有效；

output 输出优化信息；

grad 表示目标函数在 x 处的梯度；

hessian 表示目标函数在 x 处的 Hessian 值.

例 6 求下面问题在初始点 (0,1) 处的最优解：

min $x_1^2 + x_2^2 - x_1 x_2 - 2x_1 - 5x_2$

sub. to $-(x_1-1)^2 + x_2 \geq 0$

$\qquad 2x_1 - 3x_2 + 6 \geq 0$

解 约束条件的标准形式为

sub. to $(x_1-1)^2 - x_2 \leq 0$

$\qquad -2x_1 + 3x_2 \leq 6$

先在 MATLAB 编辑器中建立非线性约束函数文件：

```
function [c,ceq]=mycon(x)
C=(x(1)-1)^2-x(2);
Ceq=[];   %无等式约束
```

然后,在命令窗口键入如下命令或建立 M 文件:

```
>> fun='x(1)^2+x(2)^2-x(1)*x(2)-2*x(1)-5*x(2)';  %目标函数
>> x0=[0 1];
>> A=[-2 3];   %线性不等式约束
>> b=6;
>> Aeq=[];   %无线性等式约束
>> beq=[];
>> lb=[];   %x 没有下、上界
>> ub=[];
>> [x,fval,exitflag,output,lambda,grad,hessian]
  =fmincon(fun,x0,A,b,Aeq,beq,lb,ub,@mycon)
```

则结果为

x=3   4

fval=-13

exitflag=1   %解收敛

output=

    iterations:2

    funcCount:9

    stepsize:1

    algorithm:'medium-scale: SQP,Quasi-Newton,line-search'

    firstorderopt:[]

    cgiterations:[]

lambda=

    lower:[2x1 double]   %x 下界有效情况,通过 lambda.lower 可查看

    upper:[2x1 double]   %x 上界有效情况,为 0 表示约束无效

    eqlin:[0x1 double]   %线性等式约束有效情况,不为 0 表示约束有效

    eqnonlin:[0x1 double]   %非线性等式约束有效情况

    ineqlin:2.5081e-008   %线性不等式约束有效情况

    ineqnonlin:6.1938e-008   %非线性不等式约束有效情况

grad= ％目标函数在最小值点的梯度

1.0e−006 *

−0.1776

0

hessian= ％目标函数在最小值点的 Hessian 值

1.0000   −0.0000

−0.0000   1.0000

例7 求下面问题在初始点 $x=(10,10,10)$ 处的最优解：

min　$f(x)=-x_1x_2x_3$

sub. to　$0 \leqslant x_1+2x_2+2x_3 \leqslant 72$

解　约束条件的标准形式为

sub. to　$-x_1-2x_2-2x_3 \leqslant 0$

$x_1+2x_2+2x_3 \leqslant 72$

〉〉 fun='−x(1)*x(2)*x(3)';

〉〉 x0=[10,10,10];

〉〉 A=[−1 −2 −2;1 2 2];

〉〉 b=[0;72];

〉〉 [x,fval]=fmincon(fun,x0,A,b)

结果为

x=24.0000　12.0000　12.0000

fval=−3456

(4) 二次规划问题.

二次规划问题(quadratic programming)的标准形式为

min　$\frac{1}{2}x'Hx+f'x$

sub. to　$A \cdot x \leqslant b$

$Aeq \cdot x = beq$

$lb \leqslant x \leqslant ub$

其中，H，A，Aeq 为矩阵，f，b，beq，lb，ub，x 为向量.

其他形式的二次规划问题都可转化为标准形式.

MATLAB 5.x 版本中的 qp 函数已被 MATLAB 6.0 版中的函数 quadprog 取代.

函数：quadprog

格式：x=quadprog(H,f,A,b)　％其中 H,f,A,b 为标准形中的参数，x 为目标函数的最小值

x=quadprog(H,f,A,b,Aeq,beq)   %Aeq,beq 满足等式约束条件 Aeqx=beq

x=quadprog(H,f,A,b,Aeq,beq,lb,ub)   %lb,ub 分别为解 x 的下界与上界

x=quadprog(H,f,A,b,Aeq,beq,lb,ub,x0)   %x0 为设置的初值

x=quadprog(H,f,A,b,Aeq,beq,lb,ub,x0,options)   %options 为指定的优化参数

[x,fval]=quadprog(⋯)   %fval 为目标函数的最优值

[x,fval,exitflag]=quadprog(⋯)   %exitflag 与线性规划中参数意义相同

[x,fval,exitflag,output]=quadprog(⋯)   %output 与线性规划中参数意义相同

[x,fval,exitflag,output,lambda]=quadprog(⋯)   %lambda 与线性规划中参数意义相同

例 8 求解下面的二次规划问题:

$$\min\quad f(x)=\frac{1}{2}x_1^2+x_2^2-x_1x_2-2x_1-6x_2$$

sub. to
$$x_1+x_2\leqslant 2$$
$$-x_1+2x_2\leqslant 2$$
$$2x_1+x_2\leqslant 3$$
$$0\leqslant x_1,0\leqslant x_2$$

解 $f(x)=\frac{1}{2}x'Hx+f'x$,

则 $H=\begin{bmatrix}1&-1\\-1&2\end{bmatrix},f=\begin{bmatrix}-2\\-6\end{bmatrix},x=\begin{bmatrix}x_1\\x_2\end{bmatrix}$.

在 MATLAB 中求解如下:

```
>> H=[1 -1;-1 2];
>> f=[-2;-6];
>> A=[1 1;-1 2;2 1];
>> b=[2;2;3];
>> lb=zeros(2,1);
>> [x,fval,exitflag,output,lambda]=quadprog(H,f,A,b,[],[],lb)
```

结果为

x=   %最优解

0.6667

1.3333

fval=   %最优值

−8.2222

exitflag=   %收敛

1

output=

　iterations:3

　algorithm:'medium-scale: active-set'

　firstorderopt:[]

　cgiterations:[]

lambda=

　lower:[2x1 double]

　upper:[2x1 double]

　eqlin:[0x1 double]

　ineqlin:[3x1 double]

\>\> lambda.ineqlin

ans=

3.1111

0.4444

0

\>\> lambda.lower

ans=

0

0

说明　第1、2个约束条件有效,其余无效.

例 9　求二次规划的最优解:

max　$f(x_1,x_2)=x_1x_2+3$

sub. to　$x_1+x_2-2=0$

解　上式化成标准形式:

min　$f(x_1,x_2)=-x_1x_2-3=\frac{1}{2}(x_1,x_2)\begin{bmatrix}0 & -1\\-1 & 0\end{bmatrix}\begin{bmatrix}x_1\\x_2\end{bmatrix}+(0,0)\begin{bmatrix}x_1\\x_2\end{bmatrix}-3$

sub. to　$x_1+x_2=2$

在MATLAB中求解如下:

\>\> H=[0,−1;−1,0];

```
>> f=[0;0];
>> Aeq=[1 1];
>> b=2;
>> [x,fval,exitflag,output,lambda]=quadprog(H,f,[],[],Aeq,b)
```

结果为

```
x=
    1.0000
    1.0000
fval= -1.0000
exitflag=1
output=
        firstorderopt:0
           iterations:1
         cgiterations:1
            algorithm:[1x58 char]
lambda=
        eqlin:1.0000
       ineqlin:[]
         lower:[]
         upper:[]
```

附录

简易积分表

一 含有 $a+bx$ 的积分

1. $\int \dfrac{\mathrm{d}x}{a+bx} = \dfrac{1}{b}\ln|a+bx| + C.$

2. $\int (a+bx)^n \mathrm{d}x = \dfrac{(a+bx)^{n+1}}{b(n+1)} + C \ (n\neq -1).$

3. $\int \dfrac{x\mathrm{d}x}{a+bx} = \dfrac{1}{b^2}(a+bx-a\ln|a+bx|) + C.$

4. $\int \dfrac{x^2\mathrm{d}x}{a+bx} = \dfrac{1}{b^3}\left[\dfrac{1}{2}(a+bx)^2 - 2a(a+bx) + a^2\ln|a+bx|\right] + C.$

5. $\int \dfrac{\mathrm{d}x}{x(a+bx)} = -\dfrac{1}{a}\ln\left|\dfrac{a+bx}{x}\right| + C.$

6. $\int \dfrac{\mathrm{d}x}{x^2(a+bx)} = -\dfrac{1}{ax} + \dfrac{b}{a^2}\ln\left|\dfrac{a+bx}{x}\right| + C.$

7. $\int \dfrac{x\mathrm{d}x}{(a+bx)^2} = \dfrac{1}{b^2}\left(\ln|a+bx| + \dfrac{a}{a+bx}\right) + C.$

8. $\int \dfrac{x^2\mathrm{d}x}{(a+bx)^2} = \dfrac{1}{b^3}\left(a+bx - 2a\ln|a+bx| - \dfrac{a^2}{a+bx}\right) + C.$

9. $\int \dfrac{\mathrm{d}x}{x(a+bx)^2} = \dfrac{1}{a(a+bx)} - \dfrac{1}{a^2}\ln\left|\dfrac{a+bx}{x}\right| + C.$

二 含有 $\sqrt{a+bx}$ 的积分

10. $\int \sqrt{a+bx}\,\mathrm{d}x = \dfrac{2}{3b}\sqrt{(a+bx)^3} + C.$

11. $\int x\sqrt{a+bx}\,\mathrm{d}x = -\dfrac{2(2a-3bx)\sqrt{(a+bx)^3}}{15b^2} + C.$

12. $\int x^2\sqrt{a+bx}\,\mathrm{d}x = \dfrac{2(8a^2-12abx+15b^2x^2)\sqrt{(a+bx)^3}}{105b^3} + C.$

13. $\int \dfrac{x\mathrm{d}x}{\sqrt{a+bx}} = -\dfrac{2(2a-bx)}{3b^2}\sqrt{a+bx} + C.$

14. $\int \dfrac{x^2\mathrm{d}x}{\sqrt{a+bx}} = \dfrac{2(8a^2-4abx+3b^2x^2)}{15b^3}\sqrt{a+bx} + C.$

15. $\int \dfrac{x\mathrm{d}x}{x\sqrt{a+bx}} = \begin{cases} \dfrac{1}{\sqrt{a}}\ln\dfrac{\sqrt{a+bx}-\sqrt{a}}{\sqrt{a+bx}+\sqrt{a}} + C\ (a>0), \\ \dfrac{2}{\sqrt{-a}}\arctan\sqrt{\dfrac{a+bx}{-a}} + C\ (a<0). \end{cases}$

16. $\int \dfrac{\mathrm{d}x}{x^2\sqrt{a+bx}} = -\dfrac{\sqrt{a+bx}}{ax} - \dfrac{b}{2a}\int \dfrac{\mathrm{d}x}{x\sqrt{a+bx}}.$

17. $\int \dfrac{\sqrt{a+bx}}{x}\mathrm{d}x = 2\sqrt{a+bx} + a\int \dfrac{\mathrm{d}x}{x\sqrt{a+bx}}.$

三　含有 $a^2 \pm x^2$ 的积分

18. $\int \dfrac{\mathrm{d}x}{a^2+x^2} = \dfrac{1}{a}\arctan\dfrac{x}{a} + C.$

19. $\int \dfrac{\mathrm{d}x}{(a^2+x^2)^n} = \dfrac{x}{2(n-1)a^2(a^2+x^2)^{n-1}} + \dfrac{2n-3}{2(n-1)a^2}\int \dfrac{\mathrm{d}x}{(a^2+x^2)^{n-1}}.$

20. $\int \dfrac{\mathrm{d}x}{a^2-x^2} = \dfrac{1}{2a}\ln\left|\dfrac{a+x}{a-x}\right| + C.$

21. $\int \dfrac{\mathrm{d}x}{x^2-a^2} = \dfrac{1}{2a}\ln\left|\dfrac{x-a}{x+a}\right| + C.$

四　含有 $a^2 \pm bx^2$ 的积分

22. $\int \dfrac{\mathrm{d}x}{a+bx^2} = \dfrac{1}{\sqrt{ab}}\arctan\sqrt{\dfrac{b}{a}}x + C \ (a>0, b>0).$

23. $\int \dfrac{\mathrm{d}x}{a-bx^2} = \dfrac{1}{2\sqrt{ab}}\ln\left|\dfrac{\sqrt{a}+\sqrt{b}x}{\sqrt{a}-\sqrt{b}x}\right| + C.$

24. $\int \dfrac{x\mathrm{d}x}{a+bx^2} = \dfrac{1}{2b}\ln(a+bx^2) + C.$

25. $\int \dfrac{x^2\mathrm{d}x}{a+bx^2} = \dfrac{x}{b} - \dfrac{a}{b}\int \dfrac{\mathrm{d}x}{a+bx^2}.$

26. $\int \dfrac{\mathrm{d}x}{x(a+bx^2)} = \dfrac{1}{2a}\ln\left|\dfrac{x^2}{a+bx^2}\right| + C.$

27. $\int \dfrac{\mathrm{d}x}{x^2(a+bx^2)} = -\dfrac{1}{ax} - \dfrac{b}{a}\int \dfrac{\mathrm{d}x}{a+bx^2}.$

28. $\int \dfrac{\mathrm{d}x}{(a+bx^2)^2} = \dfrac{x}{2a(a+bx^2)} + \dfrac{1}{2a}\int \dfrac{\mathrm{d}x}{a+bx^2}.$

五　含有 $\sqrt{x^2+a^2}$ 的积分

29. $\int \sqrt{x^2+a^2}\,\mathrm{d}x = \dfrac{x}{2}\sqrt{x^2+a^2} + \dfrac{a^2}{2}\ln(x+\sqrt{x^2+a^2}) + C.$

30. $\int \sqrt{(x^2+a^2)^3}\,\mathrm{d}x = \dfrac{x}{8}(2x^2+5a^2)\sqrt{x^2+a^2} + \dfrac{3a^4}{8}\ln(x+\sqrt{x^2+a^2}) + C.$

31. $\int x\sqrt{x^2+a^2}\,\mathrm{d}x = \dfrac{\sqrt{(x^2+a^2)^3}}{3} + C.$

32. $\int x^2 \sqrt{x^2+a^2}\,dx = \frac{x}{8}(2x^2+a^2)\sqrt{x^2+a^2} - \frac{a^4}{8}\ln(x+\sqrt{x^2+a^2}) + C.$

33. $\int \frac{dx}{\sqrt{x^2+a^2}} = \ln(x+\sqrt{x^2+a^2}) + C.$

34. $\int \frac{dx}{\sqrt{(x^2+a^2)^3}} = \frac{x}{a^2\sqrt{x^2+a^2}} + C.$

35. $\int \frac{x\,dx}{\sqrt{x^2+a^2}} = \sqrt{x^2+a^2} + C.$

36. $\int \frac{x^2\,dx}{\sqrt{x^2+a^2}} = \frac{x}{2}\sqrt{x^2+a^2} - \frac{a^2}{2}\ln(x+\sqrt{x^2+a^2}) + C.$

37. $\int \frac{x^2\,dx}{\sqrt{(x^2+a^2)^3}} = -\frac{x}{\sqrt{x^2+a^2}} + \ln(x+\sqrt{x^2+a^2}) + C.$

38. $\int \frac{dx}{x\sqrt{x^2+a^2}} = \frac{1}{a}\ln\frac{|x|}{a+\sqrt{x^2+a^2}} + C.$

39. $\int \frac{dx}{x^2\sqrt{x^2+a^2}} = -\frac{\sqrt{x^2+a^2}}{a^2 x} + C.$

40. $\int \frac{\sqrt{x^2+a^2}}{x}\,dx = \sqrt{x^2+a^2} - a\ln\frac{a+\sqrt{x^2+a^2}}{|x|} + C.$

41. $\int \frac{\sqrt{x^2+a^2}}{x^2}\,dx = -\frac{\sqrt{x^2+a^2}}{x} + \ln(x+\sqrt{x^2+a^2}) + C.$

六　含有 $\sqrt{x^2-a^2}$ 的积分

42. $\int \frac{dx}{\sqrt{x^2-a^2}} = \ln|x+\sqrt{x^2-a^2}| + C.$

43. $\int \frac{dx}{\sqrt{(x^2-a^2)^3}} = -\frac{x}{a^2\sqrt{x^2-a^2}} + C.$

44. $\int \frac{x\,dx}{\sqrt{x^2-a^2}} = \sqrt{x^2-a^2} + C.$

45. $\int \sqrt{x^2-a^2}\,dx = \frac{x}{2}\sqrt{x^2-a^2} - \frac{a^2}{2}\ln|x+\sqrt{x^2-a^2}| + C.$

46. $\int \sqrt{(x^2-a^2)^3}\,dx = \frac{x}{8}(2x^2-5a^2)\sqrt{x^2-a^2} + \frac{3a^4}{8}\ln|x+\sqrt{x^2-a^2}| + C.$

47. $\int x\sqrt{x^2-a^2}\,dx = \frac{\sqrt{(x^2-a^2)^3}}{3} + C.$

48. $\int x\sqrt{(x^2-a^2)^3}\,dx = \frac{\sqrt{(x^2-a^2)^5}}{5} + C.$

49. $\int x^2\sqrt{x^2-a^2}\,dx = \frac{x}{8}(2x^2-a^2)\sqrt{x^2-a^2} - \frac{a^4}{8}\ln|x+\sqrt{x^2-a^2}| + C.$

50. $\int \frac{x^2}{\sqrt{x^2-a^2}}\,dx = \frac{x}{2}\sqrt{x^2-a^2} + \frac{a^2}{2}\ln|x+\sqrt{x^2-a^2}| + C.$

51. $\int \dfrac{x^2}{\sqrt{(x^2-a^2)^3}}dx = -\dfrac{x}{\sqrt{x^2-a^2}} + \ln|x+\sqrt{x^2-a^2}| + C.$

52. $\int \dfrac{dx}{x\sqrt{x^2-a^2}} = \dfrac{1}{a}\arccos\dfrac{a}{x} + C.$

53. $\int \dfrac{dx}{x^2\sqrt{x^2-a^2}} = \dfrac{\sqrt{x^2-a^2}}{a^2 x} + C.$

54. $\int \dfrac{\sqrt{x^2-a^2}}{x}dx = \sqrt{x^2-a^2} - a\arccos\dfrac{a}{x} + C.$

55. $\int \dfrac{\sqrt{x^2-a^2}}{x^2}dx = -\dfrac{\sqrt{x^2-a^2}}{x} + \ln|x+\sqrt{x^2-a^2}| + C.$

七　含有 $\sqrt{a^2-x^2}$ 的积分

56. $\int \dfrac{dx}{\sqrt{a^2-x^2}} = \arcsin\dfrac{x}{a} + C.$

57. $\int \dfrac{dx}{\sqrt{(a^2-x^2)^3}} = \dfrac{x}{a^2\sqrt{a^2-x^2}} + C.$

58. $\int \dfrac{xdx}{\sqrt{a^2-x^2}} = -\sqrt{a^2-x^2} + C.$

59. $\int \dfrac{xdx}{\sqrt{(a^2-x^2)^3}} = \dfrac{1}{\sqrt{a^2-x^2}} + C.$

60. $\int \dfrac{x^2 dx}{\sqrt{a^2-x^2}} = -\dfrac{x}{2}\sqrt{a^2-x^2} + \dfrac{a^2}{2}\arcsin\dfrac{x}{a} + C.$

61. $\int \sqrt{a^2-x^2}dx = \dfrac{x}{2}\sqrt{a^2-x^2} + \dfrac{a^2}{2}\arcsin\dfrac{x}{a} + C.$

62. $\int \sqrt{(a^2-x^2)^3}dx = \dfrac{x}{8}(5a^2-2x^2)\sqrt{a^2-x^2} + \dfrac{3a^4}{8}\arcsin\dfrac{x}{a} + C.$

63. $\int x\sqrt{a^2-x^2}dx = -\dfrac{\sqrt{(a^2-x^2)^3}}{3} + C.$

64. $\int x\sqrt{(a^2-x^2)^3}dx = -\dfrac{\sqrt{(a^2-x^2)^5}}{5} + C.$

65. $\int x^2\sqrt{a^2-x^2}dx = \dfrac{x}{8}(2x^2-a^2)\sqrt{a^2-x^2} + \dfrac{a^4}{8}\arcsin\dfrac{x}{a} + C.$

66. $\int \dfrac{x^2 dx}{\sqrt{(a^2-x^2)^3}} = \dfrac{x}{\sqrt{a^2-x^2}} - \arcsin\dfrac{x}{a} + C.$

67. $\int \dfrac{dx}{x\sqrt{a^2-x^2}} = \dfrac{1}{a}\ln\left|\dfrac{x}{a+\sqrt{a^2-x^2}}\right| + C.$

68. $\int \dfrac{dx}{x^2\sqrt{a^2-x^2}} = -\dfrac{\sqrt{a^2-x^2}}{a^2 x} + C.$

69. $\int \dfrac{\sqrt{a^2-x^2}}{x}dx = \sqrt{a^2-x^2} - a\ln\left|\dfrac{a+\sqrt{a^2-x^2}}{x}\right| + C.$

70. $\int \dfrac{\sqrt{a^2-x^2}}{x^2}dx = -\dfrac{\sqrt{a^2-x^2}}{x} - \arcsin\dfrac{x}{a} + C.$

八 含有 $a+bx\pm cx^2$ $(c>0)$ 的积分

71. $\int \dfrac{dx}{a+bx-cx^2} = \dfrac{1}{\sqrt{b^2+4ac}}\ln\left|\dfrac{\sqrt{b^2+4ac}+2cx-b}{\sqrt{b^2+4ac}-2cx+b}\right| + C.$

72. $\int \dfrac{dx}{a+bx+cx^2} = \begin{cases} \dfrac{2}{\sqrt{4ac-b^2}}\arctan\dfrac{2cx+b}{\sqrt{4ac-b^2}} + C\,(b^2<4ac), \\ \dfrac{1}{\sqrt{b^2-4ac}}\ln\left|\dfrac{2cx+b-\sqrt{b^2-4ac}}{2cx+b+\sqrt{b^2-4ac}}\right| + C\,(b^2>4ac). \end{cases}$

九 含有 $\sqrt{a+bx\pm cx^2}$ $(c>0)$ 的积分

73. $\int \dfrac{dx}{\sqrt{a+bx+cx^2}} = \dfrac{1}{\sqrt{c}}\ln|2cx+b+2\sqrt{c}\sqrt{a+bx+cx^2}| + C.$

74. $\int \sqrt{a+bx+cx^2}\,dx = \dfrac{2cx+b}{4c}\sqrt{a+bx+cx^2} - \dfrac{b^2-4ac}{8\sqrt{c^3}}\ln|2cx+b+2\sqrt{c}\sqrt{a+bx+cx^2}| + C.$

75. $\int \dfrac{x\,dx}{\sqrt{a+bx+cx^2}} = \dfrac{\sqrt{a+bx+cx^2}}{c} - \dfrac{b}{2\sqrt{c^3}}\ln|2cx+b+2\sqrt{c}\sqrt{a+bx+cx^2}| + C.$

76. $\int \dfrac{dx}{\sqrt{a+bx-cx^2}} = \dfrac{1}{\sqrt{c}}\arcsin\dfrac{2cx-b}{\sqrt{b^2+4ac}} + C.$

77. $\int \sqrt{a+bx-cx^2}\,dx = \dfrac{2cx-b}{4c}\sqrt{a+bx-cx^2} + \dfrac{b^2+4ac}{8\sqrt{c^3}}\arcsin\dfrac{2cx-b}{\sqrt{b^2+4ac}} + C.$

78. $\int \dfrac{x\,dx}{\sqrt{a+bx-cx^2}} = -\dfrac{\sqrt{a+bx-cx^2}}{c} + \dfrac{b}{2\sqrt{c^3}}\arcsin\dfrac{2cx-b}{\sqrt{b^2+4ac}} + C.$

十 含有 $\sqrt{\dfrac{a\pm x}{b\pm x}}$ 的积分和含有 $\sqrt{(x-a)(b-x)}$ 的积分

79. $\int \sqrt{\dfrac{a+x}{b+x}}\,dx = \sqrt{(a+x)(b+x)} + (a-b)\ln(\sqrt{a+x} + \sqrt{b+x}) + C.$

80. $\int \sqrt{\dfrac{a-x}{b+x}}\,dx = \sqrt{(a-x)(b+x)} + (a+b)\arcsin\sqrt{\dfrac{x+b}{a+b}} + C.$

81. $\int \sqrt{\dfrac{a+x}{b-x}}\,dx = -\sqrt{(a+x)(b-x)} - (a+b)\arcsin\sqrt{\dfrac{b-x}{a+b}} + C.$

82. $\int \dfrac{dx}{\sqrt{(x-a)(b-x)}} = 2\arcsin\sqrt{\dfrac{x-a}{b-a}} + C.$

十一 含有三角函数的积分

83. $\int \sin x \, dx = -\cos x + C.$

84. $\int \cos x \, dx = \sin x + C.$

85. $\int \tan x \, dx = -\ln|\cos x| + C.$

86. $\int \cot x \, dx = \ln|\sin x| + C.$

87. $\int \sec x \, dx = \ln|\sec x + \tan x| + C.$

88. $\int \csc x \, dx = \ln|\csc x - \cot x| + C = \ln\left|\tan \frac{x}{2}\right| + C.$

89. $\int \sec^2 x \, dx = \tan x + C.$

90. $\int \csc^2 x \, dx = -\cot x + C.$

91. $\int \sec x \tan x \, dx = \sec x + C.$

92. $\int \csc x \cot x \, dx = -\csc x + C.$

93. $\int \sin^2 x \, dx = \frac{x}{2} - \frac{1}{4}\sin 2x + C.$

94. $\int \cos^2 x \, dx = \frac{x}{2} + \frac{1}{4}\sin 2x + C.$

95. $\int \sin^n x \, dx = -\frac{\sin^{n-1} x \cos x}{n} + \frac{n-1}{n}\int \sin^{n-2} x \, dx.$

96. $\int \cos^n x \, dx = \frac{\cos^{n-1} x \sin x}{n} + \frac{n-1}{n}\int \cos^{n-2} x \, dx.$

97. $\int \frac{dx}{\sin^n x} = -\frac{1}{n-1}\frac{\cos x}{\sin^{n-1} x} + \frac{n-2}{n-1}\int \frac{dx}{\sin^{n-2} x}.$

98. $\int \frac{dx}{\cos^n x} = \frac{1}{n-1}\frac{\sin x}{\cos^{n-1} x} + \frac{n-2}{n-1}\int \frac{dx}{\cos^{n-2} x}.$

99. $\int \cos^m x \sin^n x \, dx = \frac{\cos^{m-1} x \sin^{n+1} x}{m+n} + \frac{m-1}{m+n}\int \cos^{m-2} x \sin^n x \, dx$

    $= -\frac{\sin^{n-1} x \cos^{m+1} x}{m+n} + \frac{n-1}{m+n}\int \cos^m x \sin^{n-2} x \, dx.$

100. $\int \sin mx \cos nx \, dx = -\frac{\cos(m+n)x}{2(m+n)} - \frac{\cos(m-n)x}{2(m-n)} + C \, (m \neq n).$

101. $\int \sin mx \sin nx \, dx = -\frac{\sin(m+n)x}{2(m+n)} + \frac{\sin(m-n)x}{2(m-n)} + C \, (m \neq n).$

102. $\int \cos mx \cos nx \, dx = \frac{\sin(m+n)x}{2(m+n)} + \frac{\sin(m-n)x}{2(m-n)} + C \, (m \neq n).$

103. $\int \dfrac{\mathrm{d}x}{a+b\sin x} = \dfrac{2}{\sqrt{a^2-b^2}} \arctan \dfrac{a\tan \dfrac{x}{2}+b}{\sqrt{a^2-b^2}} + C\,(a^2>b^2).$

104. $\int \dfrac{\mathrm{d}x}{a+b\sin x} = \dfrac{1}{\sqrt{b^2-a^2}} \ln \left| \dfrac{a\tan \dfrac{x}{2}+b-\sqrt{b^2-a^2}}{a\tan \dfrac{x}{2}+b+\sqrt{b^2-a^2}} \right| + C\,(a^2<b^2).$

105. $\int \dfrac{\mathrm{d}x}{a+b\cos x} = \dfrac{2}{\sqrt{a^2-b^2}} \arctan \left(\sqrt{\dfrac{a-b}{a+b}} \tan \dfrac{x}{2} \right) + C\,(a^2>b^2).$

106. $\int \dfrac{\mathrm{d}x}{a+b\cos x} = \dfrac{1}{\sqrt{b^2-a^2}} \ln \left| \dfrac{\tan \dfrac{x}{2}+\sqrt{\dfrac{b+a}{b-a}}}{\tan \dfrac{x}{2}-\sqrt{\dfrac{b+a}{b-a}}} \right| + C\,(a^2<b^2).$

107. $\int \dfrac{\mathrm{d}x}{a^2\cos^2 x + b^2\sin^2 x} = \dfrac{1}{ab} \arctan \left(\dfrac{b\tan x}{a} \right) + C.$

108. $\int \dfrac{\mathrm{d}x}{a^2\cos^2 x - b^2\sin^2 x} = \dfrac{1}{2ab} \ln \left| \dfrac{b\tan x + a}{b\tan x - a} \right| + C.$

109. $\int x\sin ax\,\mathrm{d}x = \dfrac{1}{a^2}\sin ax - \dfrac{1}{a}x\cos ax + C.$

110. $\int x^2 \sin ax\,\mathrm{d}x = -\dfrac{1}{a}x^2\cos ax + \dfrac{2}{a^2}x\sin ax + \dfrac{2}{a^3}\cos ax + C.$

111. $\int x\cos ax\,\mathrm{d}x = \dfrac{1}{a^2}\cos ax + \dfrac{1}{a}x\sin ax + C.$

112. $\int x^2 \cos ax\,\mathrm{d}x = \dfrac{1}{a}x^2\sin ax + \dfrac{2}{a^2}x\cos ax - \dfrac{2}{a^3}\sin ax + C.$

十二　含有反三角函数的积分

113. $\int \arcsin \dfrac{x}{a}\,\mathrm{d}x = x\arcsin \dfrac{x}{a} + \sqrt{a^2-x^2} + C.$

114. $\int x\arcsin \dfrac{x}{a}\,\mathrm{d}x = \left(\dfrac{x^2}{2} - \dfrac{a^2}{4} \right) \arcsin \dfrac{x}{a} + \dfrac{x}{4}\sqrt{a^2-x^2} + C.$

115. $\int x^2 \arcsin \dfrac{x}{a}\,\mathrm{d}x = \dfrac{x^3}{3}\arcsin \dfrac{x}{a} + \dfrac{1}{9}(x^2+2a^2)\sqrt{a^2-x^2} + C.$

116. $\int \arccos \dfrac{x}{a}\,\mathrm{d}x = x\arccos \dfrac{x}{a} - \sqrt{a^2-x^2} + C.$

117. $\int x\arccos \dfrac{x}{a}\,\mathrm{d}x = \left(\dfrac{x^2}{2} - \dfrac{a^2}{4} \right) \arccos \dfrac{x}{a} - \dfrac{x}{4}\sqrt{a^2-x^2} + C.$

118. $\int x^2 \arccos \dfrac{x}{a}\,\mathrm{d}x = \dfrac{x^3}{3}\arccos \dfrac{x}{a} - \dfrac{1}{9}(x^2+2a^2)\sqrt{a^2-x^2} + C.$

119. $\int \arctan \dfrac{x}{a}\,\mathrm{d}x = x\arctan \dfrac{x}{a} - \dfrac{a}{2}\ln(a^2+x^2) + C.$

120. $\int x\arctan \dfrac{x}{a}\,\mathrm{d}x = \dfrac{1}{2}(x^2+a^2)\arctan \dfrac{x}{a} - \dfrac{ax}{2} + C.$

121. $\int x^2 \arctan \dfrac{x}{a}\,\mathrm{d}x = \dfrac{x^3}{3}\arctan \dfrac{x}{a} - \dfrac{ax^2}{6} + \dfrac{a^3}{6}\ln(a^2+x^2) + C.$

十三　含有指数函数的积分

122. $\int a^x \, dx = \dfrac{a^x}{\ln a} + C.$

123. $\int e^{ax} \, dx = \dfrac{e^{ax}}{a} + C.$

124. $\int e^{ax} \sin bx \, dx = \dfrac{e^{ax}(a\sin bx - b\cos bx)}{a^2 + b^2} + C.$

125. $\int e^{ax} \cos bx \, dx = \dfrac{e^{ax}(b\sin bx + a\cos bx)}{a^2 + b^2} + C.$

126. $\int x e^{ax} \, dx = \dfrac{e^{ax}}{a^2}(ax - 1) + C.$

127. $\int x^n e^{ax} \, dx = \dfrac{x^n e^{ax}}{a} - \dfrac{n}{a} \int x^{n-1} e^{ax} \, dx.$

128. $\int x a^{mx} \, dx = \dfrac{x a^{mx}}{m \ln a} - \dfrac{a^{mx}}{(m \ln a)^2} + C.$

129. $\int x^n a^{mx} \, dx = \dfrac{a^{mx} x^n}{m \ln a} - \dfrac{n}{m \ln a} \int x^{n-1} a^{mx} \, dx.$

130. $\int e^{ax} \sin^n bx \, dx = \dfrac{e^{ax} \sin^{n-1} bx}{a^2 + b^2 n^2}(a\sin bx - nb\cos bx) + \dfrac{n(n-1)}{a^2 + b^2 n^2} b^2 \int e^{ax} \sin^{n-2} bx \, dx.$

131. $\int e^{ax} \cos^n bx \, dx = \dfrac{e^{ax} \cos^{n-1} bx}{a^2 + b^2 n^2}(a\cos bx + nb\sin bx) + \dfrac{n(n-1)}{a^2 + b^2 n^2} b^2 \int e^{ax} \cos^{n-2} bx \, dx.$

十四　含有对数函数的积分

132. $\int \ln x \, dx = x \ln x - x + C.$

133. $\int \dfrac{dx}{x \ln x} = \ln(\ln x) + C.$

134. $\int x^n \ln x \, dx = x^{n+1} \left[\dfrac{\ln x}{n+1} - \dfrac{1}{(n+1)^2} \right] + C.$

135. $\int \ln^n x \, dx = x \ln^n x - n \int \ln^{n-1} x \, dx.$

136. $\int x^m \ln^n x \, dx = \dfrac{x^{m+1}}{m+1} \ln^n x - \dfrac{n}{m+1} \int x^m \ln^{n-1} x \, dx.$

习题参考答案

随堂练习 1-1

1. (1) 错；(2) 对；(3) 错；(4) 错. **2.** $D=(3,+\infty)$. **3.** $f(x)=1+\dfrac{4}{x-1}$. **4.** (1) 奇函数；(2) 偶函数；(3) 偶函数；(4) 非奇非偶函数. **5.** (1) $y=\lg u, u=\sin x$；(2) $y=\arccos u, u=\sqrt{v}, v=x^2-1$. **6.** (1) $y=\sin\sqrt{2x-1}$；(2) $y=\lg(1+\sqrt{\sin x})$.

习题 1-1

1. (1) $[0,3]$；(2) $[-5,5)$；(3) $(1,+\infty)$；(4) $[-1,0)\cup(0,+\infty)$；(5) $(1,2)$.

2. (1) $f\left(\dfrac{1}{10}\right)=-\dfrac{\pi}{2}, f(1)=0, f(10)=\dfrac{\pi}{2}$；(2) $f(-2)=-1, f(0)=3, f[f(-1)]=2$；(3) $f(a^2)=2a^2-1, f[f(a)]=4a-3, [f(a)]^2=(2a-1)^2$. **3.** (1) 偶函数；(2) 奇函数；(3) 奇函数；(4) 奇函数. **4.** (1) $y=\sqrt{x^2+1}$；(2) $y=\ln 3^{\sin x}$. **5.** (1) $y=\sqrt{u}, u=3x-1$；(2) $y=u^5, u=1+\lg x$；(3) $y=\sqrt{u}, u=\sin v, v=\sqrt{x}$；(4) $y=\sin u, u=\sqrt{v}, v=\dfrac{x^2+1}{x^2-1}$；(5) $y=u^2, u=\lg v, v=\arccos x$；(6) $y=\arctan u, u=v^2, v=x^2+1$.

随堂练习 1-2

1. (1) 错；(2) 错；(3) 错；(4) 错. **2.** (1) 0；(2) $\dfrac{\pi}{2}$；(3) -4. **3.** 不存在.

习题 1-2

1. (1) 0；(2) 不存在；(3) 1；(4) 不存在. **2.** (1) 0；(2) 0；(3) -1；(4) -2.

3. $\lim\limits_{x\to 0^-}f(x)=1, \lim\limits_{x\to 0^+}f(x)=1$，故函数 $f(x)$ 在 $x\to 0$ 时的极限存在，且 $\lim\limits_{x\to 0}f(x)=1$.

4. $\lim\limits_{x\to 0^-}f(x)=-1, \lim\limits_{x\to 0^+}f(x)=1$，故 $\lim\limits_{x\to 0}f(x)$ 不存在. **5.** 略.

随堂练习 1-3

1. (1) 对；(2) 错；(3) 错；(4) 对. **2.** (1) 6；(2) 0；(3) -2；(4) $-\dfrac{1}{4}$；(5) $\dfrac{1}{2}$；(6) $\dfrac{2}{3}$.

习题 1-3

(1) $-\dfrac{5}{3}$；(2) 0；(3) $\dfrac{1}{2}$；(4) 2；(5) 0；(6) $2x$；(7) $-\dfrac{1}{2}$；(8) 0；(9) 6；(10) 1；(11) 2；(12) 1.

随堂练习 1-4

1. (1) 错；(2) 错；(3) 错；(4) 错；(5) 错；(6) 错. **2.** (1) ∞；(2) 0；(3) $\dfrac{3^{20}}{2^{12}\cdot 5^8}$.

习题 1-4

1. (1) 无穷大；(2) 无穷小；(3) 无穷大；(4) 无穷小；(5) 无穷大；(6) 无穷小.

2. (1) 0; (2) 0. **3.** (1) ∞; (2) ∞; (3) 0; (4) $\dfrac{2^{20} \cdot 3^{30}}{5^{50}}$.

随堂练习 1-5

1. (1) 错；(2) 错；(3) 错. **2.** (1) 2；(2) 2；(3) e^{-k}；(4) e^6.

习题 1-5

(1) $\dfrac{3}{2}$；(2) $-\sqrt{2}$；(3) 2；(4) 2；(5) $\dfrac{\sqrt{2}}{8}$；(6) $\dfrac{3}{2}$；(7) $\dfrac{1}{e}$；(8) $\dfrac{1}{e^5}$；(9) $e^{\frac{1}{2}}$；
(10) $e^{-\frac{1}{2}}$；(11) $e^{\frac{1}{2}}$；(12) 1.

随堂练习 1-6

1. (1) 错；(2) 错；(3) 错. **2.** (1) $\dfrac{1}{2}$；(2) 1；(3) $-\dfrac{3}{2}$；(4) $\dfrac{3}{2}$.

习题 1-6

1. 当 $x \to 0$ 时，$x^2 - x^3$ 是较高阶的无穷小. **2.** 略. **3.** 等价. **4.** 同阶，不等价. **5.** (1) $\dfrac{n}{m}$；(2) $\dfrac{a^2}{2}$；
(3) $-\dfrac{1}{3}$；(4) 5；(5) e^x；(6) $\dfrac{1}{2\sqrt{x}}$.

随堂练习 1-7

1. (1) 对；(2) 错；(3) 对；(4) 错. **2.** $(-\infty, -3) \cup (-3, 2) \cup (2, +\infty)$，$\lim\limits_{x \to 0^+} f(x) = \dfrac{1}{2}$，
$\lim\limits_{x \to -3} f(x) = -\dfrac{8}{5}$，$\lim\limits_{x \to 2} f(x) = \infty$. **3.** (1) 0；(2) 1；(3) 0；(4) $\dfrac{3}{4}$.

习题 1-7

1. (1) $\sqrt{3}$；(2) 0；(3) $\dfrac{2}{\pi}$；(4) $1 - e^2$；(5) $\dfrac{1}{2}$；(6) 1；(7) 0；(8) 1. **2.** (1) $f(x)$ 在 $[0, 2]$ 上连续，无间断点；(2) 连续区间 $(-\infty, -1) \cup (-1, +\infty)$，$x = -1$ 是第一类跳跃间断点；
(3) 连续区间 $(0, +\infty)$，无间断点；(4) 连续区间 $(n\pi, (n+1)\pi)(n \in \mathbf{N})$，$x = 2n\pi$ 是第一类可去间断点，$x = (2n-1)\pi$ 是第二类无穷间断点. **3.** 略. **4.** 略. **5.** $a = 1$.

复习题一

1. (1) 0；(2) $\left(\dfrac{2}{3}\right)^{20}$；(3) e^{-4}；(4) ∞；(5) $y = \ln u, u = v^2, v = \sin x$；(6) -3，不存在，2，6；
(7) 0, 1, 1, 0；(8) $[-2, -1) \cup (-1, 4) \cup (4, +\infty)$. **2.** (1) B；(2) B；(3) C；(4) B；
(5) C；(6) C；(7) D；(8) B. **3.** (1) 3；(2) $\dfrac{1}{3}$；(3) $\begin{cases} 0, & k < 2, \\ 1, & k = 2, \\ \infty, & k > 2; \end{cases}$ (4) 1；(5) $-\dfrac{1}{2}$；
(6) $e^{-\frac{4}{3}}$；(7) -1；(8) 0. **4.** $\lim\limits_{x \to 0} f(x) = 4$，$\lim\limits_{x \to 2} f(x)$ 不存在. **5.** $f(x)$ 在 $(-\infty, 0) \cup (0, +\infty)$ 内连续，$x = 0$ 是第一类跳跃间断点. **6.** $a = -2, b = \ln 2$. **7.** 略.

随堂练习 2-1

1. (1) 不成立；(2) 可能存在，可能不存在；(3) 可导必连续，连续未必可导. **2.** (1) $\bar{v} = 6t_0 + 3\Delta t - 5$；(2) $v(t_0) = 6t_0 - 5$. **3.** (1) $y'|_{x=-1} = -7$；(2) $y'|_{x=4} = \dfrac{1}{4}$. **4.** 不可导，理由略.

习题 2-1

1. (1) $y'=3x^2$； (2) $y'=-\dfrac{2}{x^2}$． 2. (1) 2,6； (2) $\left(\dfrac{1}{2},\dfrac{1}{4}\right)$． 3. $x=0$ 和 $x=\dfrac{2}{3}$．

4. $f'(a)=\varphi(a)$． 5. 切线：$x-3\ln 3 \cdot y-3+3\ln 3=0$；法线：$3\ln 3 \cdot x+y-1-9\ln 3=0$.

随堂练习 2-2

1. (1) 不成立； (2) 不成立； (3) 对； (4) 错． 2. (1) $y'=\dfrac{1}{x}-3\sin x-5$；

(2) $y'=2x+\dfrac{7}{3}x\sqrt[3]{x}$； (3) $y'=\dfrac{x\cos x-\sin x}{x^2}$． 3. $y'=\cos 2x$, $y'\big|_{x=\frac{\pi}{6}}=\dfrac{1}{2}$, $y'\big|_{x=\frac{\pi}{4}}=0$.

习题 2-2

1. (1) $y'=\dfrac{1}{x\ln 3}+\dfrac{5}{\sqrt{1-x^2}}+\dfrac{4}{3\sqrt[3]{x}}$； (2) $y'=\dfrac{3}{2}\sqrt{x}-\dfrac{3}{2\sqrt{x}}-\dfrac{3}{2x\sqrt{x}}$； (3) $y'=\dfrac{7}{8\sqrt[8]{x}}$；

(4) $y'=\dfrac{\arcsin x}{2\sqrt{x}}+\dfrac{\sqrt{x}}{\sqrt{1-x^2}}$； (5) $\rho'=\dfrac{1-\cos \varphi-\varphi\sin \varphi}{(1-\cos \varphi)^2}$； (6) $u'=\dfrac{\pi}{2\sqrt{1-v^2}\arccos^2 v}$；

(7) $y'=-\dfrac{1+x}{\sqrt{x}(1-x)^2}$； (8) $y'=\cos x\ln x-x\sin x\ln x+\cos x$； (9) $s'=\csc t-t\csc t\cot t-3\sec t\tan t$；

(10) $s'=-\dfrac{2}{t(1+\ln t)^2}$． 2. (1) $y'\big|_{x=0}=3$, $y'\big|_{x=\frac{\pi}{2}}=\dfrac{5\pi^4}{16}$； (2) $f'(0)=-3$, $f'(1)=\dfrac{5}{2}$.

3. $(4,8)$.

随堂练习 2-3

1. (1) 错； (2) 错； (3) 错； (4) 错． 2. (1) $y'=-2\sin\left(2x-\dfrac{\pi}{5}\right)$；

(2) $y'=5(3x^3-2x^2+x-5)^4(9x^2-4x+1)$； (3) $y'=\dfrac{2\cos 2x+2^x\ln 2}{\sin 2x+2^x}$；

(4) $y'=-\sin[\cos(\cos x)]\sin(\cos x)\sin x$； (5) $y'=\dfrac{2\sqrt{x}+1}{4\sqrt{x}\sqrt{x+\sqrt{x}}}$； (6) $y'=\sec x$；

(7) $y'=f'(2^{\sin x})\cdot 2^{\sin x}\ln 2\cdot \cos x$； (8) $y'=\sin 2x\cdot \cos x^2-2x\sin^2 x\cdot \sin x^2$.

习题 2-3

1. (1) $y'=2\sec^2\left(2x+\dfrac{\pi}{6}\right)$； (2) $y'=\dfrac{6(2x^3-3x)}{5\sqrt[5]{(x^4-3x^2+2)^2}}$； (3) $y'=-3^{-x}\ln 3\cdot \cos 3x-3^{-x+1}\sin 3x$；

(4) $y'=\dfrac{3+3^x\ln 3}{3x+3^x}$； (5) $y'=2\sin(4x-2)$； (6) $y'=-\dfrac{\ln 2\cdot 2^{\tan\frac{1}{x}}\cdot \sec^2\frac{1}{x}}{x^2}$； (7) $y'=\dfrac{1}{\sqrt{x^2+a^2}}$；

(8) $y'=\dfrac{1-x^2}{2x(1+x^2)}$； (9) $y'=\dfrac{-1}{(x^2-1)\sqrt{x^2-1}}$；

(10) $y'=-2\csc^2(2x+1)\sec 3x+3\cot(2x+1)\sec 3x\tan 3x$； (11) $y'=-\dfrac{\sin 2x}{\sqrt{1+\cos 2x}}$；

(12) $y'=\dfrac{x}{(2+x^2)\sqrt{x^2+1}}$； (13) $y'=-2\sin(2\csc 2x)\csc 2x\cot 2x$； (14) $y'=\csc x$；

(15) $y'=\dfrac{\sin 2x\cdot \sin x^2-2x\sin^2 x\cdot \cos x^2}{\sin^2 x^2}$； (16) $y'=-\dfrac{|x|}{x^2\sqrt{x^2-1}}$.

2. (1) $3\left(\dfrac{\pi}{2}-1\right)$；(2) 0；(3) $\dfrac{\sqrt{2}}{2}$. **3.** (1) $\dfrac{2f'(2x)}{f(2x)}$；(2) $2f(e^x)f'(e^x)e^x$.

随堂练习 2-4

1. (1) 错；(2) 错；(3) 错. **2.** (1) $\dfrac{e^x-y}{x+e^y}$,1；(2) $\dfrac{1}{2}\sqrt{\dfrac{(x-1)(x-2)}{(x-3)(x-4)}}\left(\dfrac{1}{x-1}+\dfrac{1}{x-2}-\dfrac{1}{x-3}-\dfrac{1}{x-4}\right)$；

(3) $\left(1+\dfrac{1}{x}\right)^x\left[\ln\left(1+\dfrac{1}{x}\right)-\dfrac{1}{1+x}\right]$；(4) $y=-\sqrt{2}x+2$.

习题 2-4

1. (1) $1-\sqrt{\dfrac{a}{x}}$；(2) $\dfrac{x+y}{x-y}(x-y\neq 0)$；(3) $-\dfrac{1}{2}$；(4) $\dfrac{\ln 2}{2-2\ln 2}$. **2.** $x+3y+4=0$.

3. (1) $-(1+\cos x)^{\frac{1}{x}}\cdot\dfrac{x\tan\dfrac{x}{2}+\ln(1+\cos x)}{x^2}$；(2) $(x-1)^{\frac{2}{3}}\sqrt{\dfrac{x-2}{x-3}}\left[\dfrac{2}{3(x-1)}+\dfrac{1}{2(x-2)}-\dfrac{1}{2(x-3)}\right]$；

(3) $(\sin x)^{\cos x}(\cos x\cot x-\sin x\ln\sin x)$；(4) $\sqrt{x\cdot\sin x\cdot\sqrt{e^x}}\left(\dfrac{1}{2x}+\dfrac{1}{2}\cot x+\dfrac{1}{4}\right)$.

4. 切线方程：$y=x$；法线方程：$x+y-2=0$. **5.** (1) $\dfrac{\sin t+t\cos t}{\cos t-t\sin t}$；(2) 2；(3) $-\dfrac{b}{a}\tan t$.

6. $a=\dfrac{e}{2}-2,b=1-\dfrac{e}{2},c=1$.

随堂练习 2-5

1. (1) 对；(2) 错；(3) 错. **2.** $2\cos 2x$. **3.** (1) $-\dfrac{16}{(x+y+2)^3}$；

(2) $\dfrac{2f'(x^2)\cdot f(x^2)+4x^2f''(x^2)\cdot f(x^2)-4x^2[f'(x^2)]^2}{[f(x^2)]^2}$；(3) $\dfrac{3}{4t}$.

4. 速度为 5 m/s，加速度为 7 m/s^2.

习题 2-5

1. $-2,0$. **2.** $60(x+10)^2$. **3.** (1) $-2\sin x-x\cos x$；(2) $\dfrac{3x}{(1-x^2)^2\sqrt{1-x^2}}$；

(3) $\dfrac{\sqrt{1-x^2}\arcsin x\cdot(1+2x^2)+3x(1-x^2)}{(1-x^2)^3}$；(4) $f''(e^x)e^{2x}+f'(e^x)e^x$. **4.** $\dfrac{6}{x}$. **5.** 略.

6. (1) 9,12；(2) $-\dfrac{\sqrt{3}}{6}\pi A,-\dfrac{1}{18}\pi^2 A$. **7.** $-\omega A\sin(\omega t+\varphi)$.

随堂练习 2-6

1. (1) 对；(2) 错；(3) 对. **2.** (1) $(3x^2\cdot a^x+x^3\cdot a^x\ln a)dx$；(2) $\dfrac{x\cos x\ln x-\sin x}{x\ln^2 x}dx$；

(3) $2x\sin(2-x^2)dx$；(4) $\dfrac{dx}{2x(\ln x-2)\sqrt{1-\ln x}}$. **3.** 1.01.

习题 2-6

1. $\Delta y=-1.141, dy=-1.2$；$\Delta y=0.1206, dy=0.12$.

2. (1) $\dfrac{dx}{(1-x)^2}$；(2) $\dfrac{1}{2}\cot\dfrac{x}{2}dx$；(3) $\dfrac{-xdx}{|x|\sqrt{1-x^2}}$；(4) $e^{-x}[\sin(3-x)-\cos(3-x)]dx$；

(5) $\dfrac{3\sin[2\ln(3x+1)]}{3x+1}dx$； (6) $(1+x)^{\sec x}\left[\sec x\tan x\ln(1+x)+\dfrac{\sec x}{1+x}\right]dx$.

3. (1) 1.0349； (2) 2.7455； (3) 9.9867； (4) 0.001.

复习题二

1. (1) C；(2) B；(3) C；(4) B；(5) A；(6) D；(7) A；(8) C. **2.** (1) $-\dfrac{1}{2}$；

(2) $2\cot x, 2\sqrt{3}$；(3) 24；(4) $y=y_0, x=x_0$；(5) $(x+2)e^x$；(6) $f(t+\Delta t)-f(t), \dfrac{f(t+\Delta t)-f(t)}{\Delta t}, f'(t)$.

3. $a=2, b=-1$. **4.** (1) $-2x\tan x^2$； (2) $\dfrac{1}{x\ln x\ln(\ln x)}$； (3) $\dfrac{1}{\sqrt{1+2x-x^2}}$；

(4) $\dfrac{2x}{a^2}-\dfrac{2x^3}{a^2\sqrt{x^4-a^4}}$； (5) $-\dfrac{1}{x^2}e^{\tan\frac{1}{x}}\sec^2\dfrac{1}{x}$； (6) $(\tan x)^{\sin x}(\cos x\ln\tan x+\sec x)$；

(7) $\sqrt[3]{\dfrac{x-5}{\sqrt[3]{x^2+2}}}\left[\dfrac{1}{3(x-5)}-\dfrac{2x}{9(x^2+2)}\right]$； (8) $-\sqrt{\dfrac{y}{x}}$； (9) $\sqrt[6]{\dfrac{(1-\sqrt{t})^4}{t(1-\sqrt[3]{t})^3}}$；

(10) $e^{\sin x}\cos x[\cos(\sin x)-\sin(\sin x)]$.

5. (1) $\dfrac{2x^3+3x}{(1+x^2)\sqrt{1+x^2}}$； (2) $2\arctan x+\dfrac{2x}{1+x^2}$； (3) $\dfrac{1}{4(1-t)^3}$； (4) $\dfrac{6}{(x-2y)^3}$.

6 (1) $\dfrac{dx}{(1-x^2)\sqrt{1-x^2}}$； (2) $\dfrac{dx}{\sqrt{a^2-x^2}}$； (3) $\dfrac{2(1+x^2)-2x(1+4x^2)\arctan 2x}{(1+x^2)(1+4x^2)}dx$； (4) $\dfrac{\ln x dx}{(1-x)^2}$.

7. $v=e^{-kt}(\omega\cos\omega t-k\sin\omega t), a=e^{-kt}[(k^2-\omega^2)\sin\omega t-2k\omega\cos\omega t]$.

随堂练习 3-1

1. (1) 错；(2) 错；(3) 错. **2.** (1) 不满足；(2) 不满足. **3.** (1) $\dfrac{9}{4}$；(2) $\sqrt{\dfrac{4}{\pi}-1}$.

习题 3-1

1. 略. **2.** 略. **3.** 3 个. **4.** 略.

随堂练习 3-2

1. (1) 1；(2) $-\dfrac{3}{5}$；(3) 0；(4) $-\dfrac{1}{2}$；(5) e. **2.** 略.

习题 3-2

1. (1) $\dfrac{m}{n}a^{m-n}$； (2) 1； (3) $\dfrac{1}{2}$； (4) 1； (5) 0； (6) 1. **2.** (1) $+\infty$； (2) 1； (3) $\dfrac{1}{2}$；

(4) $\cos 2$； (5) $+\infty$； (6) ∞. **3.** (1) 0； (2) $-\dfrac{2}{3}$； (3) e^a； (4) 1.

随堂练习 3-3

1. (1) 错；(2) 错；(3) 错. **2.** (1) 单调增区间 $\left(-\infty, \dfrac{3}{4}\right)$，单调减区间 $\left(\dfrac{3}{4}, +\infty\right)$，极大值为 $\dfrac{27}{256}$；(2) 单调增区间 $(-1, 1)$，单调减区间 $(-\infty, -1), (1, +\infty)$，极小值为 $-\dfrac{1}{2}$，极大值为 $\dfrac{1}{2}$.

3. 略. **4.** (1) 最大值为 2，最小值为 -10；(2) 最大值为 $2\pi+1$，最小值为 1. **5.** $4\sqrt{S}$.

习题 3-3

1. (1) 单调增区间 $(-\infty, 0)$，单调减区间 $(0, +\infty)$；(2) 单调增区间 $\left(\dfrac{1}{2}, +\infty\right)$，单调减区间

$\left(0,\dfrac{1}{2}\right)$；(3) 单调增区间$(0,1)$，单调减区间$(1,2)$；(4) 单调增区间$(-\infty,-1)$，$(3,+\infty)$；单调减区间$(-1,3)$.

2. 略. **3.** (1)极大值7，极小值3；(2)极大值$\dfrac{4}{e^2}$，极小值0；(3)极大值$\dfrac{\sqrt[3]{4}}{3}$，极小值0；(4)极小值$2e$.

4. (1)最小值0，最大值$\ln 5$；(2)最大值1；(3)最小值0，最大值$\sqrt[3]{9}$；(4)最小值$(a+b)^2$. **5.** $4,4$.

6. $2\pi\left(1-\sqrt{\dfrac{2}{3}}\right)$. **7.** $\bar{x}=\dfrac{1}{n}(x_1+x_2+\cdots+x_n)$.

随堂练习3-4

1. (1)错；(2)错；(3)错. **2.** (1)凹区间$\left(\dfrac{5}{3},+\infty\right)$，凸区间$\left(-\infty,\dfrac{5}{3}\right)$，拐点$\left(\dfrac{5}{3},-\dfrac{250}{27}\right)$；
(2)凹区间$(-1,1)$，凸区间$(-\infty,-1)$，$(1,+\infty)$，拐点$(-1,\ln 2)$，$(1,\ln 2)$. **3.** $a=-\dfrac{3}{2}$，$b=\dfrac{9}{2}$.

习题3-4

(1)凹区间为$(-\infty,0)$，$(1,+\infty)$，凸区间为$(0,1)$，拐点$(0,0)$，$(1,-1)$；(2)凹区间为$\left(-\infty,\dfrac{1}{2}\right)$，
凸区间为$\left(\dfrac{1}{2},+\infty\right)$，拐点$\left(\dfrac{1}{2},e^{\arctan\frac{1}{2}}\right)$；(3) 凹区间为$(-a,a)$，凸区间为$(-\infty,-a)$，$(a,+\infty)$，
拐点$\left(-a,\dfrac{1}{4}\right)$，$\left(a,\dfrac{1}{4}\right)$；(4)凹区间为$(b,+\infty)$，凸区间为$(-\infty,b)$，拐点$(b,a)$.

复习题三

1. (1) $f(a)=f(b)$；(2) $\sqrt{7}$；(3) $(-\infty,+\infty)$；(4) 极小值0；(5) $-8,-10$；(6) $(0,0)$；

(7) $y=1,x=1$；(8) $\dfrac{1}{2}$. **2.** (1) B；(2) C；(3) D；(4) B；(5) C；(6) C；(7) D；

(8) A. **3.** (1) $\dfrac{1}{4}$；(2) 1；(3) $-\dfrac{1}{2}$；(4) 0；(5) 1；(6) 1. **4.** (1)单调增区间$\left(\dfrac{1}{2},+\infty\right)$，单

调减区间$\left(-\infty,\dfrac{1}{2}\right)$，极小值$-\dfrac{27}{16}$；(2)单调增区间$(0,2)$，单调减区间$(-\infty,0)$，$(2,+\infty)$，极大值

$\dfrac{4}{e^2}$，极小值0；(3)单调增区间$\left(-\infty,\dfrac{2a}{3}\right)$，$(a,+\infty)$，单调减区间$\left(\dfrac{2a}{3},a\right)$，极大值$\dfrac{a}{3}$，极小值0；

(4)单调增区间$\left(0,\dfrac{\pi}{6}\right)$，$\left(\dfrac{\pi}{2},\dfrac{5\pi}{6}\right)$，单调减区间$\left(\dfrac{\pi}{6},\dfrac{\pi}{2}\right)$，$\left(\dfrac{5\pi}{6},\pi\right)$，极大值$\dfrac{3}{2}$和$\dfrac{3}{2}$，极小值1.

5. (1)凹区间为$\left(-\infty,\dfrac{1}{2}\right)$，凸区间为$\left(\dfrac{1}{2},+\infty\right)$，拐点$\left(\dfrac{1}{2},e^{\arctan\frac{1}{2}}\right)$；(2)凹区间为$(-1,0)$，$(1,$

$+\infty)$，凸区间为$(-\infty,-1)$，$(0,1)$，拐点$(0,0)$. **6.** $(-\infty,1)$. **7.** a可取任意实数，$b=0$，$c=1$.

8. 略.

随堂练习4-1

1. 略. **2.** (1)是；(2)否；(3)是；(4)否. **3.** 不矛盾. **4.** 略.

习题4-1

1. (1) $\dfrac{4}{11}x^{\frac{11}{4}}+C$；(2) $\ln|x|-e^x+5\sin x+C$；(3) $x-2\ln|x|-\dfrac{1}{x}+C$；

250

(4) $\frac{1}{3}x^3 - 2x + 5\ln|x| + \frac{3}{x} + C$; (5) $-3\cos x - \cot x + C$; (6) $\arcsin x + C$; (7) $\frac{1}{\ln 2}2^x - 2\sqrt{x} + C$;

(8) $-\cot x - \tan x + C$; (9) $x^3 + \arctan x + C$; (10) $\frac{1}{2}\tan x + \frac{1}{2}x + C$. **2.** 略.

3. 曲线方程为 $y = \ln|x|$. **4.** (1) $v = 4t^3 + 3\cos t + 2$; (2) $s = t^4 + 3\sin t + 2t - 3$.

随堂练习 4-2

1. (1) 5; (2) $\frac{1}{2}$; (3) $2x$; (4) $\frac{1}{2a}$; (5) 2; (6) $\frac{1}{3}$; (7) 1; (8) $\frac{1}{2}$; (9) -1; (10) -1;

(11) $\frac{1}{1+x^2}$; (12) $\arcsin x$. **2.** 略. **3.** 略.

习题 4-2

1. (1) $\frac{1}{15}(1+3x)^5 + C$; (2) $-\frac{3}{8}(5-2x)^{\frac{4}{3}} + C$; (3) $\frac{2}{3}(\ln x)^{\frac{3}{2}} + C$; (4) $-e^{\frac{1}{x}} + C$; (5) $e^{\sin x} + C$;

(6) $-2\cos\sqrt{x} + C$; (7) $\arcsin\frac{x}{3} + C$; (8) $\arcsin\frac{x-1}{2} + C$; (9) $\frac{\sqrt{3}}{6}\arctan\left(\frac{\sqrt{3}}{2}x\right) + C$;

(10) $\frac{1}{4}\arctan\left(x+\frac{1}{2}\right) + C$; (11) $\ln(x^2 - 5x + 7) + C$; (12) $\frac{1}{2}\arctan(\sin^2 x) + C$;

(13) $-\cos(\ln x) + C$; (14) $\ln\ln|\ln x| + C$; (15) $-2\sqrt{1-x^2} - \arcsin x + C$;

(16) $-\sqrt{a^2-x^2} - \arcsin\frac{x}{a} + C$; (17) $\frac{1}{3}\sin^3 x - \frac{1}{5}\sin^5 x + C$; (18) $\tan x - \frac{3}{2}x + \frac{1}{4}\sin 2x + C$;

(19) $-\frac{1}{8}\cos 4x - \frac{1}{4}\cos 2x + C$; (20) $\frac{1}{8}\sin 4x + \frac{1}{4}\sin 2x + C$; (21) $\frac{1}{4}\sin 2x - \frac{1}{16}\sin 8x + C$;

(22) $\frac{1}{6}\tan^6 x + \frac{1}{4}\tan^4 x + C$; (23) $\frac{1}{2}\tan^2 x + C$; (24) $\frac{1}{4}\ln\left|\frac{x-2}{x+2}\right| + C$.

2. (1) $\sqrt{2x} - \ln(1+\sqrt{2x}) + C$; (2) $\frac{3}{4}\sqrt[3]{(2x+1)^2} - \frac{3}{2}\sqrt[3]{2x+1} + \frac{3}{2}\ln\left|1+\sqrt[3]{2x+1}\right| + C$;

(3) $\ln\left|x + \sqrt{x^2-1}\right| + C$; (4) $\frac{x}{\sqrt{1+x^2}} + C$; (5) $\frac{9}{2}\arcsin\frac{x}{3} + \frac{x\sqrt{9-x^2}}{2} + C$;

(6) $\arctan\sqrt{x^2-1} + C$; (7) $\frac{\sqrt{x^2-9}}{9x} + C$; (8) $\frac{9}{2}\arcsin\frac{x}{3} - \frac{x\sqrt{9-x^2}}{2} + C$;

(9) $2\ln(\sqrt{1+e^x} - 1) - x + C$; (10) $\sqrt{x^2-2x} - \arctan\sqrt{x^2-2x} + C$.

随堂练习 4-3

略.

习题 4-3

(1) $-\frac{1}{2}x\cos 2x + \frac{1}{4}\sin 2x + C$; (2) $-xe^{-x} - e^{-x} + C$; (3) $\frac{1}{3}x(x^2+3)\ln x - \frac{1}{9}x^3 - x + C$;

(4) $\frac{1}{2}x^2\arctan x - \frac{1}{2}x + \frac{1}{2}\arctan x + C$; (5) $x\ln(x + \sqrt{1+x^2}) - \sqrt{1+x^2} + C$;

(6) $x\arccos x - \sqrt{1-x^2} + C$; (7) $\frac{1}{2}x[\sin(\ln x) - \cos(\ln x)] + C$; (8) $x\tan x + \ln|\cos x| + C$;

(9) $\frac{1}{5}e^x(\cos 2x + 2\sin 2x) + C$; (10) $\frac{1}{2}x^2 e^{x^2} - \frac{1}{2}e^{x^2} + C$; (11) $2\sqrt{x}\sin\sqrt{x} + 2\cos\sqrt{x} + C$;

251

(12) $2e^{\sqrt{x}}(\sqrt{x}-1)+C$.

习题 4-4

(1) $-\dfrac{1}{2}\ln\left|\dfrac{2+3x}{x}\right|+C$; (2) $\dfrac{1}{\sqrt{31}}\arctan\dfrac{4x+3}{\sqrt{31}}+C$; (3) $\dfrac{(x^2-2x+6)\sqrt{3+2x}}{5}+C$;

(4) $\dfrac{1}{3}x^3\arcsin\dfrac{3}{2}x+\dfrac{1}{243}(9x^2+8)\sqrt{4-9x^2}+C$; (5) $\dfrac{x}{2}\sqrt{4x^2+5}+\dfrac{5}{4}\ln|2x+\sqrt{4x^2+5}|+C$;

(6) $\dfrac{-e^{-x}(\sin 3x+3\cos 3x)}{10}+C$; (7) $\dfrac{1}{12}\ln\left|\dfrac{3+2x}{3-2x}\right|+C$;

(8) $\dfrac{x-2}{2}\sqrt{x^2-4x+8}+2\ln|x-2+\sqrt{x^2-4x+8}|+C$; (9) $\dfrac{1}{3}x^3\ln^2 x-\dfrac{2}{27}x^3(3\ln x-1)+C$;

(10) $\dfrac{2}{3}\arctan\left(3\tan\dfrac{x}{2}\right)+C$.

复习题四

1. (1) $e^{-x^2}dx$; (2) $\ln|x|-\dfrac{2}{\sqrt{x}}-\dfrac{1}{x}+C$; (3) $\dfrac{1}{2}\arctan x^2+C$; (4) $\tan x-\sec x+C$;

(5) $-\dfrac{1}{x^2}+C$; (6) $\dfrac{1}{x}+C$; (7) $1-2\csc^2 x\cot x$; (8) $xf'(x)-f(x)+C$. 2. (1) B; (2) A;

(3) D; (4) B; (5) D; (6) B; (7) C; (8) C. 3. (1) $\cos x+C$; (2) $\dfrac{1}{2}\ln(x^2+2)+C$;

(3) $\ln|x+2|+\dfrac{3}{x+2}+C$; (4) $-2\cos(\sqrt{x}+1)+C$; (5) $-2\sqrt{1-\ln x}+C$; (6) $2\ln(\ln x)+C$;

(7) $\dfrac{1}{3}(\arcsin x)^3+C$; (8) $\dfrac{1}{5}(x^2+1)^{\frac{5}{2}}-\dfrac{1}{3}(x^2+1)^{\frac{3}{2}}+C$; (9) $2\arctan\sqrt{1+x}+C$;

(10) $2\sqrt{x-1}-4\ln|\sqrt{x-1}+2|+C$; (11) $\ln\left|\dfrac{1-\sqrt{1-x^2}}{x}\right|+\sqrt{1-x^2}+C$;

(12) $-\dfrac{\sqrt{1-x^2}}{x}+C$; (13) $\dfrac{1}{2}a^2\arcsin\dfrac{x}{a}-\dfrac{x\sqrt{a^2-x^2}}{2}+C$; (14) $x\tan x+\ln|\cos x|+C$;

(15) $\dfrac{1}{4}x^2-\dfrac{1}{2}x\sin x-\dfrac{1}{2}\cos x+C$; (16) $\dfrac{1}{5}e^{2x}(\sin x+2\cos x)+C$; (17) $e^{\sin x}\sin x-e^{\sin x}+C$;

(18) $\ln\left|\dfrac{x-3}{x-2}\right|+C$; (19) $\dfrac{1}{\sqrt{2}}\arctan(\sqrt{2}\tan x)+C$; (20) $\ln\left|\dfrac{\sin x}{1+\sin x}\right|+C$;

(21) $\arctan e^x+C$; (22) $-\dfrac{1}{x-1}\ln x+\ln\left|\dfrac{x-1}{x}\right|+C$;

(23) $x\arctan x-\dfrac{1}{2}(\arctan x)^2-\dfrac{1}{2}\ln(1+x^2)+C$;

(24) $-\sqrt{1-x^2}\arcsin x+x+\dfrac{1}{2}(\arcsin x)^2+C$. 4. $y=x^3-6x^2+9x+2$.

随堂练习 5-1

1. (1) 错；(2) 错；(3) 对． 2. (1) $\dfrac{\pi}{8}\leqslant\int_{\frac{\pi}{4}}^{\frac{\pi}{2}}\dfrac{1}{1+\sin^2 x}dx\leqslant\dfrac{\pi}{6}$；(2) $\dfrac{3}{e^4}\leqslant\int_{-1}^{2}e^{-x^2}dx\leqslant\dfrac{3}{e}$．

习题 5-1

1. (1) $\int_{1}^{3}(x^2+1)dx$；(2) $\int_{1}^{3}(3+gt)dt$；(3) $4,-3,[-3,4]$；(4) 0． 2. (1) $+$；(2) $-$；

(3) +. **3.** (1) $\int_{-\frac{\pi}{2}}^{\frac{\pi}{2}}\cos x\mathrm{d}x-\int_{\frac{\pi}{2}}^{\pi}\cos x\mathrm{d}x$; (2) $\int_a^b f(x)\mathrm{d}x-\int_a^b g(x)\mathrm{d}x$; (3) $1-\int_0^1 x^2\mathrm{d}x$.

4. (1)10; (2)8. **5.** (1) $\int_1^2\ln x\mathrm{d}x>\int_1^2\ln^3 x\mathrm{d}x$; (2) $\int_3^4\ln x\mathrm{d}x<\int_3^4\ln^3 x\mathrm{d}x$. **6.** (1) $[6,51]$;

(2) $[\pi,2\pi]$; (3) $\left[\dfrac{\pi}{9},\dfrac{2\pi}{3}\right]$.

7. 略.

随堂练习 5-2

1. (1) 对; (2) 错; (3) 错. **2.** (1) $\sqrt{1+x}$; (2) $-\cos(\pi\cos^2 x)\sin x$. **3.** (1) $1+\dfrac{\pi}{4}$; (2) $\dfrac{5}{2}$;

(3) $\dfrac{8}{3}$.

习题 5-2

1. (1) 20; (2) $\dfrac{\pi}{6}$; (3) $\dfrac{271}{6}$; (4) 4. **2.** (1) $\sqrt{1+x^3}$; (2) $\dfrac{2\sin x^2}{x}$; (3) $\dfrac{3x^2}{\sqrt{1+x^{12}}}-\dfrac{2x}{\sqrt{1+x^8}}$.

3. $\cot t$. **4.** $-\dfrac{\cos x^2}{\mathrm{e}^y}$. **5.** 1. **6.** $\dfrac{7}{6}$. **7.** 130 m. **8.** 18 C.

随堂练习 5-3

1. (1) 不一定,换元换限,不换元限不变; (2) 错; (3) 错. **2.** (1) $\dfrac{1}{5}$; (2) $7+2\ln 2$;

(3) $\dfrac{\mathrm{e}^2+1}{4}$. **3.** (1) 0;(2) $\dfrac{2\pi}{3}$.

习题 5-3

1. (1) $\dfrac{\pi}{12}$; (2) $\dfrac{\pi}{6}$; (3) $\dfrac{\pi}{2\omega}$; (4) $\dfrac{2}{3}$; (5) $2-2\ln\dfrac{3}{2}$. **2.** (1) $\mathrm{e}-2$; (2) $\dfrac{\pi}{12}+\dfrac{\sqrt{3}}{2}-1$;

(3) $\dfrac{4}{9}+\dfrac{2}{9}\mathrm{e}\sqrt{\mathrm{e}}$; (4) $\dfrac{\mathrm{e}^{\frac{\pi}{2}}+1}{2}$. **3.** (1) 2π; (2) $\dfrac{3\pi}{2}$. **4.** $-\sin 1-\pi\ln\pi$. **5.** 略.

随堂练习 5-4

1. (1) 错; (2) 错; (3) 错. **2.** (1) 1; (2) 发散; (3) π.

习题 5-4

(1) $\dfrac{1}{3}$. (2) 发散. (3) 发散. (4) 0. (5) $\dfrac{\pi}{2}$. (6) $\dfrac{8}{3}$.

复习题五

1. (1) 9. (2) 0. (3) $b-a-1$. (4) 0. (5) $\dfrac{1}{2}$. (6) $\dfrac{1}{2}\ln 2$. (7) 2. (8) $\dfrac{\pi}{4}$.

2. (1) A; (2) D; (3) D; (4) C; (5) D; (6) B; (7) D; (8) A. **3.** (1) $\dfrac{1}{2}-\dfrac{1}{2}\ln 2$;

(2) $\dfrac{\mathrm{e}^2}{2}$; (3) $\dfrac{1}{5}(\mathrm{e}-1)^5$; (4) $\dfrac{2\sqrt{2}-1}{3}$; (5) -2; (6) 1; (7) $\sqrt{3}-\dfrac{\pi}{3}$; (8) $\dfrac{506}{375}$; (9) $1-\dfrac{\pi}{4}$;

(10) 1; (11) $\dfrac{\pi}{2}-1$; (12) $\dfrac{\sqrt{2}}{4}\pi$. **4.** 略. **5.** 最大值 $F(1)=\ln 2+\dfrac{\pi}{4}$,最小值 $F(0)=0$.

随堂练习 6-2

1. (1) 错； (2) 错； (3) 对． **2.** (1) 1； (2) 18； (3) $\dfrac{9\pi^2}{8}+1$． **3.** (1) $\dfrac{32\pi}{5}, 8\pi$； (2) $\dfrac{3\pi}{10}, \dfrac{3\pi}{10}$．

4. (1) $\ln(\sqrt{2}+1)$； (2) 略．

习题 6-2

1. (1) $\dfrac{4}{3}a\sqrt{a}$； (2) $\dfrac{10}{3}$； (3) $\dfrac{8}{3}$； (4) $\dfrac{3}{4}$； (5) $\dfrac{\pi}{2}-1$； (6) $\dfrac{3}{2}-\ln 2$； (7) $\dfrac{4}{3}$；

(8) $\pi-\dfrac{8}{3}, \pi-\dfrac{8}{3}, 2\pi+\dfrac{16}{3}$． **2.** $\dfrac{3}{8}\pi a^2$． **3.** a^2． **4.** $\dfrac{2}{3}a^3\tan\alpha$． **5.** (1) $\dfrac{15}{2}\pi$； (2) $\dfrac{\pi^2}{2}$；

(3) $\dfrac{64\pi}{5}$； (4) $\dfrac{19\pi}{6}, \dfrac{28\sqrt{3}\pi}{5}$． **6.** (1) $\dfrac{13\sqrt{13}-8}{27}$； (2) $1+\ln\dfrac{\sqrt{6}}{2}$． **7.** 约 $21a$．

复习题六

1. $\dfrac{5}{2}$． **2.** $\dfrac{14}{3}-2\ln 2$； **3.** $\dfrac{57\pi}{5}$． **3.** $\dfrac{\pi}{4}-\dfrac{1}{3}; \dfrac{7\pi}{15}$． **4.** $0.16\ \text{m}^3$． **5.** $\ln 3-\dfrac{1}{2}$．